Wissenschaftliche Taschenbücher WTB

Biologie

Eberhard Hofmann

Zellbiochemie

Dynamische Biochemie

Teil IV

THEORIA CUM PRAXI

Akademie-Verlag Berlin

WTB Wissenschaftliche Taschenbücher

BIOLOGIE

Eine Auswahl lieferbarer Bände:

Hans Bergner
Tierernährung

Richard Campbell
Mikrobielle Ökologie

J. G. Collee
Angewandte medizinische Mikrobiologie

Helmut Friemel / Josef Brock
Grundlagen der Immunologie

Detlef Gröger / Siegfried Johne
Gewinnung von Arzneistoffen
Pharmazeutische Mikrobiologie

Eberhard Hofmann
Die stofflichen Grundlagen des Lebens
(Dynamische Biochemie, Teil I)

Enzyme und Bioenergetik
(Dynamische Biochemie, Teil II)

Der Stoffwechsel
(Dynamische Biochemie, Teil III)

Funktionelle Biochemie des Menschen
Band 1 und 2

Lothar Jäger
Grundlagen der klinischen Immunologie

Klaus-Dieter Jentzsch
Regulation des Wachstums und der Zellvermehrung

Manfred Knoke / Hannelore Bernhardt
Mikroökologie des Menschen
Mikroflora bei Gesunden und Kranken

Wolfgang A. Knorre
Pharmakokinetik
Theoretische Grundlagen und praktische Anwendungen

Joachim Nitschmann
Entwicklung bei Mensch und Tier (Embryologie)

Stephan Schnitzler
Pharmakologische Aspekte von Immunreaktionen

Ulrich Sedlag
Biologische Schädlingsbekämpfung

Eberhard Teuscher
Pharmakognosie
Teil I–III

Michael Theile
Siegfried Scherneck
Zellgenetik

Regine Witkowski
Falko H. Herrmann
Einführung in die klinische Genetik

WTB

BAND 110

Eberhard Hofmann

Zellbiochemie

Dynamische Biochemie, Teil IV

5., bearbeitete Auflage

Mit 71 Abbildungen und 6 Tabellen

AKADEMIE-VERLAG BERLIN

Reihe BIOLOGIE

Herausgeber:

Prof. Dr. H. Bochow, Berlin
Prof. Dr. H. Böhme, Gatersleben
Prof. Dr. E. Hofmann, Leipzig
Prof. Dr. J. O. Hüsing, Rerik
Prof. Dr. U. Taubeneck, Jena

Verfasser:

Prof. Dr. Eberhard Hofmann

Leipzig

ISBN 3-05-500107-9

ISSN 0084-0963

1986
Erschienen im Akademie-Verlag Berlin,
DDR-1086 Berlin, Leipziger Straße 3—4

Lizenznummer: 202 · 100/485/86
Printed in the German Democratic Republic
Herstellung: VEB Druckhaus „Maxim Gorki", 7400 Altenburg
Lektor: Christiane Grunow
LSV 1314
Bestellnummer: 761 609 9 (7110)
00800

Übersicht über die Inhalte der Teile I bis IV der „Dynamischen Biochemie“ und der Bände 1 und 2 der „Funktionellen Biochemie des Menschen“

Dynamische Biochemie (5. Auflage)

Funktionelle Biochemie des Menschen (3. Auflage)

Band 1: Blut
Wasser- und Elektrolythaushalt
Säure-Basen-Haushalt
Stütz- und Bindegewebe
Mineralstoffwechsel

Band 2: Hormone
Organstoffwechsel
Verdauung und Resorption
Vitamine
Stoffwechsel und Ernährung

Innerhalb aller sechs Bände wird mit römischen Ziffern (I, II, III, IV) auf die „Dynamische Biochemie“ (DB I, DB II, DB III, DB IV) und mit arabischen Ziffern (1, 2) auf die „Funktionelle Biochemie des Menschen“ (FB 1, FB 2) verwiesen.

Inhaltsverzeichnis

1. Biochemische Grundlagen der Struktur und Funktion der Zellen von Prokaryonten und Eukaryonten

Die *Differenzierung* der Zelle und die Herausbildung verschiedener *subzellulärer Einheiten* sind für die Aufrechterhaltung von Struktur und Funktion der Zelle notwendig und stellen eine wichtige Voraussetzung für den geordneten Ablauf des Zellstoffwechsels dar. Die im Innern einer Zelle erfolgende räumliche Trennung verschiedener Stoffwechselwege voneinander, z. B. von Abbau- und Synthesevorgängen, trägt zur Fähigkeit der Zelle bei, ihren Stoffwechsel zu regulieren und diesen unterschiedlichen Anforderungen anzupassen. Die räumliche Kompartimentierung der Stoffwechselwege in einer Zelle wird sowohl durch die Bindung von Enzymen und Multienzymsystemen an die Oberfläche bestimmter intrazellulärer Strukturen als auch durch deren Einschluß in das Innere bestimmter subzellulärer Strukturelemente erreicht.

Wie zwischen einer Zelle und ihrer Umgebung bestehen auch zwischen ihren subzellulären Struktureinheiten zahlreiche Wechselwirkungen und spezifische *Permeabilitätsverhältnisse,* die zu einer ungleichen *intrazellulären Verteilung* von Makromolekülen (z. B. von Enzymproteinen und Nucleinsäuren) sowie von niedrigmolekularen Substanzen (Zwischenprodukten des Stoffwechsels, Transportmetaboliten, Coenzymen, energiereichen Verbindungen u. a.) führen können. So bildet die selektive Durchlässigkeit der intrazellulären Membransysteme eine wichtige Voraussetzung für die ungleiche Verteilung verschiedener Stoffe und Stoffwechselsysteme innerhalb der Zelle und trägt damit zur Aufrechterhaltung der Ordnung im Zellstoffwechsel bei.

Die subzellulären Strukturen sind keine statischen Elemente, sondern sind in den Stoffwechsel einbezogen und unterliegen einem ständigen Umbau.

Hinsichtlich der Struktur ihrer Zellen unterscheidet man prinzipiell zwei große Gruppen von biologischen Systemen, die

Prokaryonten und *Eukaryonten*. Zu den *Prokaryonten* gehören die Bakterien und Blaualgen, zu den *Eukaryonten* alle übrigen Lebewesen. Die Viren werden zu den Prokaryonten gerechnet.

Der wesentliche Unterschied zwischen den beiden Formenkreisen besteht in der Struktur des genetischen Apparates. Bei den *Prokaryonten* kommt es nicht zur Herausbildung eines echten Zellkerns. Die Desoxyribonucleinsäure (DNS) ist in diesen auf sog. Kernäquivalente oder Nucleoide verteilt. *Eukaryonten* hingegen besitzen einen echten Zellkern und bilden im Gegensatz zu den Prokaryonten bei ihrer Teilung einen Mitoseapparat aus.

1.1. Die Zelle der Prokaryonten

Die Bakterienzelle wird durch eine Zytoplasmamembran, die man als *Zellmembran* bezeichnet, begrenzt. Dieser ist von außen eine kräftige und starre *Zellwand* aufgelagert. Die Zellwand und die mit ihr vergesellschafteten Substanzen sind deshalb von allgemeinem Interesse, da sie eine Bedeutung für die Virulenz der Bakterien haben. Die Antigene der Bakterien, also jene Substanzen, die eine Immunantwort im befallenen Organismus auslösen können, sind in ihren Zellwänden lokalisiert. Man unterscheidet grampositive und gramnegative Bakterien, je nachdem, ob sie sich nach GRAM mit Karbolgentianaviolett und Jod anfärben lassen oder nicht.

Die Zellwand der grampositiven Bakterien ist dicker als die der gramnegativen und unterscheidet sich von dieser in ihrer chemischen Zusammensetzung. Typisch für beide ist ihr schichtenweiser Aufbau (Abb. 1).

Die besondere Starrheit der Zellwand *grampositiver Bakterien* wird durch eine dicke *Mucopeptidschicht* (*Murein*) gewährleistet (DB I).

Obwohl die Wand der *gramnegativen Bakterien* dünner als die der grampositiven ist, besitzt sie eine kompliziertere Struktur und eine größere Zahl von makromolekularen Komponenten. Ihre äußere Schicht besteht aus Lipopolysacchariden, Lipoproteinen und Phospholipiden. Dieser Schicht folgt eine dünne Lage von Mucopeptiden, der nach innen die Zytoplasmamembran folgt.

Für die selektiven Permeabilitätseigenschaften der Bakterienzelle ist nicht die eben besprochene Zellwand, sondern die unter ihr liegende *semipermeable Zytoplasmamembran* verantwortlich, deren Feinstruktur und Eigenschaften im Kapitel 1.4. ausführlich behandelt werden. Zusätzlich zu ihren Aufgaben als zytoplasmatische

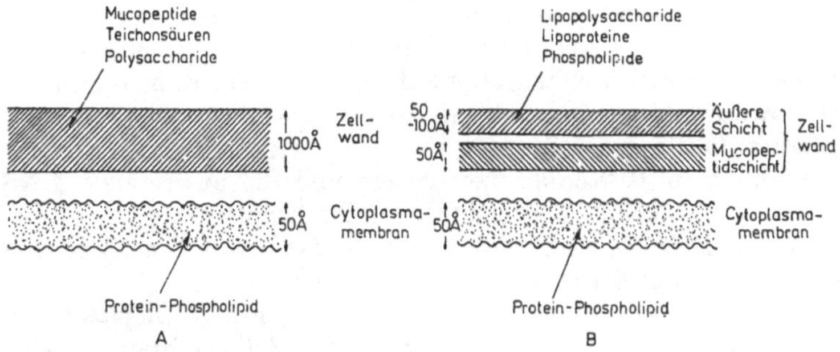

Abb. 1. Der schichtenweise Aufbau der Oberflächen grampositiver (A) und gramnegativer (B) Bakterien. Man beachte, daß die Schichtendicken nicht maßstabgetreu gezeichnet sind

Grenzschicht und Permeabilitätsbarriere sind der Zytoplasmamembran der Bakterien weitere wichtige Funktionen zugeordnet. Mit ihr sind die Enzyme der Atmungskette und das System der oxidativen Phosphorylierung eng verknüpft. Sie weist nach innen gerichtete Einstülpungen auf, die an die Mitochondrien der Eukaryonten erinnern und deshalb als *Mitochondrienäquivalente* bezeichnet werden.

Durch Einstülpung der Zytoplasmamembran entsteht bei Prokaryonten als sekundäre Bildung ein weiterer Typ eines Zellorganells, das *Mesosom*. Dieses in geringer Zahl (pro Zelle 1—2 Stück) vorkommende Partikel steht in Kontakt mit dem Zellkernäquivalent. Die Mesosomen spielen eine Rolle bei der DNS-Synthese und der Zellteilung und scheinen eine Funktion bei der Verteilung des genetischen Materials auf die Tochterzellen auszuüben.

Die *Zellkernäquivalente* der Bakterien oder *Nucleoide* bestehen aus doppelsträngiger DNS als primären Informationsträger und enthalten außerdem Nucleoprotein. Innerhalb eines solchen Nucleoids befindet sich meist ein einziges ringförmig aufgebautes Bakterienchromosom. Außer DNS enthält ein Nucleoid auch RNS. Es ist nicht von einer Membran umgeben, steht aber in Kontakt mit der zytoplasmatischen Membran. Vielfach sind enge räumliche Beziehungen zwischen Nucleoiden und Mesosomen nachweisbar. Das bakterielle Nucleoid besitzt keine Histone; diese sind charakteristische Bestandteile der Zellkerne der Eukaryonten.

Das Molekulargewicht der DNS der Bakterienchromosomen beträgt etwa 10^8—10^9. Ein E. coli-Chromosom enthält etwa 3—$4 \cdot 10^6$

Basenpaare. Mittels genetischer Verfahren kann man eine *Chromosomenkartierung* durchführen. Auf dem E. coli-Chromosom sind bisher etwa 350 von insgesamt 3000 Genorten, d. h. durch bestimmte Funktionen charakterisierbare Abschnitte des Bakteriengenoms, lokalisiert worden.

Wenn man Bakterienzellen lysiert und die austretende DNS spreitet, so läßt sie sich elektronenmikroskopisch als ein unverzweigtes DNS-Molekül ohne freie Enden darstellen, wodurch ihre ringförmige Struktur unterstrichen wird.

Das bakterielle *Chromosom* bildet eine einzige *Replikationseinheit* (*Replicon*). Seine Bindung an die Zellmembran gewährleistet seine gleichmäßige Verteilung auf die Tochterzellen bei Teilung der Mutterzelle. In einer Eukaryontenzelle hingegen wird diese Gleichverteilung durch den Spindelapparat besorgt.

In vielen Bakterien kommen neben dem eigentlichen bakteriellen Chromosom, das alle notwendigen Informationen für den Bau und die Funktion der Prokaryontenzelle enthält, noch zusätzliche DNS-haltige Informationsträger hinzu, die man als *Plasmide* bezeichnet. Plasmide sind Erbträger, die sich unabhängig vom Bakterienchromosom replizieren und demzufolge selbständige genetische Einheiten darstellen. Ihre DNS besitzt auch eine ringförmige Struktur. Sie macht etwa 0,5—3% der gesamten Bakterien-DNS aus und besitzt Molekulargewichte von 10^7—10^8. Diese genetischen Elemente verleihen dem betreffenden Bakterium bestimmte strukturelle und funktionelle Eigenschaften, die unter bestimmten Lebensbedingungen Bedeutung erlangen können. Hierzu gehören extrachromosomal verankerte Eigenschaften, wie beispielsweise, sich in „männliche" und „weibliche" Zellen differenzieren zu können (Plasmide mit Fertilitäts- oder Sex-Faktoren), resistent gegen bestimmte Antibiotika werden zu können (Plasmide mit Resistenz-Faktoren) oder hämolytisch wirkende Substanzen produzieren zu können (Plasmide mit Hämolysinfaktoren).

Es gibt Plasmide, die in das Wirtschromosom einverleibt werden können; dann bezeichnet man sie als *Episomen* oder als Plasmide mit episomaler Funktion.

Außer diesen Struktureinheiten sind für die Bakterienzelle die Ribosomen von besonderer Bedeutung, die entweder als einzelne Ribosomen oder als Polyribosomen (Polysomen) auftreten können (S. 43ff.).

1.2. *Die Zelle der Eukaryonten*

Die Abb. 2 stellt stark schematisiert die strukturelle Organisation einer Eukaryontenzelle dar. Die Zelle ist nach außen hin durch eine *Zellmembran* abgeschlossen. Die tierischen Zellen besitzen *keine Zellwand* wie die Bakterien oder die Pflanzenzellen. Die Zellwand der letzteren besteht aus Zellulose und anderen Polysacchariden sowie Lignin.

Innerhalb der Zelle ist ein weitverzweigtes und untereinander kommunizierendes, oft kanalförmig aufgebautes Membransystem, das *endoplasmatische Reticulum*, ausgebildet. Dieses führt an die Zellmembran heran und ist auch mit dem *Zellkern* verbunden. Der *Zellkern* selbst ist von einer Hülle, der *Kernmembran*, umgeben. Auf den Membranen des endoplasmatischen Reticulums sind die *Ribosomen* angeordnet. In enger Beziehung mit dem endoplasmatischen Reticulum steht der GOLGI-Apparat.

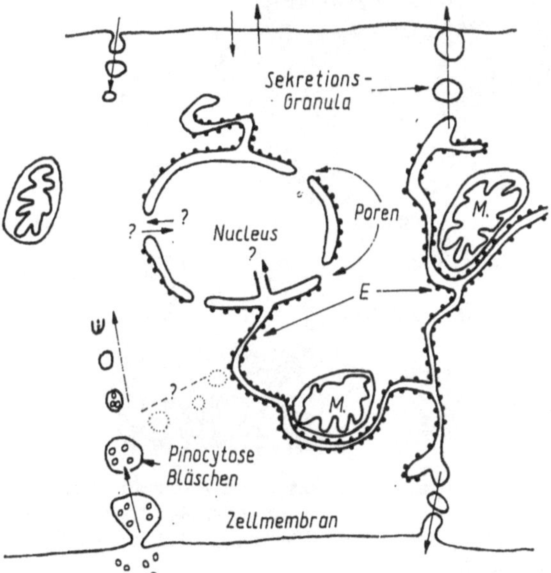

Abb. 2. Stark schematisierte Struktur einer Eukaryontenzelle (nach SIEKEVITZ).
E: Endoplasmatisches Reticulum („rauhe“ Form);
M: Mitochondrien

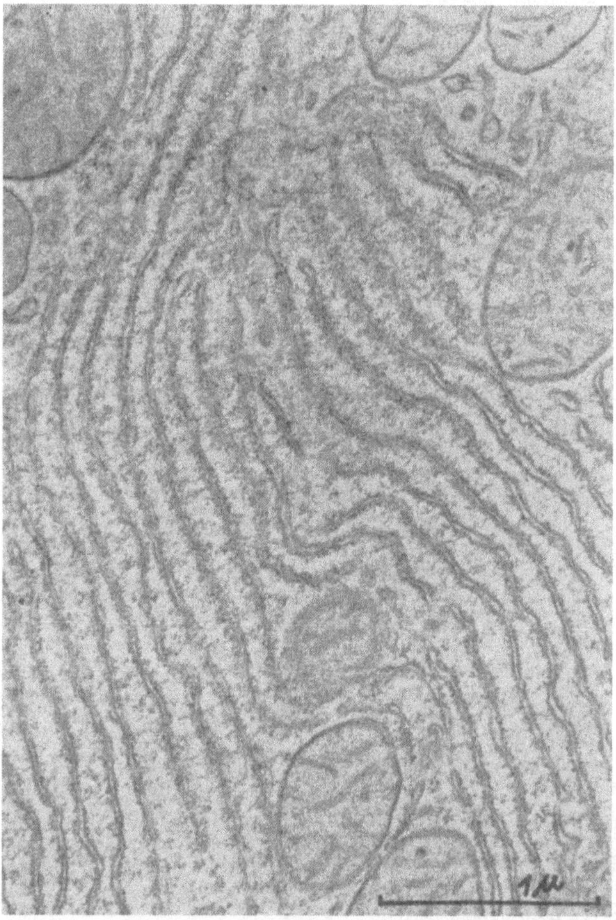

Abb. 3. Lamelläres endoplasmatisches Reticulum der granulären Form (Ergastoplasma). Den Doppellamellen sind die etwa 140 Å großen Ribosomen außen angelagert. Gesamtvergrößerung 30000:1. Originalaufnahme Prof. Dr. H. DAVID

Das endoplasmatische Reticulum kommt in fast allen tierischen und pflanzlichen Zellen vor; überdies läßt es sich auch in Protozoen, Hefen, Algen und Blaualgen, nicht aber in Bakterien nachweisen.

Als *Ergastoplasma* bezeichnet man denjenigen Anteil des endoplasmatischen Reticulums, der mit Ribosomen besetzt ist und deshalb stark basophil reagiert. Durch die Anheftung von Ribosomen erhalten die Membranen des intrazellulären Netzwerkes eine gekörnte (granuläre) oder „rauhe" Struktur. Das *Ergastoplasma* stellt also die granuläre Form des endoplasmatischen Reticulums dar (Abb. 3). Die glatte oder agranuläre Form des endoplasmatischen Reticulums bildet ein intrazelluläres, tubulär strukturiertes Membransystem.

In die Zellflüssigkeit, die man als *Zytosol* bezeichnet, sind die *Mitochondrien* und andere subzelluläre Partikel (*Lysosomen, Peroxisomen*) eingelagert. Viele pflanzliche Zellen enthalten *Plastiden*, die bei den grünen Pflanzen als Chloroplasten ausgebildet sind. Häufig besitzen pflanzliche Zellen auch große, mit Zellsaft (einer eiweißfreien Flüssigkeit) gefüllte *Vacuolen*.

1.3. Methoden zur Untersuchung der Funktion subzellulärer Bestandteile

Die rasche Zunahme unserer Kenntnisse in den letzten Jahren über die strukturelle und funktionelle Organisation der Zelle ist vor allem auf die gemeinsame Anwendung morphologischer und biochemischer Untersuchungsverfahren zurückzuführen. Zu den wichtigsten morphologischen Verfahren gehört die *Elektronenmikroskopie*.

Von entscheidender Bedeutung waren die biochemischen Verfahren zur Gewinnung *intakter Zellen* aus Gewebe- und Organverbänden durch Verwendung von Enzymen (z. B. von *Kollagenase* zur Gewinnung von Hepatozyten aus Leber) und zur Untersuchung der Funktion subzellulärer Strukturbestandteile, die durch die verschiedenen Verfahren der sog. *Zellfraktionierung* gewonnen wurden. Diese sehr verbreitete Methode besteht aus der Zerstörung des Zellgefüges, insbesondere der Zellmembran, und der Trennung der aus der zerstörten Zelle herausgetretenen Bestandteile durch *fraktionierte Zentrifugation*.

Die Zellfraktionierung gestattet die Gewinnung größerer Mengen der verschiedenen subzellulären Bestandteile, die nach ihrer Isolierung einer biochemischen Untersuchung zugänglich sind.

Zur Zerstörung der Zellmembran bedient man sich vorwiegend mechanischer Methoden. Weit verbreitet sind: 1. die Zerstörung der Zellmembran durch Scherkräfte, 2. das rasche und kräftige Schütteln einer Zellsuspension mit kleinen Glaskugeln, 3. die Zerstörung der Zellgrenzschicht durch Einwirken von Ultraschall, 4. die osmotische Zytolyse.

Die Abtrennung der einzelnen subzellulären Fraktionen aus dem Homogenat erfolgt vor allem durch Zentrifugationsmethoden. Hierfür macht man sich die unterschiedliche Dichte, Größe und Form der einzelnen Organellen zunutze. Das Zell- oder Gewebshomogenat kann durch die sog. fraktionierte Zentrifugation in verschiedene Bestandteile aufgeteilt werden. Die fraktionierte Zentrifugation besteht in der Anwendung unterschiedlicher Zentrifugationszeiten und verschiedener Zentrifugalbeschleunigungen. Die Zentrifugalbeschleunigung hat als Grundeinheit die Erdbeschleunigung g (9,81 m · s^{-2}) und wird als Vielfaches von g angegeben. Aus einem Homogenat von Leberzellen lassen sich die verschiedenen Organellen auf folgende Weise gewinnen:

Zellkerne	1000 × g; 30 Min.
Mitochondrien	10000 × g; 30 Min.
Ribosomen plus Membransystem des endoplasmatischen Reticulums	100000 × g; 60 Min.

Das durch Zentrifugation bei 100000 × g gewonnene Sediment ist ein Gemisch von Ribosomen und intrazellulärem Membransystem; man bezeichnet es als *Mikrosomenfraktion.* Der nach Abzentrifugation der Mikrosomen gewonnene Überstand repräsentiert die strukturlose zytoplasmatische Flüssigkeit und wird Zytosol genannt.

Durch Verfeinerung dieser Methoden können zusätzlich zu den genannten Hauptfraktionen noch andere Fraktionen, z. B. Lysosomen, Peroxisomen usw. gewonnen werden.

Eine sehr leistungsfähige Methode ist die *Dichtegradientenzentrifugation.* Das Prinzip dieser Methode besteht darin, daß in den Zentrifugengläsern Medien unterschiedlicher Dichte übereinander geschichtet werden. Als Medien dienen hierbei Saccharoselösungen unterschiedlicher Konzentration, Cäsiumchloridlösungen und andere. Bei Zentrifugation des Homogenates in diesem Dichtegradienten verteilen sich die einzelnen Zellfraktionen bei genügend langen Zentrifugationszeiten entsprechend ihrer Dichte auf die verschiedenen Schichten des Mediums und können so in ziemlich reiner Form gewonnen werden.

Bei der Zellfraktionierung ist es sehr wichtig, die Reinheit der gewonnenen Fraktionen durch Anwendung biochemischer und morphologischer Kriterien zu überprüfen. Diese *Reinheitsanalyse* besteht in einer morphologischen (vorwiegend elektronenmikroskopischen) Untersuchung und einer biochemischen Charakterisierung durch Bestimmung sog. *Leitenzyme.* Als Leitenzyme werden solche Enzyme bezeichnet, die jeweils nur in einem bestimmten Typ eines subzellulären Bestandteils vorkommen und deshalb zur Reinheitsbestimmung der Zellfraktionen dienen können. Derartige Leitenzyme sind für die Mitochondrien die Zytochromoxidase und Glutamatdehydrogenase und für die Mikrosomenfraktion Glucose-6-phosphatase und Esterase.

1.4. Biologische Membranen

Durch die Zellmembran wird eine Zelle von ihrer Umgebung abgegrenzt und die Vielfalt der Beziehungen zwischen einer Zelle und ihrer Umwelt vermittelt. Die Membran verleiht demzufolge einer Zelle ihre Individualität.

Zu der *Abgrenzungsfunktion* gehört, daß die Zellmembran selektiv permeabel ist, so daß ein *kontrollierter Stoffaustausch* zwischen der Zelle und ihrer Umgebung erfolgen kann. Wir erkennen daraus zwei wichtige Funktionen der Zellmembran: sie hat die Zelle nach außen abzuschließen und gleichzeitig den zum Leben notwendigen selektiven Stoffaustausch zu garantieren.

Membranen haben darüber hinaus auch die Funktion der Informationsvermittlung zwischen Zelle und Umwelt. Sie enthalten bestimmte Bestandteile, die als *spezifische Receptoren* für die Wahrung von Zell-Zell-Kontakten (Wachstumsregulation) und für bestimmte Signale aus der Umwelt dienen. Beispiel für die Signalerfassung ist die Bindung von Insulin an die Membran der Muskel- oder Fettzellen, wodurch der Glucoseeinstrom in die jeweilige Zelle vergrößert wird. Auch können die Membranen Signale physikalischer oder chemischer Natur produzieren, wie dies z. B. bei der Fortleitung der Erregung in einer Nervenzelle oder bei der Erregungsübertragung von einer Nervenzelle auf eine andere der Fall ist.

Ein anderes Beispiel der durch die Zellmembran vermittelten Beziehungen zwischen Zelle und Umwelt ist die durch bestimmte

Hormone gesteuerte Bildung von *cyclischem 3',5'-AMP* durch die membranständige *Adenylatcyclase* (FB 2). Schließlich haben Membranen auch entscheidende Funktionen bei den wesentlichsten Energieumwandlungsvorgängen der belebten Materie, nämlich der *oxidativen Phosphorylierung* (DB II) und der Photosynthese.

Membranen bilden nicht nur die äußere Zellbegrenzung, sondern kommen auch im Inneren der Zelle vor. So werden die intrazellulären Organellen der Eukaryonten, die *Mitochondrien* (DB II), die *Chloroplasten*, die *Lysosomen* und der *Zellkern* vom übrigen Zellinhalt durch Membranen mit jeweils spezifischen Permeabilitätseigenschaften abgegrenzt. Wie bereits erwähnt, stellt auch das *endoplasmatische Reticulum* ein intrazelluläres Membransystem dar.

Die intrazellulären Membranen ermöglichen eine Kompartimentierung der verschiedenen Stoffwechselsysteme und sind deshalb für den geordneten Ablauf der Lebensvorgänge innerhalb einer Zelle von großer Bedeutung.

1.4.1. *Bausteine biologischer Membranen und ihre Anordnung*

Membranen sind aus Lipiden und Eiweißen aufgebaut. Unter den Lipiden herrschen die *Phospholipide* vor (vor allem Cholin- und Colaminphosphatide, aber auch Serin- und Inositphosphatide). Weiterhin findet man in den Membranen *Sphingomyeline* und *Cholesterin* sowie *Glykolipide*, von denen als Vertreter die *Cerebroside* und *Ganglioside* besonders herausgestellt seien (die Lipidanordnung in Biomembranen ist in DB I beschrieben).

Die einzelnen Vertreter der Lipide verteilen sich unterschiedlich auf die einzelnen Membrantypen. Das Verhältnis von Gesamtlipid zu Protein ist von Membran zu Membran verschieden und bewegt sich in den Grenzen zwischen 1:5 bis 5:1. Durch das gemeinsame Vorkommen von Lipiden und Proteinen werden den biologischen Membranen jene spezifischen und selektiven Eigenschaften verliehen, die auf S. 23ff. beschrieben wurden.

Da sehr unterschiedliche Proteine zum Aufbau biologischer Membranen Verwendung finden, entstehen jeweils typische Wechselwirkungen zwischen diesen und den Membranlipiden, so daß biologische Membranen hochspezifische strukturelle und funktionelle Eigenschaften erhalten können, die sich in der Herausbildung besonders gearteter Membranporen mit mehr oder weniger selektiven Durchlässigkeitseigenschaften, im Aufbau energieverbrauchender Pumpmechanismen, in der Einlagerung *vektoriell* wirksamer *Enzyme* mit Asymmetrien in Struktur und Funktion sowie in der Fixierung von *Membranreceptoren* ausdrücken.

Plasmamembranen enthalten im allgemeinen 50% Eiweiß, während sloche Membranen, die der Energietransformation dienen, z. B. die der Mitochondrien und Chloroplasten, etwa 75% Eiweiß enthalten. *Membranen* mit *Isolatorfunktion*, z. B. die *Myelinscheiden* der *Nervenfasern*, haben dagegen nur einen Eiweißgehalt von knapp 20%. Die Zahl der verschiedenen Eiweißmoleküle variiert von Membran zu Membran. Bisherige Untersuchungen mit Hilfe von elektrophoretischen Trennungsverfahren zeigen, daß mehrere Dutzend verschiedenartige Proteine mit sehr unterschiedlichen Molekulargewichten in Membranen vorkommen können.

1.4.2. Zusammenwirken von Lipiden und Proteinen in biologischen Membranen

Eine Vielzahl verschiedener Untersuchungsverfahren führte zu immer vollständiger werdenden und die Eigenschaften biologischer Membranen immer besser verstehenden Vorstellungen über die *Feinstruktur* der *Membranen* und die gegenseitigen Anordnungen der Lipide und Proteine.

Das nachstehend diskutierte Modell leitet sich von dem Grundkonzept der „Einheitsmembran" (ROBERTSON, 1959) ab, nach dem alle biologischen Membranen einen prinzipiell gleichen Aufbau zeigen sollen. Diese Vorstellung beinhaltet, daß der Lipiddoppelschicht auf beiden Seiten je eine Proteinschicht aufgelagert ist. Die bimolekulare Lipidschicht hat eine Dicke von 35 Å, während die der beiden angrenzenden Proteinschichten jeweils 20 Å beträgt, so daß die Membran eine Gesamtdicke von etwa 75 Å hat.

Heute nimmt man an, daß die Dicke der Membranen innerhalb gewisser Grenzen (etwa von 45 bis 110 Å) variiert.

Durch die Tatsache, daß manche Proteine schon durch milde Extraktionsverfahren, andere aber nur durch Lösungsvermittler oder erst nach dem Herauslösen der Membranlipide von der Membran abgetrennt und in Lösung gebracht werden können, wurde die Grundlage zu deren Klassifizierung in *periphere* und *integrierte Membranproteine* gelegt. Dabei wird angenommen, daß die peripheren Proteine oberflächlich liegen und vorwiegend durch elektrostatische Kräfte und Wasserstoffbindungen an die Membranen fixiert sind, während die integrierenden Proteine in die Membran eingelagert sind und durch starke hydrophobe Kräfte gebunden werden. Bei den integrierten Proteinen lassen sich verschiedene Lagerungen vorstellen (Abb. 4).

Membranmodelle dieser Art liefern die Grundlage für das Verständnis der *strukturellen* und *funktionellen Asymmetrie* der biologischen Membranen.

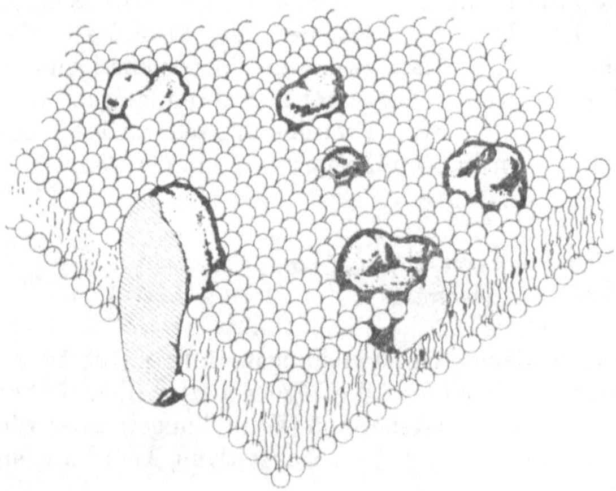

Abb. 4. Flüssigkeits-Mosaik-Modell biologischer Membranen (nach SINGER und NICOLSON, 1972). In die Lipiddoppelschicht sind Proteine eingelagert, die entweder die gesamte Membran durchsetzen oder nur ein Stück in die Membran hineinreichen (integrierte Membrankomponenten). Den beiden Oberflächen der Lipid-Doppelschicht können Proteine z. B. Glykoproteine oder Immunglobuline durch Adsorption aufgelagert sein

Ihre *strukturelle Asymmetrie* wird deutlich, wenn man die einseitige Lokalisierung von Receptoren auf der nach außen zugekehrten Oberfläche der Zellmembranen betrachtet, während ihre *funktionelle Asymmetrie* in der Einseitigkeit von Ionentransporten durch die Membran hindurch zum Ausdruck kommt.

Das umfassendste Modell für biologische Membranen ist das *Flüssigkeits-Mosaik-Modell* von SINGER und NICOLSON (1972) (Abb. 4). Danach sind biologische Membranen zweidimensionale Lösungen von globulären Proteinen und Lipiden. Die Membranlipide erfüllen eine Doppelfunktion: sie sind Lösungsmittel für die integrierten Membranproteine und Permeabilitätsbarriere. Dieses Membranmodell vermag alle strukturellen und funktionellen Eigenschaften biologischer Membranen in befriedigender Weise zu interpretieren.

Membranen sind keine starren Strukturen, sondern befinden sich in einem gelartigen oder *flüssigkristallinen Zustand*. Dadurch können ihre Bestandteile, die Proteine und Lipide, in einer ständigen Bewegung sein, wie dies fluoreszenzmikroskopisch und durch andere Methoden nachgewiesen werden konnte.

1.4.3. Grundlegende Eigenschaften der Transportsysteme in biologischen Membranen

Jede einzelne lebende Zelle steht vor dem doppelten Problem, diejenigen Substanzen, die für ihren Aufbau und ihre Lebensfunktionen erforderlich sind, in ihrem Inneren zu halten und gleichzeitig einen *kontinuierlichen Stoffaustausch* mit der Umgebung zur Aufrechterhaltung ihres Stoffwechsels durchzuführen. Diese Emanzipation von der Umgebung erlaubt es der Zelle, ihre stoffliche und funktionelle Integrität zu bewahren. Für die Durchführung des Stoffaustausches sind selektive Permeabilitätseigenschaften der Zellmembran notwendige Voraussetzung.

Aus dem Flüssigkeits-Mosaik-Modell biologischer Membranen erklärt sich, daß lipophile Substanzen im allgemeinen leichter in die Zellen eindringen als hydrophile Substanzen.

Für den Durchtritt von Substanzen durch eine Membran gibt es verschiedene Möglichkeiten, die durch die folgenden Mechanismen beschrieben werden können:

1. Permeation auf Grund der Lipidlöslichkeit,
2. Permeation durch Poren,
3. erleichterte Diffusion oder trägervermittelter Transport,
4. aktiver Transport,
5. Transport durch Permeasen,
6. Aufnahme einer Substanz durch Pinozytose.

In den folgenden Abschnitten werden einige dieser Permeations- und Transportsysteme besprochen.

1.4.3.1. Einfache Diffusion durch Poren

Zellmembranen sind im allgemeinen für *Wasser* relativ leicht durchlässig, so daß man sich vorstellen kann, daß der Wassertransport hauptsächlich mittels *einfacher* oder „freier“ *Diffusion* der Wassermoleküle durch Poren der Zellmembran vor sich geht. Die Weite dieser Poren liegt in der Größenordnung einiger Å.

Ein Spezialfall des Substanzdurchtritts durch eine Membran ist der sog. „solvent drag“- oder „Lösungsmittel-Schlepp“-Mechanismus. Darunter versteht man die Tatsache, daß die Moleküle dieser Substanz von dem hindurchtretenden Wasser als Lösungsmittel einfach mitgenommen werden.

Auch für die Diffusion bestimmter Ionen kommen Membranporen in Betracht, wobei die Ladungsverteilung in den Kanälen eine große Rolle spielt. Der Chloridtransport z. B. erfolgt durch positiv geladene Kanälchen, die ihrerseits eine Bewegung von Kationen verhindern. Umgekehrt können auch Kationen durch negativ geladene Membranporen diffundieren.

1.4.3.2. Trägertransport oder erleichterte Diffusion

Wie erwähnt, wird der Eintritt von hydrophilen Nichtelektrolyten in die Zelle durch die Lipidbarriere der Zellmembran begrenzt. Da viele Nichtelektrolyte sehr schnell in die Zelle eindringen können, z. B. Zucker und andere Verbindungen, muß die Membran über spezifische Permeationseigenschaften für solche Substanzen verfügen. Es wurde ein besonderer Mechanismus für die Membranpermeabilität gefunden, der als *erleichterte Diffusion* oder als *Trägertransport* bezeichnet wird.

Diesem Mechanismus liegt vor allem die Aufnahme von Nährstoffen durch die Zellen zugrunde, also z. B. der *Zucker-* und *Aminosäuretransport*. Charakteristisch für den trägervermittelten Transport ist, daß er einer *Sättigungskinetik* folgt und *hochselektiv* hinsichtlich der *Struktur* der zu transportierenden Substanzen wirkt (z. B. hinsichtlich der Auswahl unter verschiedenen stereoisomeren Zuckern, Aminosäuren usw.).

Der trägervermittelte Transport ist ein *Ausgleichstransport*, d. h. er kommt zum Stillstand, wenn gleiche Konzentrationen der transportierten Substanz auf beiden Seiten der Membran erreicht sind.

Das zu transportierende Molekül bewegt sich in Verbindung mit einem sog. Träger („Carrier“) durch die Membran. Dieser Träger ist in der Zellmembran oder zumindest in ihrer Lipidschicht frei beweglich. Der Transport eines Moleküls erfolgt diesem Mechanismus entsprechend in folgenden Schritten: 1. Reaktion des Moleküls mit dem Carrier unter Bildung eines Carrier-Substrat-Komplexes auf der einen Seite der Membran, 2. Diffusion des Carrier-Substrat-Komplexes durch die Zellmembran und 3. die Dissoziation des Carrier-Substrat-Komplexes auf der anderen Seite der Zellmembran (Abb. 5).

Da der Nettotransport zum Stillstand kommt, wenn auf beiden Seiten der Membran Konzentrationsgleichzeit besteht, gehört dieser Typ zu der Gruppe der *passiven Transportsysteme*.

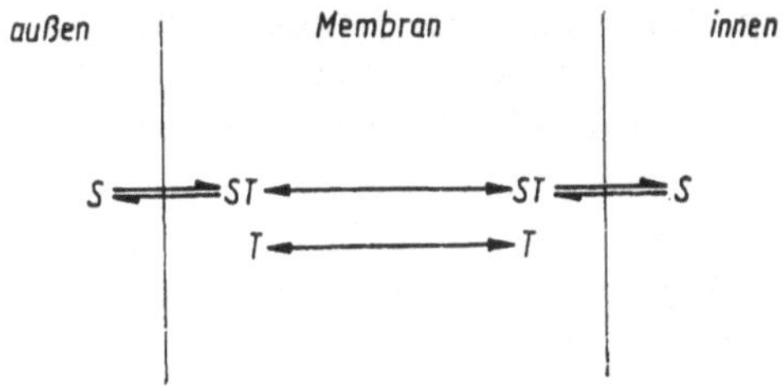

Abb. 5. Stark vereinfachtes Schema des Trägertransportes durch die Zellmembran.
(S = transportiertes Substrat, T = Träger, ST = Substrat-Träger-Komplex)

1.4.3.3. Aktiver Transport

Von den bisher betrachteten Mechanismen des Membrantransportes ist keiner in der Lage, eine Akkumulation von Substanzen gegen ein Konzentrationsgefälle durchzuführen. Dazu ist ein aktiver Transport erforderlich. Als *aktiver Transport* wird der Transport einer Substanz *gegen* ein *Konzentrationsgefälle* unter Verbrauch von Energie verstanden, die aus dem Stoffwechsel der Zelle entnommen wird. Aktive Transportsysteme existieren für zahlreiche Ionen und bei bestimmten Zellen für gewisse Nährstoffe. Obwohl Monosaccharide in die meisten Zellen durch einen trägervermittelten Ausgleichstransport gelangen, werden sie durch die Mucosazellen des Dünndarmes und die Tubuluszellen der Niere aktiv transportiert und in ihnen akkumuliert (FB 2). Systeme, die einen aktiven Transport durchführen, werden häufig als *Pumpen* bezeichnet.

Tabelle 1 gibt als Beispiel die ungleiche Verteilung der Kationen zwischen dem Inneren der Erythrozyten und dem Blutplasma wieder.

Es ist unschwer einzusehen, daß eine ungleiche Ionenverteilung oder die Akkumulation von Monosacchariden bzw. von Aminosäuren — allgemeiner ausgedrückt: der Transport einer Substanz durch eine biologische Membran gegen ein Konzentrationsgefälle mittels eines biochemischen Pumpmechanismus — der Zufuhr von Energie bedarf. Diese Energie wird aus dem Stoffwechsel der Zelle entnommen. Dies verdeutlicht das folgende Beispiel:

Erythrozyten, die in der Kälte aufbewahrt werden, verlieren Kalium und nehmen Natrium auf. Bei 38 °C jedoch kommt es in Gegenwart von Glucose als Substrat der Glykolyse wieder zur Akkumulation von Kalium und zum Austritt von Natrium. Ein Kaliumverlust kann bei gleichzeitigem Natriumeinstrom auch durch die Verwendung von Stoffwechselinhibitoren verursacht werden.

Tabelle 1

Kationenverteilung zwischen Erythrozyten und Blutplasma (mÄqu./l)

	Erythrozyten	Blutplasma
Na^+	21	143
K^+	132	5
Mg^{++}	2,5	2
Ca^{++}	0	5

Als unmittelbare Quelle für die Kaliumakkumulation und das Hinauspumpen der Na^+-Ionen fungiert das ATP (Straub). Der Akkumulationsprozeß wird energetisch durch die ATP-Spaltung angetrieben. Es muß also in der Membran ein Enzymsystem vorhanden sein, welches unter ATP-Spaltung zu einer Kalium- und Natrium-Verschiebung durch die Zellmembran führt.

Heute wird allgemein angenommen, daß die Ungleichheit in der Verteilung von K^+ und Na^+ zwischen Zelle und dem sie umgebenden Medium auf die Wirksamkeit einer *membrangebundenen ATPase* zurückzuführen ist. Diese wird durch K^+- und Na^+-Ionen aktiviert. Man bezeichnet sie als *Transport-ATPase*. Enzyme dieses Typs konnten in Zytoplasmamembranen, den Membranen des endoplasmatischen Reticulums und in anderen Membranen nachgewiesen werden. Charakteristisch für die ATPase der Zytoplasmamembran ist ihre spezifische Hemmbarkeit durch das Herzglykosid Ouabain, wodurch der Ionen-Transport durch die Zellmembran gehemmt wird.

In neuerer Zeit wurden tiefe Einblicke in die Struktur und Funktion der (Na^+, K^+)-aktivierbaren Transport-ATPase gewonnen.

Die (Na^+, K^+)-*aktivierbare ATPase* hat ein Molekulargewicht von 260000 und ist aus zwei verschiedenen Untereinheiten α und β aufgebaut, die jeweils doppelt vorhanden sind. Ihre Oligomerstruktur ist also $\alpha_2\beta_2$. Die α-Untereinheit hat ein Molekulargewicht von 90000 und die β-Untereinheit von 40000. Pro Mol Enzym gibt es ein oder zwei Phosphorylierungsstellen und ein bis zwei Zentren zur Bildung von Herzglykosiden (z. B. von Ouabain). Die α-Untereinheit der Transport-ATPase durchsetzt die volle Schicht der Membran, ist demzufolge transmembranal angeordnet und anscheinend integrierender Membranbestandteil. Sie wird auf der zytoplasmatischen Seite durch ATP phosphoryliert. Auf der anderen Seite der Zellmembran, also auf der Membranaußenfläche, befindet sich die Bindungsstelle für Ouabain.

Die durch die (*Na^+, K^+*)-*ATPase* katalysierte Reaktion ist die *Hydrolyse von ATP*:

$$ATP + H_2O \rightarrow ADP + Phosphat.$$

Sie kann in *zwei Teilschritte* zerlegt werden. Das Enzym wird zuerst in einer Mg^{2+}- und Na^+-abhängigen Reaktion phosphoryliert und dadurch in ein energiereiches Zwischenprodukt übergeführt:

$$ATPase + ATP \xrightarrow{Mg^{2+},\, Na^+} phosphorylierte\ ATPase + ADP\ (\textit{Teilschritt 1}).$$

Der *zweite Teilschritt* besteht in einer K^+-abhängigen Spaltung der phosphorylierten ATPase:

$$phosphorylierte\ ATPase \xrightarrow{K^+} ATPase + Phosphat$$

Die zu transportierenden Ionen Na^+ und K^+ üben demzufolge eine entscheidende Regulationswirkung auf die ATP-Spaltung aus.

Die Bindungsstelle für ATP befindet sich auf der dem Zytoplasma zugekehrten Seite der Zellmembran, an der auch die Reaktionsprodukte ADP und Phosphat freigesetzt werden.

Das phosphorylierte Enzym besitzt eine höhere Affinität zu Na^+ als zu K^+. Das Na^+ wird mittels der phosphorylierten Form der ATPase durch die Zellmembran von innen nach außen transportiert. Bei der durch K^+ beschleunigten Dephosphorylierung kommt es zur Umkehrung der Kationenaffinität des Enzyms: die ATPase gibt außen Na^+-Ionen ab und nimmt dort K^+-Ionen auf. Diese werden durch die dephosphorylierte Form der ATPase in das Innere der Zelle transportiert. Im Verlauf des Phosphory-

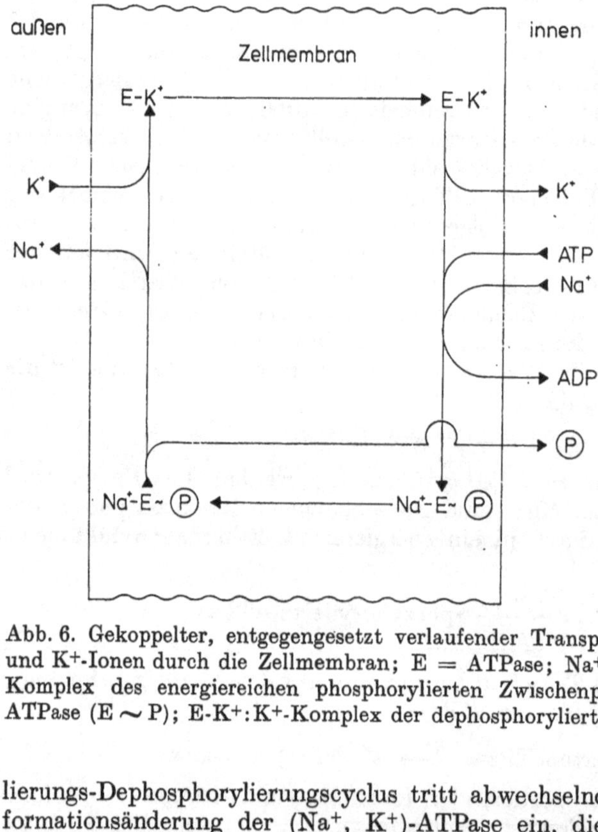

Abb. 6. Gekoppelter, entgegengesetzt verlaufender Transport von Na^+- und K^+-Ionen durch die Zellmembran; E = ATPase; Na^+-E $\sim$ P: Na^+-Komplex des energiereichen phosphorylierten Zwischenproduktes der ATPase (E $\sim$ P); E-K^+: K^+-Komplex der dephosphorylierten ATPase

lierungs-Dephosphorylierungscyclus tritt abwechselnd eine Konformationsänderung der (Na^+, K^+)-ATPase ein, die jeweils zu einer strukturellen Reorientierung des Enzyms in der Zellmembran führt und dadurch den entgegengesetzt gerichteten Transport von Na^+- und K^+-Ionen bewerkstelligt.

Die (Na^+, K^+)-ATPase fungiert demzufolge als *Carrier* für die Na^+- und K^+-Ionen (Abb. 6).

Die (Na^+, K^+)-ATPase findet man in den Zellmembranen von Erythrozyten und von Thrombozyten, im Zentralnervensystem, in den peripheren Nerven, in Skelett- und Herzmuskelzellen, in den Mucosazellen des Dünndarmes, in den Tubuluszellen der Nieren und in vielen anderen Zelltypen. Sie wird durch *herzwirksame Glykoside*, z. B. durch *Ouabain*, gehemmt. Die herzwirksamen Glykoside sind auch als Inhibitoren des Kationentransportes bekannt.

Die Übereinstimmung in den hemmenden Wirkungen von Ouabain auf den K^+- und Na^+-Transport einerseits und auf die (Na^+, K^+)-ATPase andererseits gilt als ein starkes Argument für die Transportfunktion dieses Enzyms im Hinblick auf einwertige Kationen.

Neben der (Na^+, K^+)-ATPase gibt es Transport-ATPasen auch für den aktiven Transport anderer Ionen.

Den *aktiven* Ca^{++}*-Transport* durch biologische Membranen beispielsweise bewerkstelligt eine Ca^{++}-stimulierbare ATPase, die eine besonders hohe Aktivität im sarkoplasmatischen Reticulum des Muskels aufweist (S. 219ff.), aber auch in anderen Zellarten (z. B. in Erythrozyten) vorkommt.

1.4.3.4. Energietransformation durch biologische Membranen

Bestimmte biologische Membranen sind befähigt, die Energie von Konzentrationsgradienten, die sich in einem bestimmten Membranpotential ausdrückt, in biologisch verwertbare Form, d. h. in ATP, umzuwandeln. Man bezeichnet sie als *energiekonservierende* oder *energietransformierende Membranen.*

Während beim aktiven Transport der Konzentrationsgradient unter ständigem Verbrauch von ATP aufrechterhalten wird, wird der Konzentrationsgradient in diesen Membranen zur ATP-Synthese ausgenutzt. Die ATP-Synthese erfolgt dabei durch Umkehrung der ATP-Spaltung und wird durch eine ATPase katalysiert, die demzufolge als ATP-Synthetase wirkt. Sie hat eine andere Aufgabe und eine andere Struktur als die (Na^+, K^+)-aktivierbare Transport-ATPase. Energietransformierende Membranen findet man in Mitochondrien, Chloroplasten und Bakterien.

Von besonderer Bedeutung für die ATP-Synthese in derartigen Membranen sind *Protonengradienten,* die sich entweder a) im Verlauf des Elektronentransportes an der *Mitochondrienmembran* (DB II) oder b) durch photochemische Spaltung des Wassers bei der Photosynthese an der *Chloroplastenmembran* oder c) bei atmenden Bakterien an deren *Zellmembran* infolge des in ihr lokalisierten Elektronentransportsystems aufbauen.

Mit dieser Aufzählung wird die *große biologische Bedeutung* der *Energietransformation* in *biologischen Membranen* deutlich. Von ihr hängen folglich die bedeutsamsten Formen der Energiegewinnung in biologischen Systemen ab (Näheres s. DB II).

1.4.3.5. Transport durch Permeasen

Unter *Permeasen* werden Transportsysteme verstanden, die in Mikroorganismen (Bakterien und Hefen) vorkommen und dort für den aktiven Transport verschiedener lebenswichtiger Substrate durch die Zellmembran hindurch verantwortlich sind. Permeasen sind Enzymsysteme, die aus mehreren Komponenten bestehen und in der Zellgrenzfläche lokalisiert sind. Sie führen zu einer starken Substratakkumulation in den Zellen gegenüber dem Medium und sind für das Wachstum der Mikroorganismen wichtig, weil durch sie die für die synthetischen Vorgänge notwendigen hohen Stoffkonzentrationen innerhalb der Zelle gewährleistet werden. Die Bakterienzelle ist dadurch in der Lage, auch in verdünnten Substratlösungen mit hoher Geschwindigkeit zu wachsen. Die Permeasesysteme zeichnen sich durch hohe Spezifität zu ihren Substraten aus.

Das klassische Beispiel einer Permease ist die von Monod beschriebene *β-Galaktosidpermease*, ein System, das β-Galaktoside im Inneren der Zellen von *E. coli* um mehrere Größenordnungen gegenüber dem Medium akkumuliert.

Permeasesysteme sind genetisch fixiert. Sie sind entweder konstitutiv, d. h. auch bei Abwesenheit der betreffenden Substrate vorhanden oder sie sind adaptiv, d. h. sie werden erst bei Anwesenheit der betreffenden Substrate synthetisiert (S. 144ff.). Permeasen sind für den Transport von Kohlenhydraten, Aminosäuren und bestimmten Ionen verantwortlich.

Von besonderer Bedeutung für das Verständnis der Wirkungsweise von Permeasesystemen erwies sich der Nachweis spezifischer substratbindender Proteine in der Zellmembran, die bei adaptiven Systemen parallel mit den Permeasen auftreten und die die Fähigkeit haben, die zu transportierenden Substrate zu binden. Man kann vermuten, daß diese Bindungsproteine Komponenten des Transportsystems sind und für den ersten Teilschritt des Transportprozesses, nämlich für die mit hoher Affinität erfolgende Anheftung der zu transportierenden Substanz an die Membran verantwortlich sind.

Es gelang, nähere Einblicke in das *Transportsystem* für *Monosaccharide* bei *E. coli* zu gewinnen. Dieses besteht aus drei Proteinkomponenten, dem Enzym I (einem löslichen Protein), dem Enzym II (vorwiegend aus partikulären Membranbestandteilen bestehend) und dem löslichen, niedrigmolekularen, hitzestabilen

Protein HPr. Das *Transportsystem* benötigt *Phosphoenolpyruvat* als *Energiedonator*; es funktioniert wahrscheinlich auf folgende Weise:

Phosphoenolpyruvat + HPr $\xrightarrow{\text{Enzym I}}$ Pyruvat + Phospho-HPr;

Phospho-HPr + Zucker (außen) $\xrightarrow{\text{Enzym II}}$ HPr + Zucker-6-P (innen).

Die Monosaccharidspezifität wird durch das Enzym II vermittelt, welches aus mehreren Komponenten aufgebaut ist. Das *Zuckertransportsystem* bei E. coli stellt also ein *Phosphotransferasesystem* dar.

1.4.3.6. Aufnahme eines Stoffes durch Pinozytose

Die *Pinozytose* weist gewisse Ähnlichkeiten mit dem Vorgang der *Phagozytose* auf, beide Prozesse werden als *Endozytose* bezeichnet. Bei der *Phagozytose* („Eßvorgang" einer Zelle) werden von amöboid beweglichen Zellen (Amöben, Leukozyten u. a.) größere, lichtmikroskopisch sichtbare Partikel und sogar Bakterien aufgenommen. Diese werden dabei von Ausläufern der Zelle infolge der Kontraktilität der Protoplasmagrenzschicht umflossen und nach Fusion der Protoplasmaausläufer der phagozytierenden Zelle einverleibt (FB 2).

Bei der *Pinozytose* („Trinkvorgang" einer Zelle) liegen die Dimensionen im elektronenmikroskopischen Bereich. Der Vorgang der Pinozytose besteht darin, daß ein Makromolekül oder ein Flüssigkeitströpfchen durch *Invagination* der *Zellmembran* in das Innere der Zelle gelangt. Durch Abschnürung nach Innen entsteht im nächsten Schritt ein von Zytoplasma umgebenes *Pinozytosebläschen*, dessen Membran schrittweise aufgelöst wird. Dadurch kommen die aufgenommenen Substanzen in Kontakt mit den übrigen Zellbestandteilen und können dann im Stoffwechsel weiter umgesetzt werden (Abb. 2).

Mehrere Pinozytosebläschen können auch miteinander fusionieren, sich danach mit einem Lysosom vereinigen und ein sog. sekundäres Lysosom bilden (S. **94**ff.) (Abb. 7).

Die Pinozytose liefert das Verständnis für den Eintritt von Makromolekülen in das Innere der Zelle, z. B. von Proteinen oder von Lipoproteinkomplexen. In bestimmten Geweben und Organen, z. B. in der Niere, der Leber und der Darmschleimhaut, spielen pinozytoseähnliche Vorgänge eine große Rolle (FB 1 und 2).

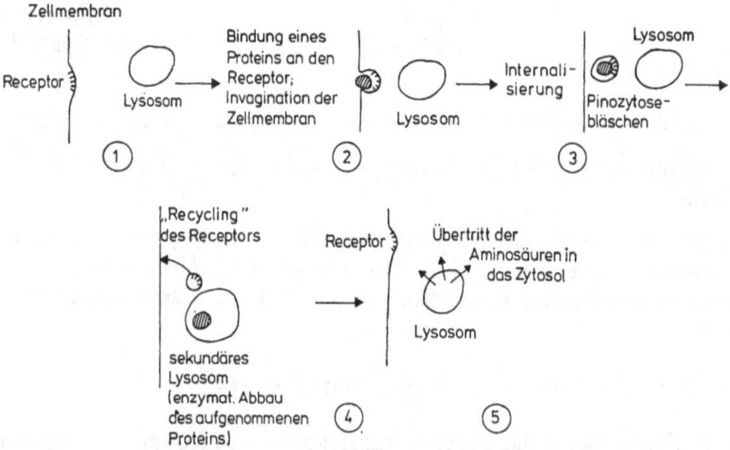

Abb. 7. Die fünf Stadien der receptorvermittelten Aufnahme und Degradation eines Proteins durch eine Zelle (Pinozytose)

Der Vorgang der Pinozytose ist ein Beispiel dafür, daß die äußere Zellmembran kein erstarrtes Produkt der Zelle, sondern eine dynamische Struktur mit einem erheblichen Formwandel darstellt.

Während des Vorganges der Pinozytose wird ebenso wie bei der Phagozytose eine erhebliche Steigerung des Stoffwechsels beobachtet. Im Zustand vermehrter Vesikelbildung steigen Glucoseverbrauch und Atmung der Zellen um ein mehrfaches an.

1.4.4. Receptoren in biologischen Membranen

Wie in der Einleitung zum Kapitel 1.4. ausgeführt wurde, dient die *Zellmembran* nicht nur dem Stofftransport, sondern auch zum *Empfang* und zur *Verarbeitung von Informationen* aus der Umwelt. Sie ist der Sitz spezifischer Strukturen mit besonderen Eigenschaften, die für die Bindung bestimmter Stoffe verantwortlich sind. Diese Membranbestandteile bezeichnet man als *Receptoren.* Eine Zellmembran kann sehr viele verschiedene Receptoren enthalten. Zu ihnen gehören die Blutgruppensubstanzen auf der Oberfläche der Erythrozyten, hormonbindende Receptoren in der Membran von Leberzellen, Muskelzellen, Fettgewebszellen u. a., antigenbindende Immunglobuline in der Zellmembran von Lymphozyten, Receptoren für wachstums- und teilungsbeeinflussende Substanzen und schließlich auch Receptoren für erregungsübertragende Substanzen zwischen Nerv und Muskel oder von Nervenzelle zu Nervenzelle.

Als Beispiel für ein Protein in *erregbaren Membranen* sei der *Receptor* für *Acetylcholin* erwähnt. Wenn dieser Acetylcholin bindet, dann erleidet er eine Konformationsänderung, die eine Permeabilitätssteigerung der Membran für Na^+-Ionen zur Folge hat (S. **234**f.). Der aus dem elektrischen Organ von elektrischen Fischen isolierte *Acetylcholinreceptor* ist ein *allosterisches Protein* (DB II) und hat ein Molekulargewicht von 250000. Es stellt ein Glykoprotein dar, das aus einer größeren Zahl unterschiedlicher Untereinheiten aufgebaut ist. Wahrscheinlich ist dieses Protein *transmembranal* angeordnet, d. h. es durchsetzt die volle Dicke der Membran und ist demzufolge ein integrierender Membranbestandteil.

Eine Zellmembran besitzt nicht nur Receptoren für die *Bindung* solcher *Signalstoffe,* sondern verfügt auch über Systeme der *Signalwandlung,* d. h. über solche Systeme, die die Information in eine der Zelle geläufige Sprache übersetzen. Anders ausgedrückt, der Receptor setzt nach Bindung einer Substanz, z. B. eines Antigens oder eines Hormons oder eines Neurotransmitters ganz bestimmte Abläufe zuerst in der Membran und dann in der Zelle selbst in Gang, die zu einer spezifischen Reaktionsweise der Zelle führen und die je nach Zellart und Anlaß in einer Veränderung ihres Stoffwechsels, ihres Wachstums, ihres Erregungszustandes usw. bestehen.

1.4.4.1. Rolle der Zellmembran für die Wirkung von Hormonen

Die *Hormone* lassen sich im Hinblick auf ihre Wirkungsweise grundsätzlich in *zwei Gruppen* einteilen. Die eine Gruppe von Hormonen tritt zur Realisierung ihrer Wirkung durch die Zellmembran hindurch und gelangt in das Innere der Zelle, wo sie einen Einfluß auf die Genaktivität ausübt. Zu dieser Gruppe gehören die Steroidhormone.

Die zweite Gruppe von Hormonen, zu denen die Katecholamine (Adrenalin und Noradrenalin) sowie die Peptid-, Protein- und Glykoproteinhormone gehören (Vasopressin, Oxytocin, ACTH, Parathormon, Insulin, Glukagon u. a.) treten nicht in die Erfolgszelle ein, sondern werden von Receptoren der Zellmembran gebunden. Der *Hormon-Receptor-Komplex,* der in der Zellmembran lokalisiert ist, wandelt dann die Information des Hormons in eine zellspezifische Reaktion um (FB 1 und 2).

1.4.4.2. Rolle der Membran bei der Kontrolle des Zellwachstums

Innerhalb eines Zellverbandes verhalten sich die Zellen im Hinblick auf ihr Teilungsverhalten und ihr Wachstum anders als derselbe Zelltyp im Einzelzustand. Dies deutet darauf hin, daß der Zellmembran eine regulatorische Funktion im Prozeß des *Zellwachstums* und der *Zellvermehrung* zukommt. Offenbar spielen die Kontakte zwischen den einzelnen Zellen, die durch die Zellmembran vermittelt werden, eine wichtige Rolle bei Wachstums- und Differenzierungsvorgängen.

In der Zellkultur hören normale Fibroblasten zu wachsen auf, wenn sie den Zustand einer lückenlosen monozellulären Schicht erreicht haben. Diese Zellen weisen demzufolge eine *Wachstumskontrolle* auf.

Gegensätzlich dazu verhalten sich Krebszellen, die auf diesem Stadium nicht zu wachsen aufhören, sondern einen mehrschichtigen Zellrasen bilden. Krebszellen sind also unempfindlich gegenüber einer Wachstumskontrolle dieser Art.

Dieses Phänomen bezeichnet man als *Kontakthemmung des Wachstums.* Bei maligne entarteten Zellen gibt es eine Parallelität zwischen dem Verlust der Kontakthemmung ihres Wachstums und ihrer Bösartigkeit (S. 201ff.).

Eine wichtige Rolle in der Vermittlung von Zell-Zell-Kontakten zur Regulation des Wachstums und der vielfältigen anderen Wechselwirkungen zwischen einzelnen Zellen sowie zwischen Zellen und gelösten Substanzen, spielen oberflächengebundene *Glykoproteine* und *Glykolipide.* Die Chemie dieser Substanzgruppen ist in DB I abgehandelt.

Bei einer virusverursachten Malignisierung einer Zelle treten Änderungen im Glykoprotein- und Glykolipidspektrum der Zellmembran und in deren gegenseitiger Anordnung ein, die in einem Zusammenhang mit dem Verlust der Kontakthemmung des Zellwachstums stehen (s. a. S. 212f.).

Weitere Befunde unterstreichen die Rolle der Zellmembran für die Wachstumskontrolle.

In der Zellmembran normaler Zellen hat man ein Protein mit einem Molekulargewicht von 250000 nachgewiesen, das in Krebszellen nicht vorkommt. Man bezeichnet das Eiweiß als *großes äußeres transformationsempfindliches Protein* (engl. LETS-Protein, abgeleitet von: large external transformation sensitive protein).

Wenn man normalen Zellen dieses Protein entfernt, dann verlieren sie die Kontrolle über ihr Wachstum und ähneln morphologisch und biochemisch transformierten, also maligne entarteten Zellen. Dieses Protein spielt offenbar eine Rolle als Kontakt- und Kontrollprotein in den Wechselwirkungen zwischen den Zellen sowie bei der Adhäsion von Zellen an bestimmte Unterlagen. Sein Fehlen in Krebszellen steht mit den bekannten Eigenschaften dieser Zellen im Einklang, nur mangelhaft Kontakte zu anderen Zellen auszubilden und geringe adhäsive Eigenschaften zu besitzen.

Diese Überlegungen führen zu folgenden Fragen: a) Welche *Faktoren kontrollieren* das *Wachstum normaler Zellen?* b) Warum wird das *Wachstum maligner Zellen* durch solche *Faktoren nicht kontrolliert?*

In der Zellstruktur zeigen normale Säugetierzellen die charakteristische Eigenschaft, daß ihr *Wachstum* von der jeweiligen Zelldichte reguliert wird (s. o.); es hört auf, wenn eine bestimmte „Sättigungsdichte“ erreicht ist, auch dann wenn noch genügend Nährstoffe vorhanden sind. Dann gelangen die Zellen in ein *Ruhestadium*, in dem sie für längere Zeit gesund und teilungsfähig verbleiben können. Transformierte und maligne entartete Zellen haben die „dichteabhängige Wachstumsregulation“ verloren und wachsen solange, bis im Medium alle Nährstoffe aufgebraucht sind. Sie kommen in kein Ruhestadium, sondern müssen entweder in ein frisches Medium übergeführt werden oder sterben ab.

Für Säuretierzellen sind eine Reihe von *Wachstumsfaktoren* nachgewiesen worden, von denen einige an bestimmte Receptoren der Zellmembran gebunden werden. Dazu gehören Eiweiße, Hormone (z. B. Insulin und Hydrocortison), Prostaglandine, cyclische Nucleotide, Proteasen, Ca^{++}-Ionen, Antigene, Lectine, Lipopolysaccharide usw. Nicht alle von ihnen sind in vivo gleich wichtig, jedoch kann man annehmen, daß der sog. *Fibroblastenwachstumsfaktor*, der *insulinähnliche Wachstumsfaktor* (FB 2) und das *Insulin* selbst in vivo von besonderer Bedeutung sind. In Blutplättchen findet man auch Wachstumsfaktoren von Polypeptidnatur, die vermutlich eine Rolle bei Wundheilungsvorgängen spielen.

Es gibt Hinweise darauf, daß auch diese wachstumsfördernden Substanzen, zumindest zu einem Teil, ihre Wirkungen über cyclische Nucleotide entfalten. Wachstum wird eingeleitet, wenn der intrazelluläre Spiegel an cAMP sinkt und das Verhältnis von cGMP zu cAMP steigt.

Es wurde auch beobachtet, daß manche wachstumsfördernden Polypeptide direkt eine Permeabilitätsänderung der Zellmembran bewirken und dadurch den Eintritt von Nährstoffen in die Zelle erleichtern.

Es gilt nach dem Gesagten als gesichert, daß Änderungen in der *Zelloberfläche* eine beträchtliche Rolle bei der *Malignisierung* von Zellen spielen. Die Veränderungen in der Zellmembran sind zusammengefaßt die folgenden: *erhöhter Nährstofftransport* durch die Zellmembran, erhöhte *Agglutinierbarkeit* der Zellen durch Lectine (s. u.), *Strukturänderungen* von *Glykolipiden* und *Glykoproteinen* sowie eine *Verminderung* des *LETS-Proteins.*

1.4.4.3. Lektine

In der Natur sind bestimmte *Proteine* verbreitet, die die Fähigkeit haben, sich mit den *Oligosaccharidanteilen* der *Membranglykoproteine* spezifisch zu verbinden. Man bezeichnet sie als *Lectine* (Chemie der Glykoproteine s. DB I).

Die meisten und bestbekannten *Lectine* sind *pflanzlicher Herkunft,* jedoch sind Lektine auch im Tierreich gefunden worden. Bei Leguminosen sind sie besonders weit verbreitet.

Am besten bekannt sind die Lektine aus Weizenkeimlingen, Sojabohnen und Schwertbohnen (*Canavalia ensiformis*). Mit Ausnahme des aus der Schwertbohne gewonnenen Concanavalins A, das ein Mn^{++}-haltiges Protein ist, sind die meisten Lektine selbst Glykoproteine.

Concanavalin A wird spezifisch an solche Membranglykoproteine gebunden, die Mannopyranose- oder Glucopyranosereste enthalten. Das Sojabohnenlektin bindet sich an N-acetylgalaktosamin- und das Weizenkeimlektin an N-acetylglucosaminhaltige Glykoproteine.

Wegen ihrer Fähigkeit, Erythrozyten zusammenzuballen, hat man die *Lektine* auch als *Phytohämagglutinine* bezeichnet. Die meisten Lektine agglutinieren Erythrozyten aller Blutgruppen. Manche von ihnen weisen jedoch eine bemerkenswert hohe Spezifität gegen bestimmte Blutgruppen des AB0-Systems auf. Daher lassen sich bestimmte Lektine zur Blutgruppenbestimmung verwenden. Die Agglutination von Erythrozyten durch Lektine läßt sich durch Mono- und Oligosaccharide unterbinden.

Manche Lektine binden sich an Lymphozyten und lösen bei

ihnen Mitosen aus; sie wirken demzufolge mitogen (z. B. Concanavalin A oder die Lektine der Linse und der Gartenbohne). Es ist beobachtet worden, daß bestimmte Lektine maligne Zellen bevorzugt gegenüber normalen Zellen agglutinieren (S. 202).

Die Bindung von Lektinen an Säugetierzellen kann folgende Effekte auslösen:

1. da die meisten Lektine *multivalent* sind, d. h. ein Lektinmolekül mit vielen Glykoproteinmolekülen reagieren kann, führt eine Lektinbindung an Zellen zu deren *Agglutination*;
2. einige Lektine besitzen *mitogene*, d. h. zellteilungsauslösende *Wirkungen* auf bestimmte Zelltypen;
3. manche Lektine stimulieren bestimmte, meist ausdifferenzierte Zellen, zu spezifischen physiologischen Reaktionen, z. B. bewirkt Concanavalin A insulinähnliche Effekte bei Fettgewebszellen;
4. einige Lektine sind *cytotoxisch* und töten die Zellen ab, an die sie gebunden werden.

Diese Mannigfaltigkeit in den Wirkungen der Lektine auf Säugetierzellen sind Ursache dafür, daß sie umfangreiche Anwendungen bei der experimentellen Erforschung der Signalwandlung in biologischen Membranen und deren Bedeutung für die Prozesse der Wachstumskontrolle, der Zellteilung und der Zelldifferenzierung gefunden haben.

1.4.4.4. Die Erkennungsfunktion membranständiger Glykoproteine

Es gibt eine Fülle von Beobachtungen und experimentellen Befunden dafür, daß die *Glykoproteine* der Zellmembran als *Mediatoren* des *Informationsaustausches* zwischen der Umgebung der Zelle und ihrem Inneren wirken und an *Erkennungsphänomenen* zwischen den Zellen bzw. zwischen Zellen und gelösten Substanzen beteiligt sind (s. a. 1.4.4.2.).

Schon lange ist bekannt, daß N-Acetylneuraminsäure für die Bindung des Grippevirus an die Erythrozytenmembran unentbehrlich ist..

Weiterhin gelang die Isolierung eines Glykoproteins aus Leberzellmembranen, das Receptoreigenschaft für bestimmte Plasmaproteine hat. Dieses Receptorglykoprotein trägt endständig N-

Acetylneuraminsäure. Seine Bindungsfähigkeit für Plasmaproteine hängt von der Gegenwart von Ca^{++}-Ionen ab. Von großer Bedeutung ist die Tatsache, daß dieses Glykoprotein eine besonders hohe Affinität zu solchen Plasmaproteinen hat, die selbst Glykoproteine sind (das ist die überwiegende Zahl, s. FB 1) und von denen ihr Sialinsäureanteil auf enzymatische Weise spezifisch abgespalten wurde (Asialoproteine).

Durch die *Sialinsäureentfernung* wird der vorletzte *Galaktoserest* im Oligosaccharidanteil des Glykoproteins freigelegt, der dadurch zum *Erkennungssignal* für die Bindung wird. Seine *Freilegung* ist die Ursache der *Affinitätssteigerung* des betreffenden Plasmaproteins zu dem hepatischen Membranreceptor.

Dieses Receptorprotein der Leberzellmembranen ist für die Entfernung von Asialoglykoproteinen aus dem Blutstrom verantwortlich. Es läßt sich beispielsweise zeigen, daß intaktes *Coeruloplasmin* (ein kupferhaltiges Glykoprotein, s. FB 1) eine biologische Halbwertszeit von etwa vier Tagen hat; nach Abspaltung von Sialinsäure beträgt seine Halbwertszeit aber nur wenige Minuten. Das *Asialocoeruloplasmin* wird durch die Leber gebunden, in das Innere der Leberzellen transportiert und dort abgebaut.

Es sei noch die *Bindung* von *Erythrozyten* an *Leberzellen* als Beispiel einer *spezifischen Zell-Zell-Wechselwirkung* besprochen. Erythrozyten werden an bestimmte Leberzellen rosettenförmig gebunden. Die Blutzellen einer normalen Erythrozytenpopulation werden an 20% der Leberzellen adsorbiert, während solche Erythrozyten, aus deren Zellmembran die Neuraminsäure bzw. Sialinsäure mittels Neuraminidase abgespalten wurden, mit 80% der Leberzellen reagieren.

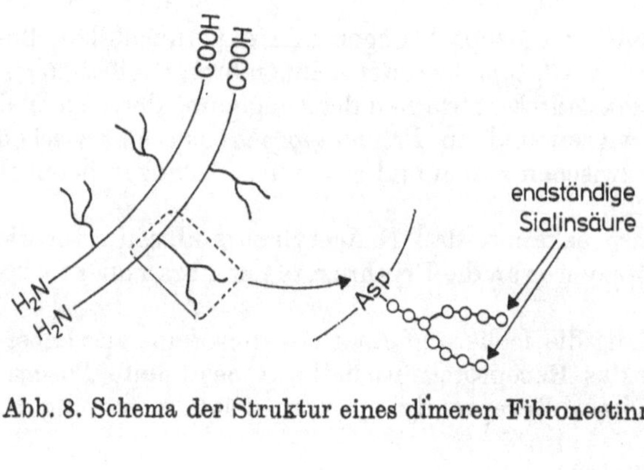

Abb. 8. Schema der Struktur eines dimeren Fibronectinmoleküls

Dieser und weitere Befunde führten zu der Schlußfolgerung, daß die *membrangebundene Sialinsäure* die *Lebensdauer* der *zirkulierenden roten Blutkörperchen* bestimmen könnte. Eine Erythrozytenpopulation, deren membranständige Sialinsäure durch vorherige Behandlung mit Neuraminidase entfernt wurde, wird durch die Leber mit wesentlich höherer Geschwindigkeit aus dem Blutstrom entfernt als eine Suspension roter Blutkörperchen ohne diese Vorbehandlung. Bei der Alterung der Erythrozyten tritt offenbar eine fortschreitende Abspaltung der Sialinsäure aus den Glykoproteinen ihrer Zellmembran ein (s. a. FB 1).

Als *Fibronectine* werden diejenigen Glykoproteine der Zellmembran bezeichnet, die bei den Prozessen der Zelladhäsion, der malignen Transformation und der zellulären Verteidigung eine wesentliche Rolle spielen. Ihre Molekulargewichte liegen bei 200000–250000. Zu ihnen gehören das LETS-Protein und andere Glykoproteine der Membranen normaler und maligner Zellen. Ihre Kohlenhydrate gehören dem komplexen Typ an; sie sind über N-glykosidische Bindungen an Asparaginreste des Proteins gebunden,

Abbildung 8 gibt die Struktur eines dimeren Fibronectinmoleküls wieder. Von besonderer Bedeutung ist die Tatsache, daß bei der *malignen Transformation* einer Zelle die *Fibronectinmenge* in der *Zellmembran* abnimmt und sich ihre Kohlenhydratkomponente verändert. Dies wird in einen kausalen Zusammenhang mit der Verminderung der Zell-Zell-Kontakte und der Herabsetzung der Kontakthemmung von Wachstum und Bewegung bei Krebszellen gebracht (S. 34f.).

1.5. *Struktur und Funktion des endoplasmatischen Reticulums*

Das *endoplasmatische Reticulum* durchzieht die Zelle in Form eines Membrannetzwerkes, das von der Kernmembran bis zur äußeren Plasmamembran reicht. Es bildet ein dreidimensional verzweigtes, auf die ganze Zelle verteiltes System von Lamellen, Schläuchen, Bläschen und Tubuli.

In der *Nähe* des *Zellkernes* ist das endoplasmatische Reticulum dicht mit *kleinen Körnchen* (Granula), den *Ribosomen* besetzt („rauhes“, granuläres endoplasmatisches Reticulum oder *Ergastoplasma*, Abb. 3), während es nach der Zellperipherie hin frei von Ribosomen ist („glattes“ endoplasmatisches Reticulum).

Man gewinnt das endoplasmatische Reticulum durch fraktionierte Zentrifugation eines Gewebehomogenates („Mikrosomen“,

S. 18). Beim Homogenisieren der Zellen wird das Reticulum zerstört und es entstehen kleine Bläschen von elektronenmikroskopischen Dimensionen.

Die *Mikrosomen* bestehen demzufolge aus zwei verschiedenen Fraktionen, den *Membranen* des endoplasmatischen Reticulums und den *Ribosomen*. Letztere sind kleine, elektronendichte Partikel mit einem Durchmesser von etwa 200–300 Å. Chemisch bestehen sie aus Ribonucleinsäure und Protein. Man kann sie demnach als Ribonucleoproteinpartikel bezeichnen. Ribosomen kommen nicht nur membrangebunden, sondern auch frei im Zytoplasma vor. Man findet sie auch in den Mitochondrien und Plastiden sowie im Nucleolus.

Im folgenden sollen Zusammensetzung und funktionelle Architektur des endoplasmatischen Reticulums und der Ribosomen getrennt voneinander besprochen werden.

1.5.1. Zusammensetzung und funktionelle Architektur des endoplasmatischen Reticulums

Wie alle biologischen Membranen bestehen auch die intrazellulären Membranen aus Lipiden und Proteinen. 80–85% ihrer Gesamtlipide sind Phospholipide, 10% sind Cholesterin, 5% Triglyceride und der Rest Cholesterinester und freie Fettsäuren. Die Proteine sind in den Membranen entweder fest verankert und dann für die Funktion des Reticulums von besonderer Bedeutung, oder sie sind nur locker an die Membranen angeheftet, wie z. B. die exkretorischen Proteine im Lumen des endoplasmatischen Reticulums von Drüsenzellen.

Das endoplasmatische Reticulum besitzt eine typische Enzymausstattung, so daß bestimmte Stoffwechselwege und enzymatische Einzelaktivitäten mit diesem System fest verbunden sind. Hierzu gehören Enzyme für die Oxygenierung von Substraten (das *Zytochrom P 450*, DB II) und andere Komponenten des *Elektronentransportes* (Zytochrom b_5, NADH-Cytochrom b_5- Reductase, β-Hydroxy-β-methyl-glutaryl-CoA-Reductase) sowie weitere Enzymsysteme für die *Biosynthese* von *Glykoproteinen*, von *Triglyceriden*, von *Phospholipiden* und von *Cholesterin*. Man findet im endoplasmatischen Reticulum auch Enzyme für die Einführung von Doppelbindungen in Fettsäuren, für den oxidativen und reduktiven Abbau von Steroiden sowie für die Konjugation von Aromaten und Bilirubin mit Schwefelsäure und Glucuronsäure.

Von den wichtigen, an das endoplasmatische Reticulum einer Leberzelle gebundenen Einzelenzymen seien die *Glucose-6-phosphatase* und die *Carboxylesterase* genannt.

Die Funktion des endoplasmatischen Reticulums wird aus seiner Schlauchstruktur und seiner Enzymausstattung heraus verständlich. Aller Wahrscheinlichkeit nach dient es dem intrazellulären Stofftransport und der Abgabe von Stoffen nach außen.

Viele der in ihm lokalisierten Enzyme sind vektoriell angeordnet. Sie nehmen ihre Substrate aus dem zytoplasmatischen Raum auf und geben ihre Reaktionsprodukte in das Lumen der Schläuche ab, von wo sie nach außen in den extrazellulären Raum transportiert werden. Dies gilt für die Funktionsweise der *Glucose-6-phosphatase* in einer Leberzelle. Im Zytoplasma entsteht durch Glykogenabbau oder durch Gluconeogenese Glucose-6-phosphat, das durch die Wirkung der membrangebundenen, vektoriell wirkenden Glucose-6-phosphatase gespalten wird, wobei die freigesetzte Glucose, vermutlich unter Mitwirkung eines mit diesem Enzym gekoppelten Transportproteins, in das Schlauchlumen abgegeben und von dort nach außen befördert wird. Auf diese Weise wird die Freisetzungsreaktion der Glucose von ihrer im Zytoplasma erfolgenden Bildung räumlich getrennt und dadurch eine *Kompartimentierung* erreicht (Abb. 9).

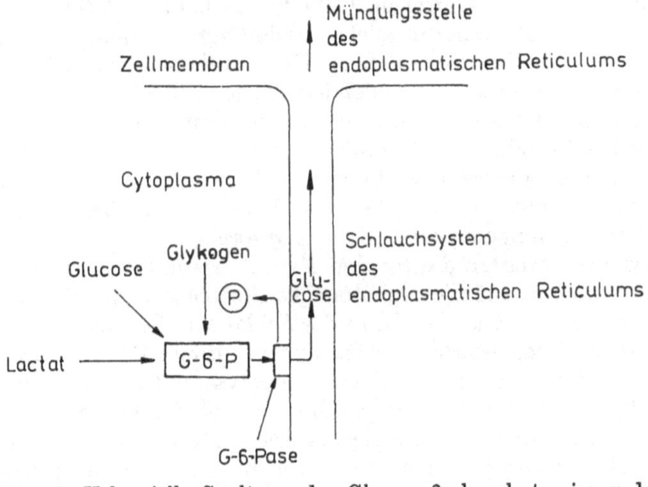

Abb. 9. Vektorielle Spaltung des Glucose-6-phosphates im endoplasmatischen Reticulum der Leberzelle und Abgabe der Glucose aus der Zelle

Von besonderem Interesse ist das Schicksal von *Pharmaka* in der Leberzelle, das ebenfalls mit dem endoplasmatischen Reticulum eng verbunden ist. Unter dem Einfluß von Barbituraten und anderen Arzneimitteln wird die Biosynthese des endoplasmatischen Reticulums beschleunigt und dieses dadurch stärker ausgeprägt. Gleichzeitig werden die Aktivitäten von Enzymen des endoplasmatischen Reticulums erhöht, die für den oxidativen Abbau dieser Stoffe verantwortlich sind, z. B. Zytochrom P-450 (Teil II) und solcher Enzyme, die die Konjugation der Arzneimittel mit Glucuronsäure und Schwefelsäure katalysieren. Die auf diese Weise aus den Pharmaka entstehenden wasserlöslichen Produkte werden auf dem Wege über das intrazelluläre Schlauchsystem der Leberzelle nach außen abgegeben und gelangen entweder in das Blut oder in die Gallenflüssigkeit. Ähnliches geschieht auch mit den Stoffwechselprodukten der Steroidhormone.

Ein Differenzierungsprodukt des endoplasmatischen Reticulums ist der sog. Golgi-Apparat. Dieser besitzt sein eigenes Membransystem, das die Fähigkeit hat, die darin enthaltenen Substanzen durch eine *umgekehrte Pinozytose* (S. 31), der sog. *Exozytose*, aus der Zelle auszuschleusen.

Dieser in vielen Zellen vorhandene Apparat zeigt je nach seinem funktionellen Zustand eine beträchtliche Variabilität. Er besteht aus Lamellen, die im elektronenmikroskopischen Bild als eine Anhäufung flacher, sackförmiger Gebilde erscheinen. Der Golgi-Apparat wird fast immer in solchen Zellen vorgefunden, die einen „Protein-Export" besitzen, z. B. in Drüsenzellen sowie in Leberzellen und in den antikörperbildenden Plasmazellen.

Ein Beispiel für die mit der Struktur des Golgi-Apparates verbundene Sekretbildung ist die *exokrine Pankreaszelle*. Die Funktion ihres Golgi-Apparates liegt in der stufenweisen Kondensation vorgebildeter Enzyme bis zu den fertigen Sekretkörnchen, die von einer Membran umgeben sind (*Zymogengranula*).

In der *Leber* werden die für den Export bestimmten Proteine, z. B. das Albumin und die Globuline des Blutplasmas, im Ergastoplasma synthetisiert und dann in die Schläuche des endoplasmatischen Reticulums sezerniert. *Albumin* wird primär als *Proalbumin* gebildet und durch eine partielle Proteolyse unter Abspaltung eines Oligopeptids in das fertige Albumin übergeführt (S. 131f.). Vom Schlauchsystem des endoplasmatischen Reticulums gelangen die Proteine in den Golgi-Apparat, von wo sie dann durch *Exozytose* nach außen abgegeben werden.

Bei ihrer Wanderung durch das endoplasmatische Reticulum

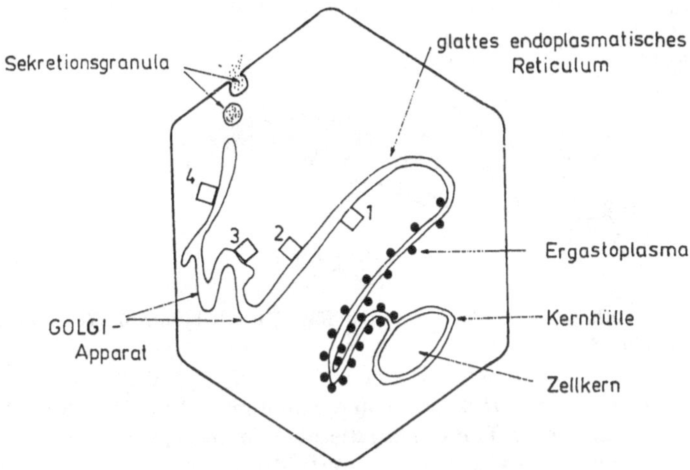

Abb. 10. Synthese und Abgabe von Glykoproteinen durch eine Leberzelle 1: Glykosyltransferase, 2: N-Acetylglucosaminyltransferase; 3: Galaktosyltransferase; 4: Sialyltransferase; Ergastoplasma: „rauhes", d. h. mit Ribosomen besetztes endoplasmatisches Reticulum

und durch das Lamellensystem des GOLGI-Apparates werden bestimmte Proteine, z. B. die meisten Globuline, nicht aber das Albumin, schrittweise mit Zuckerresten verbunden, wodurch die *Glykoproteine* fertiggestellt werden (über die Biosynthese der Glykoproteine s. DB III). Dabei kommt es in festgelegter Reihenfolge zu einer Übertragung einzelner Zuckerreste auf das Protein, die von der Lokalisation der entsprechenden Transferase abhängt (Glucosyl-, N-Acetylglucosaminyl-, Galaktosyl- und Sialyltransferase). Zuallerletzt wird dann im GOLGI-Apparat der Sialylsäurerest auf das durch das Schlauchsystem wandernde Glykoprotein übertragen (Abb. 10).

Diese Darlegungen weisen darauf hin, daß das endoplasmatische Reticulum zur Gewährleistung vielfältiger Aufgabenstellungen über eine komplizierte strukturelle und funktionelle Mikroarchitektur verfügt.

1.5.2. *Zusammensetzung der Ribosomen*

Ribosomen bestehen aus Ribonucleinsäure und Eiweiß, sie sind also *Ribonucleoproteinpartikel.* Sie treten entweder in freier Form im Zytoplasma oder gebunden an das endoplasmatische Reticulum

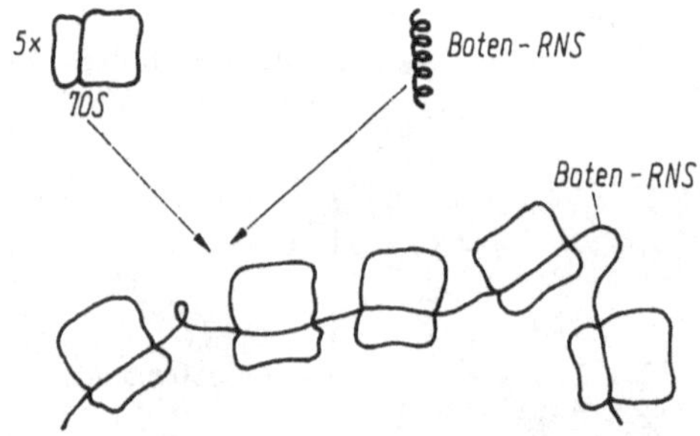

Abb. 11. Aufbau eines Polysoms aus fünf Einzelribosomen (70 S) und Boten-RNS (m-RNS)

auf. Neben einzeln vorkommenden Ribosomen findet man auch Polyribosomen oder Polysomen, die aus mehreren, durch die sog. Boten- oder Messenger-RNS (m-RNS) zusammengehaltenen Einzelribosomen bestehen (Abb. 11, 12). *Ribosomen* und *Polysomen* stellen den *Proteinsyntheseapparat* der Zelle dar.

Die Verteilung der Ribosomen zwischen Zytosol und endoplasmatischem Reticulum ist von Zellart zu Zellart verschieden und hängt

Abb. 12. Elektronenoptische Aufnahme eines Polysoms
Polysom aus polio-infizierten Hela-Zellen mit deutlich sichtbarem Boten-RNS-Faden (A. RICH, S. PENNAN, G. BECKER, J. DARIVELL, C. HALL: Science 142 (1963) 1662)

vom Differenzierungs- und Wachstumszustand der Zelle ab. In wenig differenzierten Zellen kommen die Ribosomen vorwiegend frei im Zytoplasma und in stärker differenzierten Zellen vorwiegend membrangebunden vor.

Die *exokrinen Drüsenzellen* des *Pankreas*, deren Proteinsyntheseapparat vorwiegend für den „Export“ bestimmte Proteine, nämlich die Verdauungsenzyme, produziert, enthalten fast ausschließlich *membrangebundene Ribosomen.* In den *Parenchymzellen* der *Leber* sind die Ribosomen zu etwa 70% und in denen der Niere nur zu etwa 25% membranständig. Bei Schädigung der Leber oder bei ihrer malignen Entartung treten vermehrt freie Ribosomen im Zytoplasma auf. Bei Nahrungskarenz kommt es in der Leber relativ rasch zu einer Verminderung des endoplasmatischen Reticulums und zu einer Ablösung der Ribosomen vom intrazellulären Membransystem.

In vielen Zellarten, z. B. in den Bakterien und Hefezellen sowie in bestimmten tierischen Zellen, z. B. in Reticulozyten und Lymphozyten, treten die Ribosomen vorwiegend frei im Zytoplasma auf.

In der Natur gibt es *zwei Typen* von *Ribosomen,* die sich in Größe und Zusammensetzung unterscheiden. Sie werden durch *unterschiedliche Sedimentationskoeffizienten* $S_{20,w}$ charakterisiert. Der eine Typ sedimentiert mit 70 S, der andere mit 80 S. Die entsprechenden Partikelgewichte sind $2{,}5 \cdot 10^6$ und $4{,}5 \cdot 10^6$.

Die *70 S-Ribosomen* kommen in den *Prokaryonten,* interessanterweise aber auch in den Mitochondrien und Plastiden der Eukaryonten vor, während man die *80 S-Ribosomen* ausschließlich im Zytoplasma und dem endoplasmatischen Reticulum der *Eukaryonten* findet.

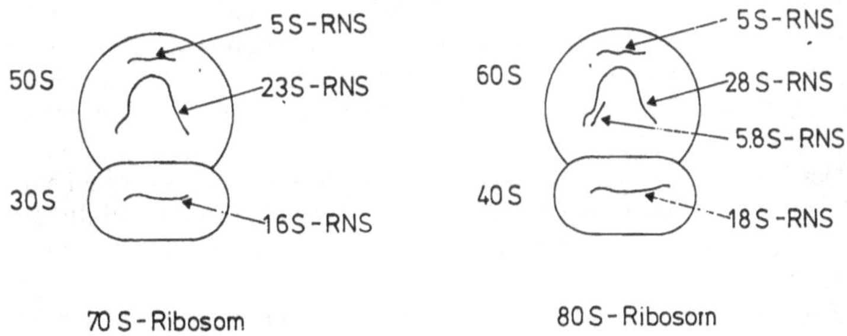

Abb. 13. Aufbau von Prokaryonten-Ribosomen (70 S) und Eukaryonten-Ribosomen (80 S) aus Untereinheiten.
In die Untereinheiten sind die verschiedenen, in ihnen vorkommenden ribosomalen RNS-Species eingezeichnet

Beide Typen von Ribosomen bestehen aus je zwei unterschiedlich großen *Untereinheiten*. Die größere Untereinheit der 70 S-Ribosomen sedimentiert in der Ultrazentrifuge mit 50 S und die kleinere mit 30 S. Bei den 80 S-Ribosomen ist die größere Untereinheit durch 60 S und die kleinere durch 40 S charakterisiert (Abb. 13).

1.5.3. Strukturelle Organisation der Ribosomen

Beide Typen von *Untereinheiten* der *Ribosomen* sind aus *RNS* und *Protein* aufgebaut. Die Ribosomen von Prokaryonten (*E. coli*) bestehen zu etwa zwei Drittel ihrer Masse aus RNS und zu einem Drittel aus Protein. Die Ribosomen der Eukaryonten (Leber) enthalten Protein und RNS zu etwa gleichen Teilen. *E. coli*-Ribosomen enthalten 55 verschiedene Proteine in je einer Kopie; 34 davon entfallen auf die große und 21 auf die kleine Untereinheit. Eukaryontenribosomen hingegen enthalten 70 verschiedene Proteine. Sie kommen, wie in den Prokaryontenribosomen, ebenfalls in je einer Kopie vor. Die große Untereinheit enthält davon 40, die kleinere Untereinheit 30 Eiweißmoleküle. In den Prokaryontenribosomen liegen die Molekulargewichte der Proteine zwischen 7000 und 32000, während sie bei den Eukaryontenribosomen zwischen 8000 und 55000 liegen.

In den *Prokaryontenribosomen* enthält die *große Untereinheit zwei* verschieden große *RNS-Moleküle*, die mit 23 S und 5 S sedimentieren, die *kleine Untereinheit* jedoch nur *ein einziges RNS-Molekül*, das mit 16 S sedimentiert.

Die *große Untereinheit* der *Eukaryontenribosomen* hingegen enthält *drei* verschiedene *RNS-Moleküle*, eine hochmolekulare RNS (28 S) und zwei niedermolekulare RNS-Moleküle (5 S und 5,8 S). Die RNS der kleinen Untereinheit der Eukaryonten sedimentiert mit 18 S (Abb. 13).

Die Nucleotidsequenzen der 5 S-RNS aus den Ribosomen von *E. coli* und einiger tierischer Zellen konnten vollständig und die der höher molekularen ribosomalen RNS-Typen teilweise aufgeklärt werden.

Von besonderem Interesse ist die Anwesenheit *methylierter Basen*, z. B. von N-Methylguanin und N-Methyladenin in ihren Molekülen. Die Einführung der Methylgruppen erfolgt *postsynthetisch* durch sekundäre Modifikation der RNS als Folge der Tätigkeit von Methylasen.

In der Sekundärstruktur der ribosomalen RNS lassen sich Abschnitte, die gepaarte Basen enthalten und haarnadelförmiges Aussehen haben, von solchen unterscheiden, deren Basen ungepaart sind. 60—80% der ribosomalen RNS besteht aus solchen haarnadelförmigen Abschnitten. In den haarnadelförmigen Abschnitten findet man *Palindrome* (S. **163**). Die ribosomale RNS weist eine hohe Packungsdichte auf und befindet sich jeweils im Zentrum der kleinen und großen Untereinheit. Die RNS-Moleküle werden demzufolge im Ribosom von den Eiweißmolekülen eingeschlossen.

Wie oben erwähnt, enthält die große Untereinheit der Eukaryontenribosomen zwei RNS-Species mit niedrigem Molekulargewicht, eine 5,8 S- und eine 5 S-RNS. Auf Grund von Gleichartigkeiten in der Biogenese und Ähnlichkeiten in den Nucleotidsequenzen, kann man annehmen, daß die *5,8 S-RNS* der *Eukaryonten* der *5 S-RNS* der *Prokaryonten* homolog ist. Man nimmt an, daß diese beiden RNS-Typen im Verlauf der Proteinsynthese jeweils mit der t-RNS am *Aminoacyl-t-RNS-Bindungsplatz* des Ribosoms wechselwirken. Diesen Platz bezeichnet man als *A-Zentrum* (S. **127** f.).

Die *5 S-RNS* der großen Untereinheit der 80 S-Ribosomen hingegen ist *eukaryontenspezifisch*. Sie wird durch ein eigenes Gen kodiert. Die Primärstruktur dieses RNS-Moleküls ist im Verlauf der Eukaryontenentwicklung sehr konstant geblieben.

Auf Grund von Komplementaritäten in den Basensequenzen nimmt man an, daß diese *5 S-RNS* am *Initiationsschritt* der Eiweißsynthese teilnimmt, indem sie in *Wechselwirkungen* mit der *Initiator-t-RNS* der Eukaryonten tritt (S. **125** f.). Sie ist offenbar in der Nähe des *Peptidyl-t-RNS-Bindungsplatzes* der großen Untereinheit, dem sog. *P-Zentrum*, lokalisiert (S. 127). Die 5 S-RNS ist eng mit einem bestimmten Protein der großen (large, L) Untereinheit vergesellschaftet (L 3), das im Komplex mit dieser RNS eine ATPase-Aktivität besitzt.

Die in den Ribosomen vorkommenden *Proteine* weisen in der großen und kleinen Untereinheit jeweils eine bestimmte *topographische Verteilung* auf. In zunehmendem Maße ist es möglich, diesen Proteinen bestimmte Funktionen bei der ribosomalen Proteinsynthese und der Aufrechterhaltung der Ribosomenstabilität zuzuordnen. So hat man erkannt, daß in den Ribosomen der Rattenleber wenigstens drei Eiweißmoleküle der großen Untereinheit an der Peptidyltransferasereaktion mitwirken. Weitere Proteine sind für die Bindung von Initiationsfaktoren an die kleine Untereinheit und von Elongationsfaktoren an beide Typen von Untereinheiten verantwortlich. Weiterhin konnten bestimmte ribosomale Proteine identifiziert werden, die jeweils an der Organisation des A- und des P-Zentrums der Proteinsynthese beteiligt sind (Bielka).

Dies macht deutlich, wie tief die Einblicke sind, die man in die funktionelle Architektur der Ribosomen gewinnen konnte.

1.6. Struktur und Funktion des Zellkernes

Tierische und pflanzliche Zellen enthalten als typischen Bestandteil einen *Zellkern.* Er ist das *gemeinsame Merkmal* aller *Eukaryonten.* Neben den einkernigen Zellen existieren auch vielkernige Zellen, die durch Fusion mehrerer Zellen oder durch Kernteilung ohne nachfolgende Zellteilung entstanden sein können. Außer den normalen, kernhaltigen Zellen gibt es auch Zellen, die keinen Zellkern mehr enthalten. So sind die Erythrozyten der Säugetiere kernlos, da sie ihren Zellkern während ihrer Reifung verlieren.

Gegen das Zytoplasma wird der Kern durch eine Membran, die als *Kernmembran* oder als *Kernhülle* bezeichnet wird, abgegrenzt. In seinem Inneren enthält der Zellkern granuläre und fibrilläre Strukturen, die sich durch basische Farbstoffe darstellen lassen und als *Chromatin* bezeichnet werden. Meist besitzt der Kern außerdem in Ein- oder Mehrzahl sog. *Kernkörperchen* oder *Nucleoli.*

Die *Kernhülle* besteht aus zwei Lamellen, die den sog. *perinucleären Raum* kanalförmig umschließen. Zum Unterschied zur äußeren Zellmembran besteht die Kernhülle also aus zwei voneinander getrennten Membransystemen. Die Kernhülle zeigt im elektronenmikroskopischen Bild Poren, durch die das Kerninnere mit dem Zytoplasma kommunizieren kann. Häufig bestehen auch Beziehungen zwischen der *Kernhülle* und dem *Membransystem* des *endoplasmatischen Reticulums,* so daß der perinucleäre Raum mit dem Schlauchsystem des endoplasmatischen Reticulums verbunden ist (Abb. 2).

Die Kernporen sind nicht einfach als Löcher in der Membran aufzufassen, sondern stellen komplexe Strukturen dar, die den Stoffaustausch zwischen dem Kerninneren und dem Zytoplasma kontrollieren. Die Dicke der Einzelmembranen der Kernhülle beträgt wie die der anderen zellulären Membranen etwa 60—80 Å; der Durchmesser des perinucleären Raumes variiert stärker; er liegt etwa zwischen 300 und 400 Å. Die Einzelmembran zeigt den typischen dreischichtigen Aufbau einer Membran, indem zwei stark kontrastierte Außenschichten mit einer Dicke um 20—25 Å von einer unkontrastierten inneren Schicht mit 25—30 Å Dicke zu unterscheiden sind. *Stofftransporte* in den Kern hinein und aus ihm heraus sind *kontrollierte Prozesse.* Der Aminosäuretransport isolierter Kerne ist abhängig von der Anwesenheit von K^+-Ionen und weist Ähnlichkeiten mit dem Transport von Aminosäuren durch die äußere Zellmembran auf.

Die *Kernhülle* ist offensichtlich eine *Diffusionsbarriere,* die das Kerninnere vom zytoplasmatischen Raum durch *selektive Permeabilität* abtrennt. Auch Proteine und Nucleinsäuren können sich durch die Kernhülle bewegen; offenbar sind diese Prozesse sehr komplex und an bestimmte Funktionszustände des Zellkerns gebunden. Weiterhin ist auch ein Stofftransport vom Kern in die Kanäle des endoplasmatischen Reticulums möglich.

Die Kernkörperchen der verschiedenen Zellkerne zeigen in Abhängigkeit von der Aktivität der Zelle beträchtliche Unterschiede hinsichtlich Aussehen, Größe und Anzahl. Zellen mit höherer Syntheseleistung (z. B. embryonale Zellen und Drüsenzellen) besitzen größere und besser ausgebildete Nucleoli als Zellen mit geringeren Syntheseleistungen. Der Nucleolus ist extrachromosomal und enthält eine besondere Nucleolar-DNS, die doppelsträngig ist und aus geschlossenen Ringen besteht. Sie codiert die ribosomale RNS.

Die *Aufgaben* des *Zellkernes* bestehen a) in der *Speicherung* und *Weitergabe* der in der *DNS* verschlüsselten genetischen *Information* von einer Zellgeneration auf die andere und b) in der *Übertragung* der *genetischen Information* von der *DNS* auf die *RNS.*

Der *Zellkern* ist demzufolge nicht nur der Ort der *DNS-Synthese,* sondern auch der Ort für die *RNS-Synthese* der Zelle. Alle drei RNS-Typen der Zelle, die Transfer-RNS (t-RNS), die Messenger- oder Boten-RNS (m-RNS) und die ribosomale RNS (r-RNS) werden im Zellkern gebildet (S. **73**ff.).

1.6.1. Die Zusammensetzung des Zellkernes

Der Zellkern der Eukaryonten enthält den größten Teil der in einer Zelle vorkommenden *Desoxyribonucleinsäure* (DNS). In kleineren Anteilen kommt die DNS auch in Mitochondrien und in Chloroplasten (S. **92**ff.) vor.

Weiterhin enthält der Zellkern verschiedene Typen der *Ribonucleinsäure* (RNS) (S. **77**ff.). Der relative Anteil der RNS im Zellkern ist klein.

Neben den Nucleinsäuren enthält der Zellkern bestimmte Gruppen von Proteinen, nämlich die *Histone*, die *Nichthistonproteine* und das Proteingemisch des Kernsaftes, die sog. *nucleoplasmatischen Proteine*. In den *Spermatozoen* findet man anstelle der Histone die *Protamine*.

Als *Chromatin* wird ein mit bestimmten Farbstoffen anfärbbares Material gekennzeichnet, das die genetische Information der Zelle enthält und im *Interphasezellkern* (S. 86ff.) die entspiralisierten Chromosomen darstellt. Das Chromatin besteht aus DNS (37%), Histonen (37%), Nichthistonproteinen (25%) und RNS (1%) (Abb. 14).

Histone sind *basische Proteine*, die reich an *Lysin* und *Arginin* sind und deren Molekulargewichte im Bereich von 11000 bis 21000 liegen. Sie sind *tryptophanfrei*.

Man unterscheidet fünf verschiedene Histonfraktionen (H1, H2A, H2B, H3 und H4) (Tab. 2). Sie lassen sich aus dem Chromatin des Zellkernes durch Lösungen mit ansteigender Ionenstärke schrittweise extrahieren.

Von großer Bedeutung ist die Tatsache, daß Histone infolge kovalenter Bindung verschiedener Gruppen beträchtlich biochemisch modifiziert sein können. Diese *Modifikationen* erfolgen *postsynthetisch*, d. h. nachdem das jeweilige Histonmolekül fertig synthetisiert wurde. An die Histone können *Methyl-*, *Phosphat-* und *Acetatgruppen* (die Übertragung dieser Gruppen ist in DB III beschrieben) sowie polymere Produkte der *ADP-Ribose* gebunden werden.

Die Anheftung von ADP-Riboseresten an bestimmte Histone erfolgt durch die *Poly-ADP-Ribose-Synthetase*.

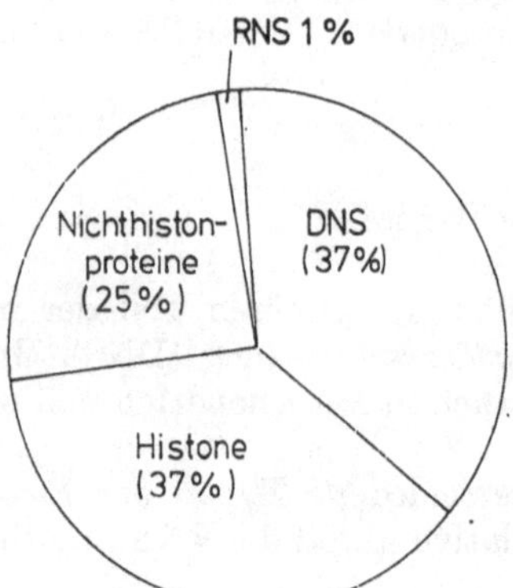

Abb. 14. Die Zusammensetzung des Chromatins aus DNS, Histonen, Nichthistonproteinen und RNS

Tabelle 2
Molekulargewichte und strukturelle Eigenschaften der Histone

Histontyp	Molekular-gewicht	Besonderheiten in der Aminosäure-zusammensetzung	Modifikation
H1	21000	sehr lysinreich (26%)* (Lys:Arg = 10:1)	phosphoryliert
H2A	14000	lysinreich (10%)* (Lys:Arg = 10:1)	kaum acetyliert
H2B	14000	lysinreich (15%)* (Lys:Arg = 2:1)	phosphoryliert
H3	15000	argininreich (13%)* (Lys:Arg = 0.7:1)	stark acetyliert, nicht phosphoryliert
H4	11000	argininreich (14%)* (Lys:Arg = 0.8:1)	phosphoryliert

Allg. Besonderheiten: stark basisch; sehr wenig, wenn überhaupt Methionin; frei von Tryptophan; beträchtliche Anteile von Alanin, Glycin, Glutaminsäure und Valin.

* proz. Anteil von Lysin bzw. Arginin an Gesamtaminosäurezusammensetzung

Dieses Enzym katalysiert die Spaltung von NAD zwischen dem Nicotinsäureamid und dem ADP-Ribose-Anteil sowie die Polymerisierung des ADP-Ribose-Restes und dessen kovalente Anheftung an das betreffende Histon als Acceptorprotein.

In Eukaryonten ist die *Poly-ADP-Ribose-Synthetase* mit dem *Chromatin* assoziiert. Sie benötigt für ihre volle Aktivität DNS und wird durch Histone stimuliert. Die Modifikation bestimmter Proteine und Enzyme des Zellkernes durch Anheftung von Poly-ADP-Ribose ist wahrscheinlich für die Regulation verschiedener biologischer Funktionen wie Zellwachstum, Proteinsynthese, DNS-Replikation und RNS-Synthese bedeutungsvoll. Die Poly-ADP-Ribose besteht aus sich wiederholenden ADP-Ribose-Einheiten, die untereinander von Ribose zu Ribose durch $1' \rightarrow 2'$-Bindungen verbunden sind (Abb. 15).

Die *Nichthistonproteine* haben Molekulargewichte, die über denen der Histone liegen, nämlich sich im Bereich zwischen 18000 und 80000 befinden. Sie weisen im Gegensatz zu den Histonen in Art

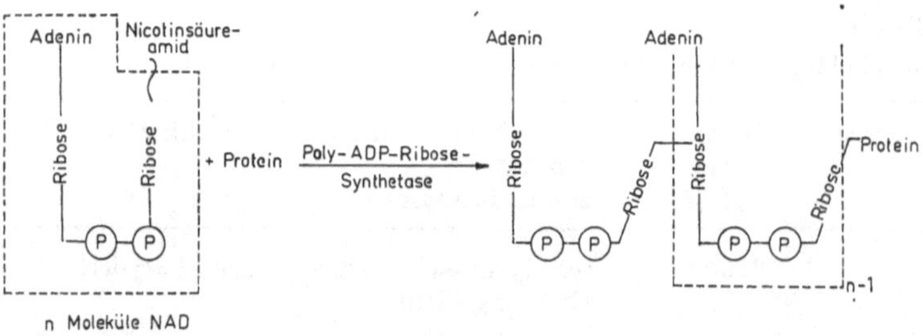

Abb. 15. Bildung und Struktur von Poly-ADP-Ribose und ihre Bindung an Protein

und Menge große Unterschiede von Zelle zu Zelle auf und variieren auch mit deren Differenzierungsgrad.

Die *Nichthistonproteine* sind im Chromatin eng mit der DNS vergesellschaftet. Man hat sie als die eigentlichen *Regulatoren* der *Genaktivität* bei *Eukaryonten* anzusehen.

In den Nichthistonproteinen findet man auch Proteine mit „Verpackungseigenschaften" für RNS sowie Actin, Myosin, Tropomyosin u. a.

Neben den Nichthistonproteinen im engeren Sinne, die eine beträchtliche Heterogenität aufweisen, findet man nach Extraktion der Histone im verbleibenden Restchromatin noch Enzyme, die an der DNS verschiedene Reaktionen katalysieren: *Nucleasen, Polymerasen, Reparaturenzyme, Ligasen* usw. Eine weitere Gruppe von Enzymen sind die *Proteinkinasen,* unter denen es *cAMP-abhängige* und *cAMP-unabhängige* Formen gibt (DB III, FB 2). Sie haben die Aufgabe, Histone und Nichthistonproteine zu phosphorylieren und dadurch einen Einfluß auf die Genaktivität auszuüben.

Die Nichthistonproteine weisen eine hohe Erneuerungsgeschwindigkeit auf.

Lichtmikroskopisch lassen sich in den Zellkernen zwei verschiedene Arten von Chromatin unterscheiden: kondensiertes, dichtgepacktes und deutlich anfärbbares Chromatin, das sog. *Heterochromatin,* und lockeres, nichtkondensiertes, diffus verteiltes und kaum anfärbbares Chromatin, das sog. *Euchromatin.*

Während die Histone in beiden Chromatinarten in etwa gleichem Mengenverhältnis vorliegen, ist der Anteil der Nichthistonproteine und der RNS im Euchromatin höher als im Heterochromatin. Das Euchromatin stellt im allgemeinen den genetisch aktiveren Teil des Chromatins im Vergleich zum Heterochromatin dar.

1.6.2. Der Zellcyclus

Eine wachsende und sich teilende Zelle durchläuft verschiedene Aktivitätsperioden in bestimmter Reihenfolge, in denen die Synthese von zelleigenen Substanzen (DNS, RNS, Protein) und die verschiedenen Phasen der Zellteilung zeitlich genau festgelegt sind. Die Abschnitte bzw. Phasen dieses Zellcyclus sind (Abb. 16):

1. die G_1-Phase (postmitotische Ruhephase),
2. die Synthesephase S,
3. die G_2-Phase (prämitotische Ruhephase),
4. die Mitose mit den Einzelphasen

   P Prophase,
   M Metaphase,
   A Anaphase,
   T Telophase.

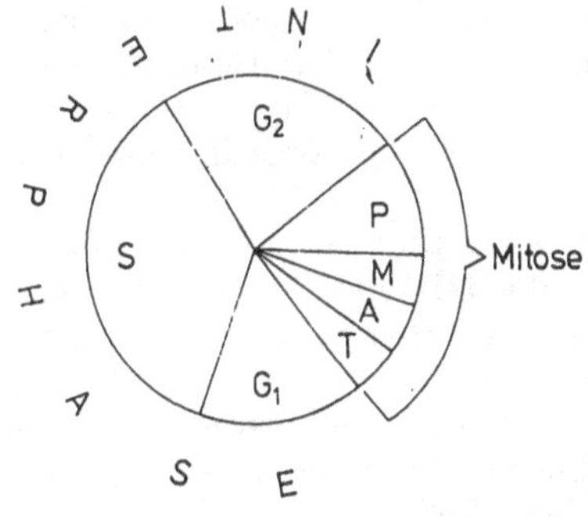

Abb. 16. Der Zellcyclus einer teilungsfähigen Zelle

Die G_1-, S- und G_2-Phase werden als *Interphase* zusammengefaßt. Die *Cyclusdauer* beträgt im Durchschnitt 22 Stunden; davon nimmt die S-Phase 6—8 Stunden, die G_2-Phase 4—6 Stunden und die Mitose etwa 45 Minuten ein. Der Rest entfällt auf die G_1-Phase.

Die *Zellteilung* findet in der Mitosephase statt. In der *S-Phase* werden die DNS, die RNS und der größte Teil der Proteine synthetisiert, jedoch beginnt die *Synthese* der *Histone* bereits in der *späten G_1-Phase.* In dieser Phase steigen auch schon die Aktivitäten gewisser Enzyme an, die an Vorbereitungsarbeiten für die in der *S-Phase* stattfindende *Replikation* und *Transcription* der DNS beteiligt sind.

In der G_1-Phase finden in den entsprechend differenzierten Zellen auch die für bestimmte Zellen typischen Syntheseleistungen statt, z. B. die Bildung von Hormonen.

Die *DNS-Synthese* erfolgt in der *S-Phase.* In dieser Phase sind keine Chromosomen nachweisbar. Das *Chromatin* befindet sich dann in einem *aufgelockerten,* lichtmikroskopisch nichtstrukturierten *Zustand.* Elektronenoptisch besitzt das Chromatin in dieser Phase eine perlschnurartige Struktur, deren Grundeinheiten die *Nucleosomen* sind (S. 58ff.). Durch Untersuchung des DNS-Umsatzes teilungssynchronisierter Zellen wurde gezeigt, daß die Replikation der DNS in den ersten Teil der S-Phase fällt und schon vor Beginn einer neuen Zellteilung abgeschlossen ist. Die DNS stellt also eine Substanz dar, die in bestimmten Lebensabschnitten einer Zelle eine relativ große Stoffwechselstabilität besitzt, in anderen aber eine hohe Synthesegeschwindigkeit aufweist.

Die DNS-Anteile des Euchromatins und des Heterochromatins werden etwas phasenversetzt repliziert. Heterochromatin ist spätreplizierend, d. h. es verdoppelt seine DNS in der späten S-Phase, während sich die DNS des Euchromatins in der frühen S-Phase repliziert.

Hinsichtlich der RNS-Synthese ist das Euchromatin wesentlich aktiver als das Heterochromatin.

Es gibt zell- und gewebsspezifische, aber nicht artspezifische Substanzen, die den Zellcyclus in der G1-Phase, also in der Vorbereitungsphase zur DNS-Synthese, aber auch in der G2-Phase reversibel unterbrechen können. Man nennt diese Substanzen *Chalone.* Sie sind Glykoproteine und haben Molekulargewichte von 10000 bis 50000. Diese Substanzen *verhindern* die *Zellteilung.*

Man hat angenommen, daß die hohe Zellteilungsgeschwindigkeit der Tumoren dadurch zustande kommt, daß kanzerogene Substanzen die Bindungsstellen der Chalone an den Zellmembranen blockieren oder zerstören, so daß die Chalone unwirksam werden und das Tumorwachstum unbeeinflußt von ihnen vor sich gehen kann.

Die Chalone scheinen über das cAMP-System zu wirken, indem sie die membranständige Adenylatcyclase aktivieren und dadurch einen Anstieg im cAMP-Spiegel der Zelle bewirken, wodurch offenbar die Zellteilung verhindert wird.

Es ist von besonderem Interesse, daß sich während des *Zellcyclus* der *cAMP-Gehalt* einer Zelle in charakteristischer Weise verändert. Er hat ein *Maximum* in der *G2-Phase* und ein *Minimum* während der *Mitose.* Man hat die Vermutung geäußert, daß die *Ab-*

nahme des cAMP-Spiegels ein *Signal* in der Zelle auslöst, das die *Zellteilung* einleitet. Sich rasch teilende Gewebe, z. B. Tumorgewebe oder regenerierende Leber, weisen einen niedrigen cAMP-Spiegel auf.

1.6.3. Die Chromosomen

Chromosomen sind lichtmikroskopisch darstellbare Gebilde, die unmittelbar vor und während der Mitose bzw. Meiose in der Zelle auftreten. Sie sind aus *Chromatin* aufgebaut und enthalten demzufolge die *DNS* als *Vererbungsträger* sowie die *fünf Histone* und *Nichthistonproteine.* Die *Chromosomen* sind in *euchromatische* und *heterochromatische* Bezirke gegliedert.

Chromosomen sind die *Transportformen* des genetischen Materials und enthalten eine Reihe struktureller Merkmale: a) die Centromerregion, b) gewisse Einschnürungen und c) die Chromosomeren. Zahl, Größe und Verteilung dieser Merkmale sind chromosomenspezifisch.

In den Chromosomeren ist die DNS stark spiralisiert. Wahrscheinlich tritt nach Abschluß der Zellteilung wieder eine Entspiralisierung unter Bildung der Replikations- und Transcriptionseinheiten (S. 87ff.) ein (Abb. 17).

In jedem Chromosom ist die *DNS* in Form einer *Doppelhelix* vorhanden, die infolge ihrer Wechselwirkungen mit den Proteinen im *Nucleoproteinkomplex* eine räumliche Struktur ausbildet und in Form einer linksgängigen *Superhelix* auftritt. Die strukturelle Einheit eines Chromosoms ist das *Nucleosom* (S. 58ff.).

Bestimmte Abschnitte der DNS weisen *repetitive Strukturen* auf, andere Abschnitte kommen nur ein einziges Mal vor (S. 61, 90ff.). Bei der Isolierung chromosomaler DNS tritt häufig eine Abtrennung der hochrepetitiven DNS im Dichtegradienten ein. Man spricht dann von *Satelliten-DNS.*

In der *Interphase,* d. h. in dem Zeitraum, in dem sich die DNS-Replikation vollzieht, sind die Chromosomen nicht nachweisbar; sie werden in artspezifischer Form und Anzahl erst in der *Prophase* als lange Doppelfäden erkennbar, die sich durch Spiralisierung bis zum Ende der Prophase hin verkürzen. Gleichzeitig wird die Kernmembran aufgelöst. In der *Metaphase* liegen die Chromosomen im Spindeläquator. Sie bestehen aus zwei Untereinheiten, den *Chromatiden,* die in der *Anaphase* voneinander getrennt und auf die beiden Spindelpole verteilt werden. In der Telophase wird dann um die beiden Chromatidensätze je eine Kernmembran gebildet.

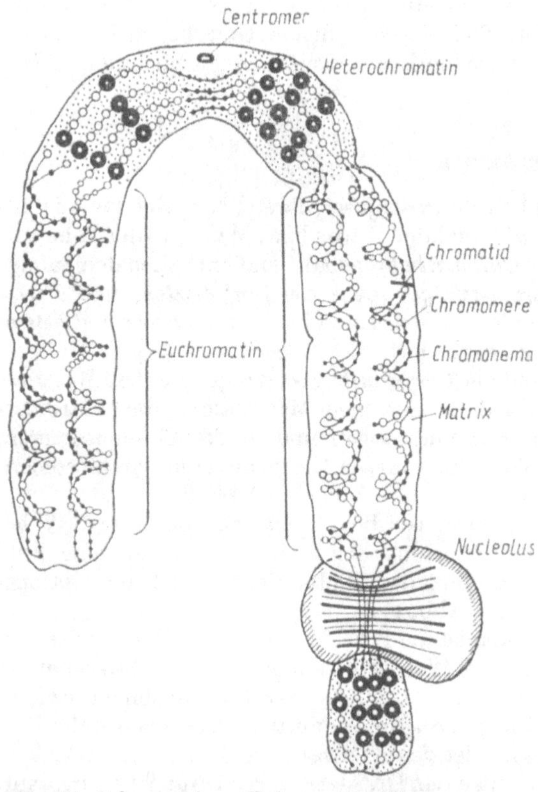

Abb. 17. Schema eines Eukaryonten-Chromosoms auf der Basis lichtmikroskopischer Untersuchungen

Diese Darlegungen machen die drei folgenden Punkte deutlich:

1. Chromosomen bzw. die beiden sie aufbauenden Chromatiden dienen der Verteilung des genetischen Materials auf die entstehenden Tochterzellen,
2. die eigentliche Genfunktion, die Replikation und Transcription läuft in der Interphase ab, in einem Zeitraum also, in dem das Chromatin normalerweise lichtmikroskopisch nicht strukturiert ist, die Chromosomen also nicht nachweisbar sind,
3. im Chromosomenstadium ist die Genaktivität, d. h. die Replikation und die RNS-Synthese praktisch Null.

Es gibt Fälle in der Natur, die von dieser Norm abweichen und die darin bestehen, daß auch im Interphasekern Chromosomen nachweisbar sind. Diese sind die *Riesenchromosomen* oder *Polytänchromosomen* aus den Speicheldrüsenzellen von Dipteren (Zweiflügler). Sie entstehen durch mehrfache, nacheinander erfolgende Teilungen der Chromosomen in eine große Zahl von Chromatiden,

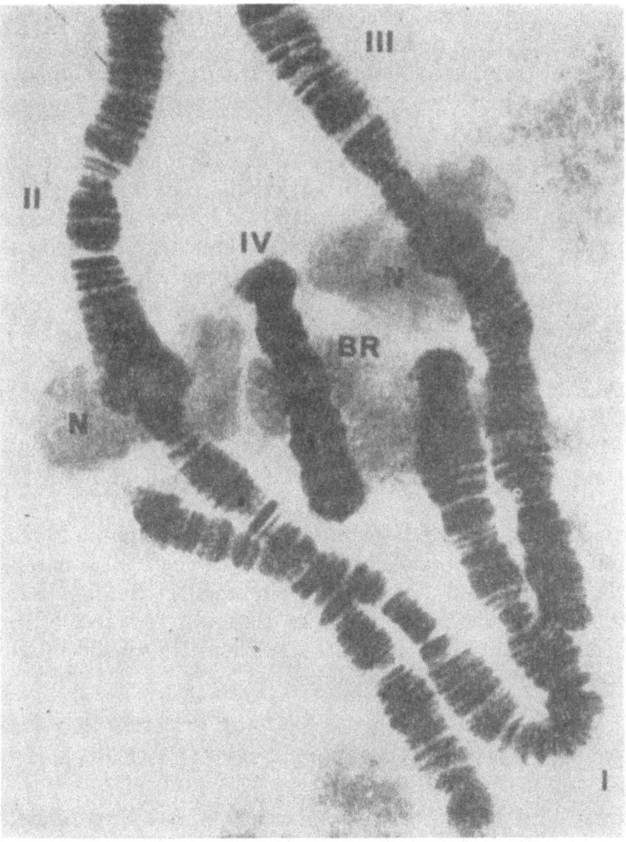

Abb. 18. Riesenchromosomen (I, II, III, IV) aus der Speicheldrüse von *Chironomus tentans* mit Nucleoli (N), BALBIANI-Ring (BR) (H. HARRIS; Endeavour Bd. XXIV, Nr. 91 (1965) S. 51). Die BALBIANI-Ringe stellen Regionen besonders starker RNS-Synthese dar

die jedoch nicht auseinanderweichen, da die Kernmembran nicht aufgelöst wird, sondern im chromosomalen Verband zusammenbleiben und dabei zu einer gewaltigen Vergrößerung der Chromosomen führen. Die DNS pro Chromosom kann sich dabei bis auf das 1000fache vermehren.

In diesen Riesenchromosomen vereinigen sich die *Chromomeren* der parallel liegenden *Chromatiden*, in denen die DNS besonders stark spiralisiert ist, zu lichtmikroskopisch nachweisbaren Querscheiben oder Bändern, zwischen denen die sog. Zwischenbänder liegen, in denen die DNS nicht spiralisiert ist, sondern in der Form einer langgestreckten Doppelhelix vorkommt (Abb. 18). Die polytänen Chromosomen stellen erstklassige Objekte für das Studium der Genaktivität dar.

Die Anzahl der in den einzelnen Chromosomen enthaltenen Querscheiben ist artspezifisch und beträgt bei *Chironomus* (Zuckmücke) 1900, bei *Drosophila* (Taufliege) 5149. Jedes Riesenchromosom zeigt ein nach Anordnung und DNS-Gehalt der Chromosomeren artspezifisches Muster an Bändern und Zwischenscheiben. Bestimmte Zwischenscheiben des Chromosoms zeigen einen spezifischen Formwandel, indem sie sich auflockern und regelrecht „aufgebläht“ werden. Diesem „puffing-Phänomen“ kommt offensichtlich funktionelle Bedeutung zu, indem jedes Organ ein spezifisches Puff-Muster aufweist. Puffs sind Orte hoher Genaktivität. In ihnen finden Transcriptionsvorgänge mit besonders großer Intensität statt, d. h. in ihnen ist die Geschwindigkeit der RNS-Synthese hoch.

Das *Puff-Muster* eines Riesenchromosoms lehrt, daß offenbar nur ein Teil der Gene eines Chromosoms aktiv ist. Man hat berechnet, daß jeweils ein Zehntel bis ein Fünftel der gesamten Querscheiben transcribiert werden, so daß also etwa 200 verschiedene RNS-Fraktionen in einem solchen Riesenchromosom gleichzeitig synthetisiert werden.

1.6.4. Die Struktur des Chromatins

Als *Chromatin* wird das *Nucleoprotein* bezeichnet, das die genetische Information der Zelle trägt. Es enthält fünf Histone, die in bestimmter Weise an die DNS gebunden sind und außerdem die Nichthistonproteine.

Das *Chromatin* ist aus sich *wiederholenden Bausteinen*, den sog. *Nucleosomen*, aufgebaut, die eine weitgehend einheitliche Struktur und Zusammensetzung aufweisen, wenn man sie in verschiedenen Organismen und Zelltypen sowie in verschiedenen Stadien des Zellcyclus untereinander vergleicht.

Die DNS des Zellkernes einer menschlichen Zelle würde in Form einer durchgehenden Doppelhelix die Moleküllänge von 1,70 m haben. Im Zellkern ist dieses Molekül jedoch auf 40 μm^3 zusammengepreßt. Diese erstaunliche Leistung wird durch die Histone vollbracht; sie findet ihren Ausdruck in der Existenz von Nucleosomen.

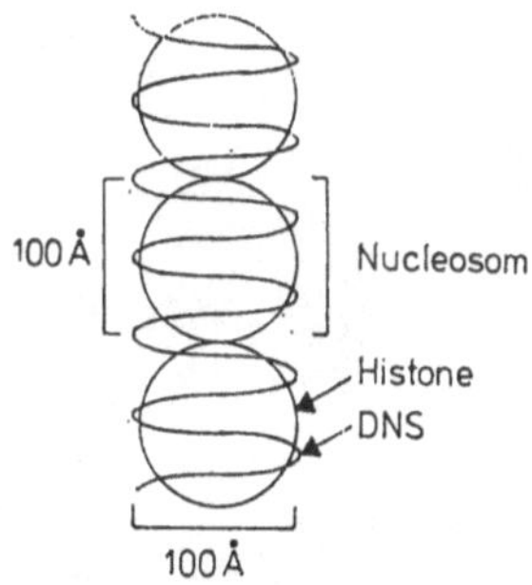

Abb. 19. Schematische Darstellung eines Nucleosoms (nach R. D. KORNBERG: Ann. Rev. Biochem. **46**, 931 (1977)

Als *Nucleosom* wird die sich *wiederholende Untereinheit* des *Chromatins* bezeichnet, die etwa 200 Basenpaare der DNS umfaßt (Variationsbreite zwischen den Species 150–240 Basenpaare) und jeweils zwei Moleküle der vier Histone H2A, H2B, H3 und H4 enthält. Das *strukturelle Kernstück* dieser Einheit ist das *Histontetramer* $(H3)_2(H4)_2$. Das sind diejenigen Histone, die die größte Einheitlichkeit in ihrer Primärstruktur bei Pflanzen und Tieren aufweisen. Dieses Tetramer bildet eine *globuläre Struktur* aus, mit der die *Histone H2A* und *H2B paarweise* wechselwirken und um die die DNS-Doppelhelix gewunden ist (Abb. 19).

Ein *Nucleosom* besteht demzufolge aus *acht Histonmolekülen* (*Octamer*), die von der DNS umwickelt sind. Der Durchmesser eines Nucleosoms beträgt etwa 100 Å. Es muß angenommen werden, daß außerdem pro Nucleosom ein Molekül des Histons H1 gebunden ist. Auf Grund seiner leichten Extrahierbarkeit bei niedriger Ionenstärke wurde der Schluß gezogen, daß H1 oberflächlich lokalisiert ist.

Wenn man *Nucleosomen* längere Zeit einem *Nucleaseangriff* aussetzt, dann beobachtet man eine Abspaltung von Nucleotiden, so daß schließlich Partikel entstehen, die 140 Basenpaare enthalten.

Bei diesem begrenzten Nucleosomabbau wird auch das Histon H1 abgespalten, jedoch verbleiben in den Partikeln alle acht Histonmoleküle, die den Kern des Nucleosoms bilden.

Man bezeichnet diesen Partikeltyp als „*Core-Partikel*“ (Kernstück des Nucleosoms) und das dem Nucleaseangriff zugängliche DNS-Segment als „*Linker*“ (Verbindungsstück). Das Kernstück des Nucleosoms ist in seiner Größe, seiner DNS-Kettenlänge von 140 Basenpaaren und seinem Aufbau von Species zu Species sehr konstant, die Länge des Verbindungsstückes hingegen ist variabel. Sie kann 15—100 Basenpaare betragen.

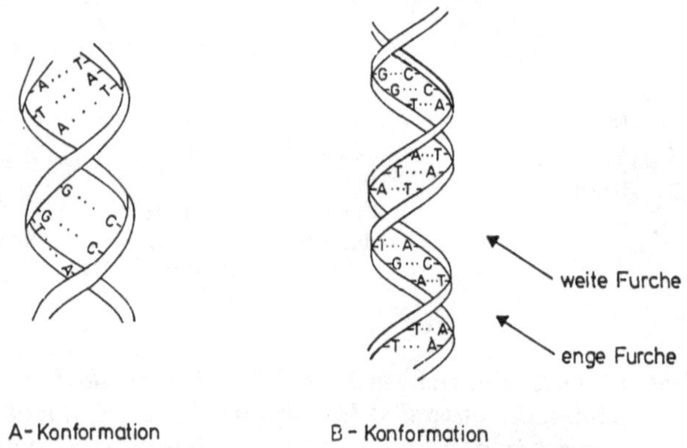

Abb. 20. Die beiden Konformationen A und B der DNS

Das *vollständige Nucleosom* besteht demzufolge aus dem *Core-Partikel* plus *Linker* plus *H1*. Die DNS des Core-Partikels und des Linkers ist im Nucleosom in bestimmter Weise gewunden und gefaltet.

Die Bindung der DNS an die Histone erfolgt vorwiegend durch Salzbrücken, die sich zwischen den anionischen Phosphatgruppen der DNS und den kationischen Lysin- und Argininresten der Histone ausbilden (*Nucleoprotein*).

Die DNS nimmt in den Nucleosomen die sog. *B-Konformation* ein. Diese stellt eine rechtsgängige Doppelhelix dar. Zum Unterschied zur A-Form besitzt die DNS-Doppelhelix in der B-Form weite und enge Furchen. In der B-Form stehen die Basenpaare senkrecht zur Helixachse, in der A-Konformation hingegen sind sie dieser gegenüber um 70° geneigt (Abb. 20).

In einem Nucleosom muß die B-Struktur der DNS jedoch erheblich deformiert sein, da die Länge eines DNS-Moleküls mit 200 Basenpaaren in der B-Konformation etwa 680 Å beträgt, der Durchmesser eines Nucleosoms aber nur 100 Å ist. Die DNS muß demzufolge eine *Superknäuelung* (*Superhelix*) aufweisen. Es ist nicht genau bekannt, wie diese erfolgt. Entweder ist die Superknäuelung gleichmäßig über die gesamte Länge des Moleküls verteilt oder auf bestimmte Knicke oder Schleifen entlang der DNS-Doppelhelix konzentriert. Die Stabilisierung der Superhelix erfolgt durch die Wechselwirkungen mit den Histonen.

1.6.5. *Die strukturelle Organisation der DNS*

Die sich in einem Chromosom durchschnittlicher Größe befindliche DNS-Doppelhelix ist aus etwa 100 Millionen Nucleotidpaaren aufgebaut, sie besitzt also ein Molekulargewicht von ungefähr 6×10^{10}. Im Durchschnitt umfaßt der haploide Chromosomensatz eines Säugetieres etwa $3 \cdot 10^9$ Nucleotidpaare.

Wenn man davon ausgeht, daß die durchschnittliche Länge einer Polypeptidkette 300 Aminosäuren beträgt und drei Nucleotide jeweils eine Aminosäure codieren, so ergibt sich daraus die Größe eines Gens zu etwa 1000 Nucleotidpaaren. Daraus ergibt sich, daß eine Säugetierzelle etwa $3 \cdot 10^6$ Gene besitzt.

Verschiedene Überlegungen und experimentelle Befunde lehren aber, daß bei Säugetieren die tatsächliche Zahl der Gene jedoch „nur" 20000—30000 betragen dürfte. Das bedeutet, daß nur etwa 1% der gesamten im Zellkern befindlichen DNS codierende Eigenschaften besitzt, also nur ein kleiner DNS-Anteil die genetische Information für die Primärstruktur aller im menschlichen Körper vorhandenen Proteine trägt.

Was läßt sich über die 99% der DNS sagen, die offenbar keine codierenden Eigenschaften besitzt?

Eine merkwürdige Tatsache ist, daß die DNS in den Chromosomen der Eukaryonten Abschnitte enthält, die mehrfach auftreten, so daß man von ihnen mehr oder weniger viele Kopien im Genom der betreffenden Species findet. Man bezeichnet diese Abschnitte als *„repetitive DNS"*. Es handelt sich dabei um definierte Basensequenzen, die 100—1000 Basenpaare umfassen können und die tausendfach, ja millionenfach kopiert hintereinander im DNS-Doppelstrang angeordnet sein können. In gewissen Fällen ist der repetitive DNS-Abschnitt nicht länger als sechs Basenpaare. Man unterscheidet *hochrepetitive* und *mittelrepetitive DNS*.

Die repetitiven DNS-Abschnitte sind innerhalb des Genoms in bestimmter Weise verteilt, ihre Abstände sind aber untereinander verschieden. Zwischen den repetitiven Sequenzen befinden sich diejenigen Polynucleotidsequenzen, die nur einmal vorkommen. Man bezeichnet sie als *unikale Sequenzen.*

Die *unikalen Sequenzen* haben offenbar *codierende Funktionen,* indem an ihnen die m-RNS synthetisiert wird. Die *repetitiven Sequenzen* hingegen haben wahrscheinlich *Kontrollfunktionen* und bewirken eine *Stabilisierung* der *Chromosomenstruktur.* Die *hochrepetitive DNS* ist im Eukaryontenchromosom häufig auf deren heterochromatische Bereiche, z. B. auf die Centromeren, konzentriert. Man bezeichnet sie auch als *Satelliten-DNS.*

Die *Bildung* der *repetitiven DNS* erfolgt durch *Genamplifikation* oder *mehrfache Genduplikation.* Sie wird durch die DNS-Polymerase bewerkstelligt. Dabei hat man zu unterscheiden zwischen der eigentlichen repetitiven DNS, die von Generation zu Generation weitervererbt wird und die eine stabile Eigenschaft des Genoms aller Zellen des betreffenden Organismus darstellt und der Genamplifikation im engeren Sinne, die an einem bestimmten Gen im Verlauf des Zellcyclus zur Erfüllung bestimmter Aufgaben eintritt und danach wieder verschwindet. So erfolgt in den Eiern von Amphibien nach deren Befruchtung eine starke Amplifikation der die ribosomale RNS codierenden DNS. Dies hat den Sinn, den großen Bedarf der sich teilenden Eizelle an Ribosomen zu decken, der durch die hohe Eiweißsynthese entsteht. In den nachfolgenden Teilungen werden die amplifizierten Genbereiche wieder eliminiert, so daß die Zellen später wieder ein Genom von normaler Größe erhalten.

Die Kontrollfunktionen in der Genexpression und die Strukturstabilisierung der Chromosomen müssen den genetisch stabilen repetitiven DNS-Abschnitten zugeordnet werden.

Aus den Darlegungen folgt, daß *Gene,* d. h. DNS-Abschnitte mit *codierenden Funktionen,* in der Regel aus *nichtrepetitiver* (unikaler) DNS bestehen. Wie wir am Beispiel der Gene für die ribosomale RNS-Synthese gesehen haben, können diese jedoch auch in vielfachen Kopien vorliegen. Gleiches gilt für die Gene, die die verschiedenen Transfer-RNS-Typen und die Histone codieren. Man spricht hierbei von *multiplen Genen.*

Diese *multiplen Gene* enthalten in ihrer sich wiederholenden Einheit nicht nur die eigentliche codierende DNS-Sequenz, sondern auch beträchtliche Anteile nichtcodierende Zwischenabschnitte, sog. Spacer, von denen ein Teil nicht transcribiert wird, ein anderer

Teil zwar transcribiert, anschließend aber von der gebildeten RNS wieder abgespalten wird (S. 80f., Abb. 26).

Aus den bisherigen Darlegungen folgt, daß im Chromatin bzw. in einem Chromosom die Gene, d. h. die codierenden Anteile der DNS, entlang der hochmolekularen DNS-Doppelhelix linear angeordnet, jedoch durch zwischengeschaltete, nichtcodierende hoch- und mittelrepetitive DNS-Abschnitte voneinander getrennt sind.

Dabei galt es auf Grund der Arbeiten an Prokaryonten über viele Jahre als gesichert, daß auch bei *Eukaryonten* innerhalb eines Gens die Nucleotidsequenz kontinuierlich sei, d. h. die codierende Einheit nicht durch eingefügte „fremde" DNS-Abschnitte unterbrochen ist. Eine große Überraschung war es für die Molekularbiologen, als man durch Verfeinerung der Verfahren der Gentechnik (S. 159ff.) nachwies, daß zahlreiche, jeweils eine bestimmte Polypeptidkette codierende *Gene* von Eukaryonten *diskontinuierlich* sind, d. h. durch DNS-Sequenzen unbekannter Funktion unterbrochen werden. Die Eukaryontengene bestehen aus Introns und Exons (S. 78). Eine diskontinuierliche Struktur wurde u. a. für die Gene nachgewiesen, die die β-Kette des Hämoglobins, die Immunglobuline und das Ovalbumin (Eialbumin) codieren. Diese Zwischenabschnitte werden bei der m-RNS-Synthese mittranscribiert und später spezifisch wieder eliminiert (S. 78, *Spleißung*).

1.6.6. *Die Replikation der DNS*

Die Replikation der DNS, d. h. die Anfertigung einer identischen Kopie eines DNS-Stranges erfolgt durch die *DNS-Polymerase.*

1.6.6.1. *Die DNS-Polymerasen*

Voraussetzung für die *DNS-Synthese* durch die *DNS-Polymerase* in vitro ist die Anwesenheit der Triphosphate aller vier Desoxynucleoside, die in der DNS vorkommen. Außerdem muß einsträngige DNS vorhanden sein, die als „Vorlage" (*Matrize*) für die Synthese des neuen DNS-Stranges dient. Außer dieser „Vorlage" braucht das Enzym ein *Nucleinsäurestartmolekül* („Primer") mit einer freien 3'-Hydroxylgruppe, von der die Kettenverlängerung ihren Ausgang nimmt. Das Enzym katalysiert dann den Aufbau eines zur Matrize komplementären, antiparallelen DNS-Stranges, es bewirkt demzufolge die *identische Replikation* der DNS.

Das nachstehende Schema zeigt ein sich in Replikation befindliches DNS-Molekül. Die Pfeile geben die Richtungen der *Polaritäten* in der Matrize sowie im Starter an, an dem die Kettenverlängerung erfolgt. Man beachte, daß die *Polaritäten* einander *entgegen gerichtet* sind. Die *Polymerisationsrichtung* des neugebildeten DNS-Stranges schreitet von 5'-P in 3'-Richtung fort. Pro neugebildete 3'-Ⓟ-5'-Bindung wird ein Pyrophosphatmolekül frei. Die Anzahl der Striche zwischen den komplementären Basen geben jeweils die Zahl der H-Bindungen wieder.

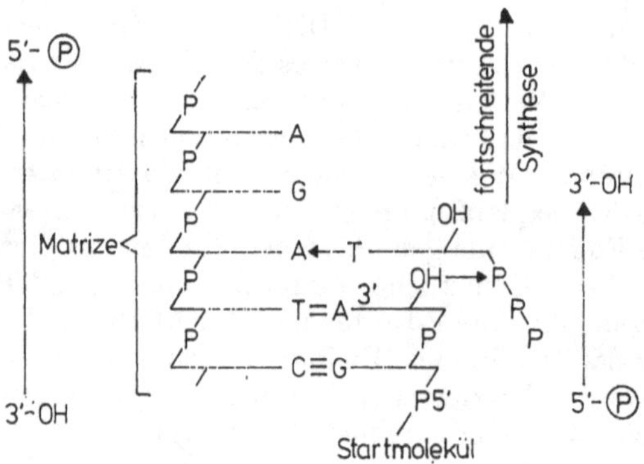

Wirkungsweise der DNS-Polymerase

Die Synthese des neuen Desoxypolynucleotides vollzieht sich, indem das 3'-OH-Ende des wachsenden Stranges mit dem Phosphatrest des neu hinzutretenden Nucleotides verestert und so ein Phosphodiester von 3' → 5' gebildet wird. Etwa tausend Nucleotide werden von einem Enzymmolekül pro Minute miteinander verbunden.

Es ist vielfältig erwiesen, daß die *DNS-Polymerase* eine identische Kopie der Matrizen-DNS herstellt. Das Enzym besteht aus einer einzigen Polypeptidkette, die ein Molekulargewicht von 109000 hat. Es katalysiert mehrere verschiedenartige Reaktionen. Neben der eben besprochenen Bildung von Phosphodiesterbindungen besitzt es auch *zwei Exonucleasewirkungen*. Es vermag DNS sowohl in der 3' → 5'-Richtung (hydrolytische Spaltung der Phosphodiesterbindung eines endständigen Nucleotides mit freier 3'-OH-

Gruppe unter Bildung von 5'-Nucleotiden) als auch in der 5' → 3'-Richtung (hydrolytische Spaltung der Phosphodiesterbildung vom 5'-Phosphat in Richtung zum 3' unter Bildung von Nucleotiden bzw. von Oligonucleotiden) zu spalten.

Aus *Bakterien* wurden *drei verschiedene Typen* von *DNS-Polymerasen* isoliert und charakterisiert. Auch in T_4- und T_7-Phagen wurden spezifische DNS-Polymerasen nachgewiesen.

Die *DNS-Polymerase I* (KORNBERG-Enzym s. o.) hat keine Affinität zu intakter doppelsträngiger DNS, sondern bevorzugt als Matrize einzelsträngige DNS. Obwohl sie bei Vorliegen einer einsträngigen Matrize und eines Startmoleküls eine Kettenverlängerung durchführen kann, liegt die Hauptfunktion dieses Enzyms nicht in der Replikation der DNS, sondern in der *Ausführung von Reparaturen im Genapparat* und im „Korrekturlesen". Es sind *E. coli* Mutanten isoliert worden, die keine DNS-Polymerase I enthalten, wohl aber DNS replizieren und sich auch normal teilen können. Diese Mutanten erwiesen sich als besonders empfindlich gegenüber mutagenen Einflüssen. Man leitet daraus ab, daß die Polymerase I ein Bestandteil des genetischen Reparatursystems sein müsse (s. S. 69ff.).

Die *DNS-Polymerase II* dient möglicherweise auch der *DNS-Reparatur.* Sie acceptiert wie die Polymerase I nur einzelsträngige DNS, unterscheidet sich aber von ihr dadurch, daß sie durch SH-Reagenzien hemmbar ist.

Die *DNS-Polymerase III* ist auch ein SH-Enzym. Sie wird gegenwärtig als die wichtigste Prokaryonten-Polymerase für die *DNS-Replikation* angesehen (S. 66ff.).

Bei den *Eukaryonten* kann man mehrere *verschiedene DNS-Polymerasen* voneinander unterscheiden: die *DNS-Polymerasen* α, β *und* γ; darüber hinaus gibt es möglicherweise eine eigene mitochondriale DNS-Polymerase (S. 93).

Die *DNS-Polymerase* α kann man aus dem Zytoplasma isolieren; sie ist sehr wahrscheinlich für die *normale DNS-Replikation* verantwortlich. Im *Teilungsrhythmus* der Zelle wird die DNS-Polymerase α zu Beginn der S-Phase aus dem Zytoplasma in den Kern überführt.

Die *DNS-Polymerase* β ist kleiner als die α-Form und kommt vorwiegend im *Zellkern* vor. Ihre Aktivität ist unabhängig von der Teilungsgeschwindigkeit der Zellen. Das Enzym scheint nicht an der normalen DNS-Replikation beteiligt zu sein. Man kennt seine genaue Funktion noch nicht.

Über die *DNS-Polymerase* γ ist ebenfalls wenig bekannt, vielleicht ist sie mit der mitochondrialen DNS-Polymerase identisch. Ihre Aktivität macht nur etwa 1% der gesamten DNS-Polymeraseaktivität der Zelle aus.

1.6.6.2. Der Mechanismus der DNS-Replikation in der Zelle

Die Replikation der DNS wurde bisher besonders intensiv in *Prokaryonten* untersucht. Sie erfordert einen *Multienzymkomplex*, der neben der *DNS-Polymerase III* weitere Enzyme und funktionelle Proteine enthält. Es sind dies eine DNS-Ligase, ein helixdestabilisierendes Protein, ein DNS-Entwindungsenzym, eine sog. Gyrase (griechisch: „guros" = Ring, Windung), eine RNS-Polymerase und mehrere Enzyme, die Nucleosidtriphosphate unter Freisetzung von Energie in Nucleosiddiphosphate und anorganisches Phosphat spalten.

Alle DNS-Polymerasen benutzen nur einzelsträngige DNS als Matrize und verlängern stets das komplementäre Startmolekül an dessen 3'-OH-Ende, indem daran das 5'-Ⓟ-Ende des neu ankommenden Desoxyribonucleotidtriphosphates gebunden wird. Die Polymerisationsrichtung des neugebildeten DNS-Stranges schreitet demzufolge von 5'-Ⓟ in die 3'-Richtung fort.

Nun liegt aber in vivo die zu replizierende DNS als Doppelhelix vor, deren Stränge antiparallel verlaufen, der eine Strang also in Richtung von 5' nach 3', der andere von 3' nach 5' geht (die Polarität ist in DB I erklärt). Da beide Stränge der Doppelhelix in vivo gleichzeitig repliziert werden müssen, die DNS-Polymerase aber nur von 5' nach 3' synthetisiert, entsteht für das Verständnis des Mechanismus dieses Prozesses ein besonderes Problem.

Hierzu wurde das *Gabelmodell* der Replikation doppelsträngiger DNS entwickelt (Kornberg), das sich als sehr fruchtbar für die weitere experimentelle Erforschung der DNS-Replikation erwies.

Danach wird die DNS-Doppelhelix an einem Ende zunächst etwas entwunden; der eine Strang mit der Polarität von 3' nach 5' wird als *Leitstrang*, der andere Strang mit der Polarität von 5' nach 3' wird als *Nebenstrang* bezeichnet (Abb. 21).

Da der Komplementär- oder Tochterstrang des *Leitstranges* von 5' nach 3' verlängert wird und dies der Arbeitsrichtung der DNS-Polymerase III entspricht, ergeben sich für dessen Replikation keine besonderen Probleme: sie erfolgt kontinuierlich, wie dies in Abb. 21 angegeben ist.

Anders ist es mit dem *Nebenstrang*. An diesem muß die *Synthese*

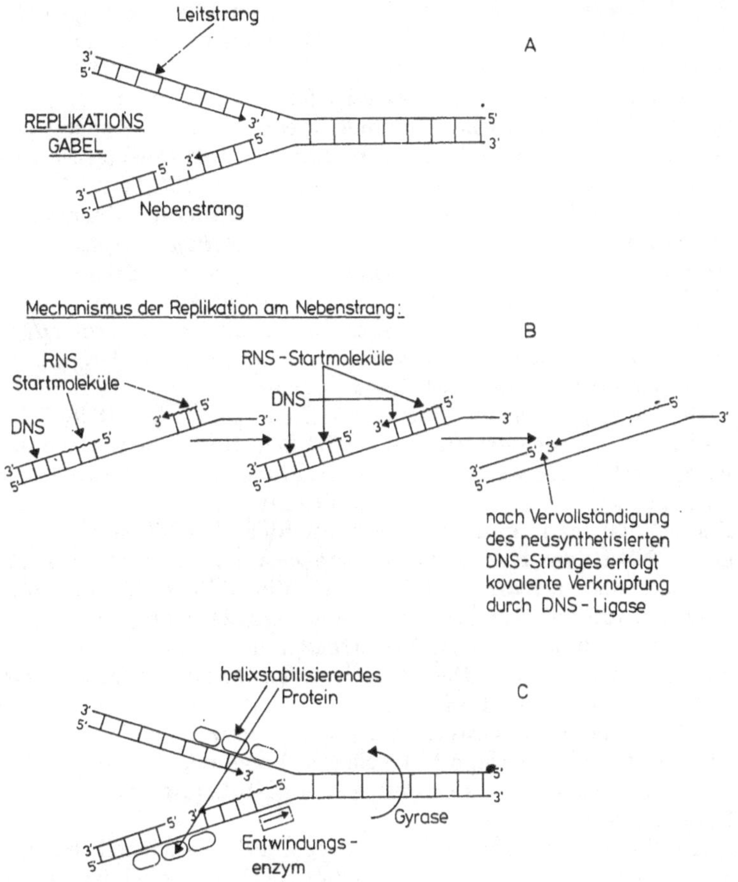

Abb. 21. Das Gabelmodell der DNS-Replikation.

A: Replikationsgabel, die demonstriert, daß die Synthese der Tochterstränge an den beiden Muttersträngen auf unterschiedliche Weise erfolgt;

B: Mechanismus der schrittweisen Synthese des Tochterstranges am Nebenstrang, deren Einzelstücke (Okazaki-Fragmente) jeweils durch Verlängerung neusynthetisierter RNS-Startmoleküle gebildet werden.

C: Faktoren, die an der Destabilisierung und Entdrillung des DNS-Mutterdoppelstranges beteiligt sind des *Tochterstranges* im Vergleich zum Leitstrang in *entgegengesetzter Richtung* fortschreiten, so daß auch an diesem von 5' nach 3' polymerisiert werden kann.

Da sich die DNS *schrittweise entwindet*, muß am Nebenstrang mit fortschreitender Entwindung immer wieder die *DNS-Synthese neu begonnen* werden, so daß an diesem Strang die DNS-Synthese *diskontinuierlich* erfolgt und dabei jeweils *Nucleotidketten* mit *1000 bis 2000 Nucleotidresten* entstehen. Nach ihrem Entdecker, einem japanischen Forscher, werden diese *relativ kurzkettigen Replikationsprodukte* des *Nebenstranges* als OKAZAKI-*Fragmente* bezeichnet. Ihr *Bildungsort* ist die *asymmetrische Replikationsgabel.*

Nun hat sich aber herausgestellt, daß alle bekannten *DNS-Polymerasen unfähig* sind, einen *Kettenstart* zu katalysieren, d. h. die Neusynthese einer DNS-Kette zu beginnen.

Der Widerspruch zwischen der Unfähigkeit der DNS-Polymerase, die de novo-Synthese einer DNS-Kette zu starten und der kategorischen Notwendigkeit, die Synthese immer wieder neuer Kettenabschnitte zu beginnen und durchzuführen, fand seine Auflösung als man entdeckte, daß an der DNS-Matrize durch eine RNS-Polymerase (Primase) zunächst ein *RNS-Startmolekül* synthetisiert und dieses dann durch die *DNS-Polymerase verlängert* wird. Der Synthese eines jeden OKAZAKI-Fragments geht also die Bildung eines RNS-Startmoleküls voraus. Dieses wird durch Anheftung von Desoxynucleotiden verlängert und so ein DNS-Stück gebildet. Danach wird das RNS-Startmolekül wieder abgebaut und durch DNS ersetzt. Schließlich werden die einzelnen Abschnitte, die durch die Wechselwirkung der Basen an den Nebenstrang gebunden sind, durch eine DNS-Ligase untereinander kovalent verbunden.

An der *fortschreitenden Entwindung* der DNS-Doppelhelix sind *mehrere Proteine* bzw. *Enzyme* beteiligt. Wahrscheinlich ist sie das gemeinsame Werk des *helixdestabilisierenden Proteins,* des *Entwindungsenzyms* und der *Gyrase.* Das helixdestabilisierende Protein bindet sich fest und kooperativ an die DNS und labilisiert die Wechselwirkungen zwischen den Basenpaaren (Abb. 21C).

Die Entdrillung der DNS-Doppelhelix durch das Entwindungsenzym ist energiebedürftig und verbraucht ATP. Die DNS-Gyrase verbraucht ebenfalls ATP; sie erzwingt negative Verdrehungen in der DNS-Doppelhelix und lockert dadurch deren rechtsgängige Schraube auf. So kann die Doppelhelix leichter geöffnet, d. h. die Basenpaare können leichter voneinander getrennt werden.

Die Entwindung der DNS ist demzufolge das Werk mehrerer

Faktoren, die die dazu notwendige Energie aus der Hydrolyse des ATP entnehmen. Keiner der Faktoren ist ausreichend, um die Aufdrillung der DNS allein durchführen zu können.

Die Replikation der DNS ist ein sehr schnell ablaufender Prozeß. Ein Molekül bakterielle DNS-Polymerase III verbindet untereinander pro Sekunde 1000 Nucleotide.

Infolge der Möglichkeit zur *Selbstkorrektur* von Fehlern im Basenpaarungsmechanismus durch die DNS-Polymerase ist die *Genauigkeit der Replikation sehr hoch*: es wird durchschnittlich nur ein einziger Fehler bei der Kopierung von 10^9-10^{10} Basenpaaren gemacht.

Es muß angenommen werden, daß auch die Replikation der DNS in *Eukaryonten* durch einen derartigen Gabelmechanismus erfolgt. Die *Gabelung* muß auf der *nucleosomalen DNS* fortschreiten, die ihrerseits durch Histone stabilisiert wird. Vielleicht ist dies die Ursache für die niedrigere Replikationsgeschwindigkeit der Eukaryonten-DNS (etwa 100 Nucleotide pro Sekunde) und die geringere Größe der OKAZAKI-Fragmente (sie umfassen nur einige Hundert Nucleotide) im Vergleich zu den Prokaryonten.

Man muß annehmen, daß bei der Replikation der Eukaryonten-DNS größere Konformationsänderungen im Chromatin eintreten (vgl. mit Angaben auf S. 87ff.). Da die Replikation der DNS bei Eukaryonten komplizierter als bei Prokaryonten abläuft und über die daran beteiligten Enzyme und Proteinfaktoren wesentlich weniger bekannt ist als bei den Bakterien und Viren, stehen wir im Verständnis dieser fundamentalen biologischen Vorgänge bei den höheren Organismen noch sehr am Anfang.

1.6.6.3. Die Rolle der DNS-Polymerase I bei der Durchführung von Reparaturen an der DNS

Durch die zwei, der DNS-Polymerase I innewohnenden, *Exonucleasewirkungen* ist dieses Enzym in der Lage, Reparaturvorgänge an der DNS durchzuführen.

Dies bedeutet, daß die beiden hydrolytischen Aktivitäten dieses Enzyms einen Beitrag zu der hohen Genauigkeit der matrizengesteuerten Polymerisationsreaktion leisten. Die $3' \rightarrow 5'$-Exonuclease hat offenbar die Aufgabe, Fehler im neugebildeten DNS-Strang zu entfernen, indem sie diesen ein Stück hydrolytisch vom 3'-OH-Ende „zurückschneidet“ und dadurch die fehlerhafte Region beseitigt. Danach kann die Polymerase III erneut ansetzen und den neuen Strang in korrekter Weise fertigstellen.

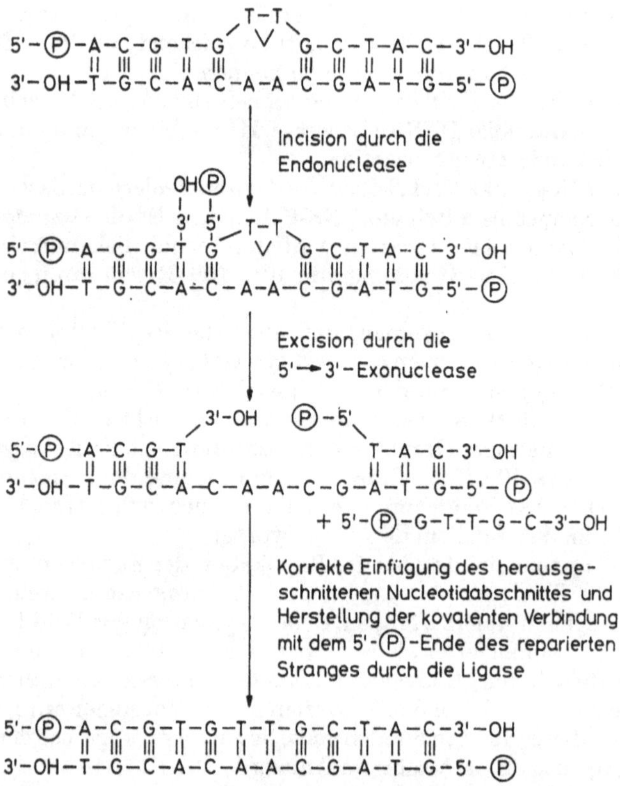

Abb. 22. Reparatur schadhafter DNS (Entfernung eines Thymindimers) durch Kooperation von Endonuclease, DNS-Polymerase I (5′ → 3′- Exonuclease + Polymerase) und Ligase

Die 5′ → 3′-Exonuclease-Aktivität beseitigt sehr wahrscheinlich Schäden, die durch äußere Einwirkungen in der DNS, z. B. durch UV-Bestrahlung eingetreten sind. Wenn beispielsweise in einem bestimmten DNS-Abschnitt durch UV-Strahlung ein Thymindimer entstanden ist, wird diese „schadhafte" Stelle durch die Mithilfe dieses Enzyms auf folgende Weise „repariert": Eine *Endonuclease,* die außerdem für diesen Zweck benötigt wird, hydrolysiert eine Phosphodiesterbindung in der Nähe des Thymindimers und stellt auf diese Weise einen Einschnitt in der Polynucleotidkette (*Incision*) her; dabei entsteht eine freie 3′-OH-Gruppe und eine 5′-P-

Gruppe entweder am Thymindimer selbst oder an einem Nucleotid von diesem entfernt. Die 5' → 3'-Exonuclease-Aktivität der Polymerase schneidet dann die schadhafte Stelle aus (*Excision*), während die Polymerase ihrerseits auf oben besprochene Weise durch Kettenverlängerung vom 3'-OH-Ende des Einschnittes her die richtige Sequenz, die durch den komplementären Strang be-

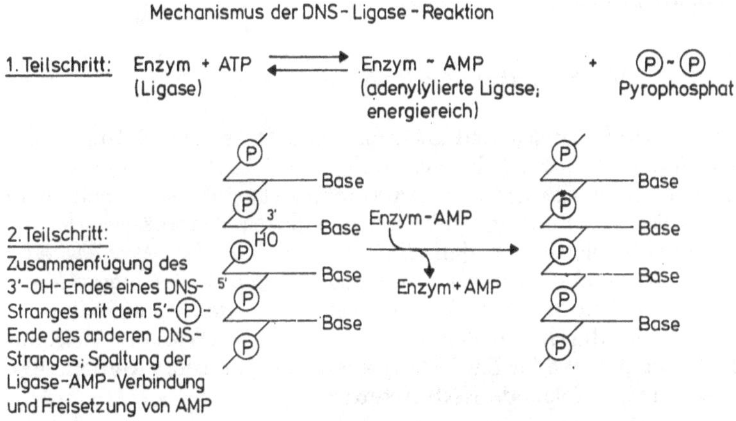

stimmt wird, herstellt. Der Vorgang wird beendet durch ein als *Ligase* bezeichnetes Enzym, das unter Verbrauch von ATP eine Verbindung zwischen den beiden Kettenenden (zwischen dem 3'-OH und dem 5'-P) knüpft (Abb. 22).

Die *DNS-Polymerase I* vermag demzufolge zwei verschiedene Typen von biologisch bedeutungsvollen Vorgängen zu bewerkstelligen: Die *Replikation* der DNS und die *Reparatur* schadhafter Stellen im DNS-Molekül. Es gibt verschiedene Hinweise darauf, daß die eigentliche biologische Aufgabe dieses Enzyms die Ausführung von Reparaturen im genetischen System ist.

1.6.6.4. RNS-abhängige DNS-Polymerase (Revertase)

Von besonderer Bedeutung ist die Entdeckung der *RNS-abhängigen DNS-Polymerasen.* Bei diesen dient nicht DNS, sondern einsträngige RNS als Matrize für die DNS-Synthese. Enzyme dieses Typs wurden in *Leukämieviren* und in anderen *RNS-Tumorviren* gefunden. In virusinduzierten Tumoren (z. B. bei Lymphozytenleukämie und Mammacarcinom) wurden diese Enzyme ebenfalls nachgewiesen. Bei der Replication der RNS solcher Viren wird DNS als Zwischenprodukt gebildet.

Da dieser Typ von Enzymen Information entgegengesetzt der allgemein üblichen Flußrichtung (DNS → RNS) überträgt, wird er auch als *Revertase* oder als „Reverse Transcriptase" bezeichnet (s. S. 140). RNS-Viren, die solche Enzyme enthalten, bezeichnet man als „Retroviren" (S. **113**).

1.6.7. *Die Biosynthese der RNS*

In den *Prokaryonten* und *Eukaryonten* gibt es *verschiedene Typen* von *Ribonucleinsäure*, die sich in ihrem *intrazellulären Vorkommen* und in ihrer *Funktion* in charakteristischer Weise voneinander *unterscheiden*. Funktionell sind sie dadurch charakterisiert, daß sie unentbehrlich für den *Biosyntheseprozeß* der *Proteine* sind (S. 115 ff.) und in diesen an unterschiedlichen Stellen eingreifen.

Im Hinblick auf ihre Herkunft sei gesagt, daß sie ausnahmslos im Zellkern durch den Vorgang der Transcription an der DNS mit Hilfe entsprechender RNS-Polymerasen synthetisiert werden. Man unterscheidet folgende RNS-Arten:

1. Messenger-RNS (m-RNS)
2. Ribosomale RNS (r-RNS)
3. Transfer-RNS (t-RNS)
4. Kern-RNS (n-RNS)

1.6.7.1. *Die Polynucleotidphosphorylase*

Als erstes nucleinsäuresynthetisierendes Enzym wurde die *Polynucleotidphosphorylase* entdeckt (Ochoa, 1955). Sie synthetisiert RNS und wurde aus *Azotobacter vinelandii* isoliert. Substrate für die Synthese von Polyribonucleotiden sind Nucleosid-5-diphosphate, die unter Freisetzung von anorganischem Phosphat miteinander verbunden werden. Die Mg^{++}-abhängige Reaktion ist reversibel:

$$nB{-}R{-}Ⓟ{-}Ⓟ \rightleftharpoons (B{-}R{-}Ⓟ)'_n + nⓅ$$

(B = Purin- bzw. Pyrimidinbase)

Die Mononucleotide sind untereinander wie in der RNS durch 3',5'-Phosphodiesterbindungen verbunden. Die Synthese wird durch einen Keim beschleunigt. Hierbei sind lösliche RNS oder

Oligonucleotide, z. B. Tri- oder Diadenylsäure wirksam. Der Keim muß eine freie 3'-OH-Gruppe tragen, an der die Kettenverlängerung beginnt und weiter voranschreitet. Die Synthese stellt also eine einfache Kettenverlängerung dar. Die Zusammensetzung des Produktes hängt von den verwendeten Substraten ab. Polyadenylsäure bildet sich bei Verwendung von ADP als Substrat, Polyuridylsäure aus UDP usw. Von solchen *Homopolymeren* unterscheiden sich die *Copolymeren*, die aus Mischungen der Nucleosiddiphosphate entstehen. Die Nucleotidsequenz in diesen Copolymeren ist zufällig. Ihr relativer Anteil im Syntheseprodukt wird weitgehend durch das Verhältnis der verschiedenen Nucleosiddiphosphate in der Substratmischung bestimmt. Es ist fraglich, ob die Polynucleotidphosphorylase in vielzelligen Organismen vorkommt.

1.6.7.2. DNS-abhängige RNS-Polymerasen

In Bakterien, Pflanzen und Tieren wurden weitere RNS-synthetisierende Enzyme nachgewiesen, die man als *RNS-Polymerasen* bezeichnet. Es gilt als sicher, daß diese Enzyme für die Synthese der RNS in vivo allein verantwortlich sind. Diese RNS-Polymerasen haben gemeinsam, daß sie als Substrate Nucleosidtriphosphate brauchen. Man unterscheidet DNS- und RNS-abhängige RNS-Polymerasen.

Die *DNS-abhängige RNS-Polymerase* hat eine außerordentlich große biologische Bedeutung. Sie ist für die Synthese der Boten-, Ribosomen- und Transfer-RNS verantwortlich. Das Enzym braucht für seine Wirkung die Anwesenheit von DNS als Matrize. Diese dient dem Enzym als „Vorlage" für die Synthese des neuen RNS-Moleküls. Bei Anwesenheit der vier Nucleosidtriphosphate wird durch das Enzym nämlich eine Polyribonucleotidkette synthetisiert, die in ihrer Nucleotidzusammensetzung und -sequenz der DNS-Matrize komplementär ist. Dies ist das Ergebnis eines Basenpaarungsmechanismus, in dem die Basen A, C, G und T der DNS-Matrize den Einbau von U, G, C und A dirigieren. Anstelle von Thymin ist in der neugebildeten RNS Uracil vorhanden. Die DNS-abhängige RNS-Polymerase katalysiert folgende Reaktion:

$$\begin{matrix} \text{nATP} \\ \text{nCTP} \\ \text{nGTP} \\ \text{nUTP} \end{matrix} + \text{DNS} \xrightarrow[\text{Mn}^{++}]{\text{RNS-Polymerase}} \begin{pmatrix} \text{AMP} \\ \text{CMP} \\ \text{GMP} \\ \text{UMP} \end{pmatrix}_n + 4\textcircled{P} - \textcircled{P} + \text{DNS}$$

Als Zwischenprodukt bildet sich dabei ein DNS-RNS-Hybrid, dessen Ketten später auseinanderweichen.

Dieses Enzym spielt die entscheidende Rolle für die Übertragung der in der DNS enthaltenen genetischen Information auf die RNS. Dies geschieht, indem das Enzym RNS-Moleküle synthetisiert, die eine zur DNS-Matrize komplementäre Basenfolge besitzen. Man bezeichnet die durch dieses Enzym katalysierte Reaktion allgemein als *Transcription*.

In neuerer Zeit hat man tiefe Einblicke in die Wirkungsweise dieses Enzyms gewinnen können. Das native Enzym aus *E. coli* hat ein Molekulargewicht von etwa 500000. Es hat eine komplizierte Quartärstruktur mit der allgemeinen Formel $\alpha_2\beta\beta'\sigma$. Die Molgewichte der Untereinheiten sind: $\alpha = 40000$, $\beta = 155000$, $\beta' = 165000$, $\sigma = 95000$. Darüber hinaus kann das Enzym weitere Faktoren enthalten, die ähnlich dem σ-Faktor wichtige Kontrollfunktionen besitzen. Es ist gelungen, den einzelnen Untereinheiten der *E. coli*-RNS-Polymerase jeweils spezifische Funktionen im Prozeß der Herstellung einer RNS-Kopie von der DNS-Matrize zuzuordnen. Als „natives“ Enzym wird das vollständige, als „Rumpfenzym“ das σ-freie Enzym bezeichnet. Auch das Rumpfenzym besitzt katalytische Aktivität. Die Rolle des σ-Faktors im Transcriptionsprozeß wurde an der durch die *E. coli*-Polymerase katalysierten „Umschreibung“ von Bakteriophagen-DNS zu phagenspezifischer RNS studiert. Während das Rumpfenzym als solches in der Lage ist, die Transcription zu katalysieren, ist die wichtigste Aufgabe des σ-Faktors die, neben einer Erhöhung der Reaktionsgeschwindigkeit und der Affinität des Enzyms zu seinen Substraten, genau die Stelle an der DNS-Matrize festzulegen, an welcher der Syntheseprozeß zum Aufbau spezifischer, also „sinnvoller“ RNS begonnen werden muß. Ein weiterer Unterschied zwischen Rumpfenzym und nativem Enzym kommt darin zum Ausdruck, daß das Rumpfenzym die Ablesung beider DNS-Stränge katalysiert, wenn man doppelsträngige DNS als Matrize anbietet. Native Polymerase hingegen übersetzt in Übereinstimmung mit den in-vivo-Verhältnissen nur den Plusstrang des DNS-Doppelfadens. Der DNS-Minus-Strang (Referenzstrang) dient in vivo der Synthese eines neuen komplementären DNS-Stranges, die durch eine DNS-Polymerase katalysiert wird. Die Synthese der neugebildeten RNS beginnt am Plus- oder Transcriptionsstrang von dessen 5'-P-Ende her. Die RNS selbst verlängert sich also von ihrem 3'-OH-Ende aus (S. 76).

Die DNS-abhängige RNS-Polymerase wird durch niedrige

Konzentrationen *Actinomycin* gehemmt, indem sich dieses Antibiotikum mit der DNS-Matrize, insbesondere mit seinen Guaninbasen, verbindet. *Histone* hemmen die Wirksamkeit dieses Enzyms ebenfalls, indem sie die DNS-Matrize besetzen. Effektive Inhibitoren der *E.-coli*-Polymerase sind *Heparin* sowie das interessante Antibiotikum *Rifampicin*. Während die hemmende Wirkung des Heparins als Polyanion darauf beruht, daß es den Polymerase-Matrizen-Komplex zerstört, wird Rifampicin offensichtlich sehr fest an einen Ort des Polymerasemoleküls gebunden, der sehr nahe an der RNS-synthetisierenden Stelle liegt. Dadurch kommt es zu einer Unterbindung der RNS-Synthese.

Neben der vorstehend beschriebenen RNS-Polymerase von *E. coli* hat man in diesen Zellen nach Bakteriophagenbefall auch andere Arten von RNS-Polymerasen nachgewiesen, die sich je nach dem Bakteriophagentyp in ihren Eigenschaften (Erkennung und Transcription verschiedener DNS-Matrizen) und in ihrem Aufbau deutlich voneinander unterscheiden.

In den Zellkernen von Eukaryonten kommen die RNS-Polymerasen I, II und III vor, die ebenfalls aus mehreren Untereinheiten aufgebaut sind. Die mitochondriale RNS-Polymerase hingegen besteht nur aus einer einzigen Polypeptidkette.

Die *RNS-Polymerase I* befindet sich im *Nucleolus* und transcribiert die *r-DNS* in das Vorläufermolekül der r-RNS (S. 80ff.); die *RNS-Polymerase II* sitzt im *Nucleoplasma* und synthetisiert die *m-RNS* und einen Teil der *t-RNS*, während die ebenfalls im *Nucleoplasma* lokalisierte *RNS-Polymerase III* die 5 *S r-RNS* (S. 84) und einige *t-RNS-Species* bildet. Das Enzym vom *Typ II* wird spezifisch durch das Pilzgift *α-Amanitin* gehemmt.

Die *Transcription* der DNS erfolgt *asymmetrisch*, d. h. von der DNS-Doppelhelix wird nur jeweils ein Strang transcribiert, den man als *codogenen Strang* bezeichnet. Die Transcription setzt eine Schwächung der Wechselwirkungen zwischen den einzelnen Basenpaaren voraus, d. h. die beiden Stränge des DNS-Doppelstranges müssen teilweise entdrillt werden und an diesen Stellen auseinanderweichen. Man kann annehmen, daß daran auch Faktoren beteiligt sind, die wir bei der Replikation der DNS auf S. 68f. kennengelernt haben.

Die RNS-Polymerase beginnt die Transcription am DNS-Molekül an einer spezifischen Stelle, die man als *Promotor* der jeweiligen Transcriptionseinheit bezeichnet (S. 176). Notwendig ist die Gegenwart aller vier Nucleosidtriphosphate.

Der *codogene Strang* der DNS wird von seinem 3′-Ende in Richtung des 5′-Terminus abgelesen, die Synthese der RNS-Kette verläuft mit entgegengesetzter Polarität und beginnt an ihrem 5′-Ende und schreitet nach 3′ fort (Abb. 23). In ihrer Polarität und ihrem stöchiometrischen Verlauf ähnelt die RNS-Synthese folglich der DNS-Synthese.

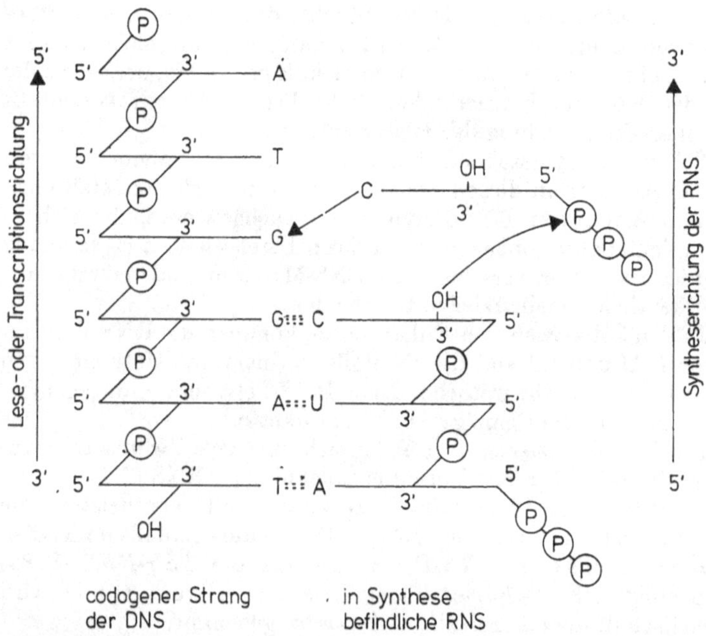

Abb. 23. Mechanismus der durch die RNS-Polymerase katalysierten Transcription: Synthese von RNS am codogenen Strang der DNS.

Zum Unterschied zur DNS-Polymerase braucht die *RNS-Polymerase* jedoch *kein Startmolekül*; deshalb findet man am 5′-Terminus der synthetisierten RNS, d. h. an ihrem Syntheseanfang, die *Triphosphatgruppe* des ersten Nucleotides. Dieses Startnucleotid ist bei der RNS stets ein *Purinnucleotid.*

Als komplementäre Base zum Adenin wird in die RNS stets Uracil eingebaut. Die Thyminreste in der t-RNS (s. DB I) entstehen nachträglich (postsynthetisch) durch Methylierung des Uracils.

1.6.7.3. RNS-abhängige RNS-Polymerasen

RNS-abhängige RNS-Polymerasen findet man in tierischen, pflanzlichen und mikrobiellen Zellen, wenn diese mit *RNS-Viren* infiziert sind. Dieser Enzymtyp dient der *RNS-Replikation* („RNS-Replikase"). Das Enzym wurde eingehend in E. coli studiert, die mit RNS-Bakteriophagen (f2- oder MS 2-Phagen) infiziert wurden. Das Enzym synthetisiert unter Benutzung eines einsträngigen RNS-Moleküls als Matrize einen komplementären Faden und bildet dabei einen Doppelstrang, der aus einem Plus- und einem Minus-Strang aufgebaut ist (replikative Form). Der Minus-Strang dient der Synthese eines neuen Plus-Stranges, der identisch mit der Virus-RNS ist. Dieses Enzym, welches erst eine bestimmte Zeit nach der Virusinfektion der Zelle auftritt, ist demnach für die Vermehrung der Virus-RNS verantwortlich.

1.6.7.4. Die Bildung funktionsfähiger m-RNS

Die Messenger-RNS (m-RNS) hat die Funktion, die in der DNS festgelegte Information auf den ribosomalen Proteinsyntheseapparat zu übertragen und dort die Bildung von Polypeptidketten mit genau festgelegter Primärstruktur zu veranlassen.

Zum Unterschied zur m-RNS der *Bakterien*, die häufig *polycistronisch* ist, d. h. die Information für mehrere Polypeptidketten trägt, ist die m-RNS der *Eukaryonten monocistronisch*; sie codiert nur eine einzige Polypeptidkette (S. 175ff.).

Das unmittelbar entstehende Transcriptionsprodukt der m-RNS (*primäres Transcriptionsprodukt* oder Prä-m-RNS) ist bei Eukaryonten stets längerkettig als das funktionelle, „reife" m-RNS-Molekül. Die Vorläufermoleküle der „reifen" m-RNS sind Bestandteile der sog. heterogenen Kern-RNS (hn-RNS).

Die „Reifung" der Prä-m-RNS (*Processing*), also deren posttranslationale Veränderungen bestehen a) in einer Anfügung von Nucleotiden an die Kettenenden (*Polyadenylylierung*, „Capping"), b) in der *Spleißung* (engl. *splicing*) und c) in einer Modifikation durch Methylierung (vgl. mit S. 84f.).

Die *Notwendigkeit* einer solchen *Aufbereitung* des primären Transcriptionsproduktes ergibt sich u. a. aus der *diskontinuierlichen Genstruktur*. Ein eine bestimmte Polypeptidkette codierender DNS-Abschnitt (Strukturgen) besteht aus mehreren Stücken, den sog. *Exons* und *Introns* (Abb. 24). Die *Exons* sind diejenigen Abschnitte eines Strukturgens, deren Basenfolgen in die Primärstruktur eines Proteinmoleküls übersetzt werden, die Basen-

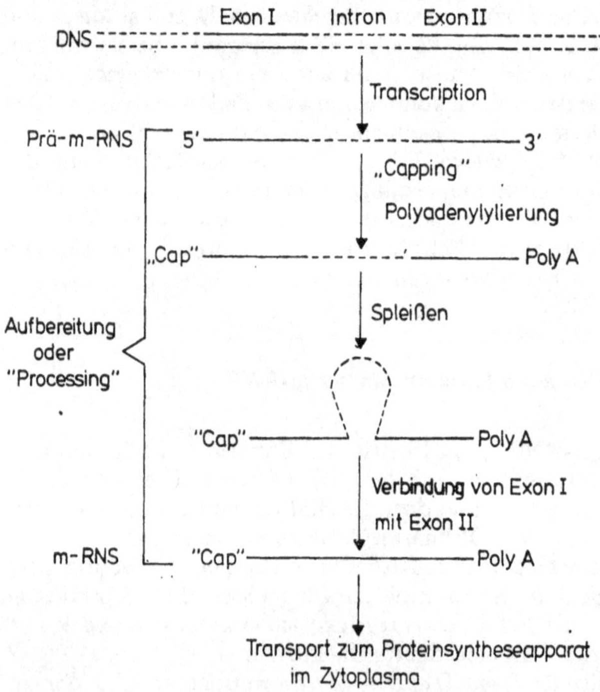

Abb. 24. Die Aufbereitung („Processing") des primären Transcriptionsproduktes („Prä-m-RNS") durch Capping, Polyadenylylierung und Spleißung

sequenzen der Introns hingegen werden nicht übersetzt. Die lineare Informationsfolge eines Strukturgens wird also durch das Auftreten der Introns unterbrochen.

Durch die RNS-Polymerase werden sowohl die Exons als auch die Introns transcribiert, so daß das primäre Transcriptionsprodukt die Kopien beider Typen von Genabschnitten, diejenigen, die translatiert werden und diejenigen, die nicht translatiert werden, enthält. Diejenigen Abschnitte in der Prä-m-RNS, die den Introns entsprechen, müssen im Verlauf des Reifungsprozesses der m-RNS entfernt werden; dies geschieht durch den Prozeß des *Spleißens.*

Zunächst werden an das 3'-Ende des primären Transcriptionsproduktes 150—250 AMP-Reste angehängt und so eine *Polyadenylsäuresequenz* gebildet. Das hierfür verantwortliche Enzym heißt *Polyadenylsäure-Polymerase.* Die so erfolgende Verlängerung

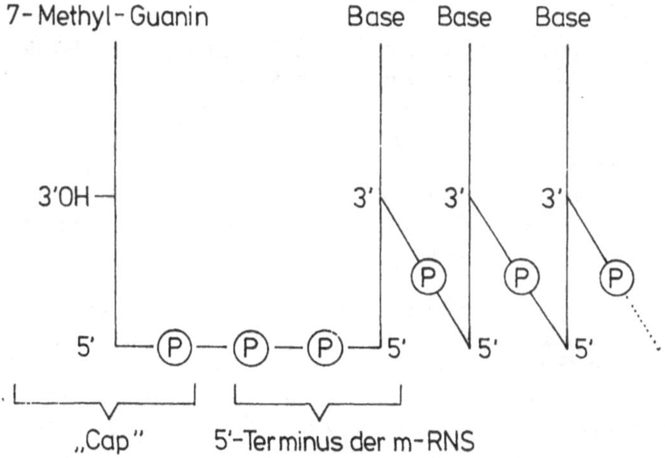

Abb. 25. „Capstruktur" am 5'-Ⓟ-Ende der m-RNS

des primären Transcriptionsproduktes führt zu einer Steigerung seiner Stabilität und hat einen hemmenden Einfluß auf dessen Transport durch die Kernmembran.

Eine weitere postsynthetische Veränderung der m-RNS besteht in ihrem „Capping". Darunter versteht man die Anheftung eines methylierten oder nichtmethylierten *Guanylsäurerestes* an das 5'-P-Ende der m-RNS, wobei sich eine 5'-5'-Triphosphatbindung ausbildet (Abb. 25). Das „Capping" stellt eine notwendige Voraussetzung für die Bildung des *m-RNS-Ribosom-Komplexes* dar, d. h. es ist für die Initiierung der Proteinsynthese erforderlich.

Entweder vor oder nach diesen beiden Typen von Veränderungen am primären Transcriptionsprodukt geht das *Spleißen* vor sich. Dieses besteht in einer enzymatischen Herausspaltung der *Introntranscripte* aus dem m-RNS-Vorläufermolekül, indem eine Hydrolyse genau an den *Exon-Intron-* und *Intron-Exon-Übergangsstellen* erfolgt. Von diesen Stellen gehen jeweils Schleifen aus, die von den Introntranscripten gebildet werden (Abb. 24). Nach ihrer Entfernung werden die codierenden Exons durch eine *Ligase* untereinander verbunden und auf diese Weise die funktionsfähige m-RNS hergestellt.

Die Zahl der Introns ist bei den einzelnen Genen unterschiedlich: das Gen der β-Kette des Hämoglobins enthält zwei Introns, das Ovalbumingen 7 Introns und das Gen des α_2-Prokollagens etwa 50 Introns.

Bereits im Kern wird die heterogene RNS mit Proteinmolekülen assoziiert, wobei die sog. *Informoferen* entstehen.

Nach ihrem-Durchtritt durch die Kernmembran verlieren diese Ribonucleoproteine alle ihre Proteine und erhalten einen neuen Satz von spezifisch m-RNS-bindenden Proteinen. Die neu entstehenden Komplexe werden als *Informosomen* bezeichnet. Von Interesse ist, daß die Informosomenproteine die m-RNS während ihrer Translation am ribosomalen Proteinsyntheseapparat nicht verlassen.

Bei Prokaryonten wird kaum ein Processing der m-RNS beobachtet, d. h. die Transcriptionsprodukte werden unmittelbar für die Proteinsynthese benutzt. Zum Unterschied zu den Eukaryonten ist bei Prokaryonten die Transcription viel enger mit der Translation gekoppelt; außerdem wird in diesen Zellen die m-RNS nach erfolgter Translation sehr schnell wieder abgebaut.

1.6.7.5. Die Bildung der ribosomalen RNS

Ribosomen werden im Verlauf des Zellwachstums neu gebildet und unterliegen auch in ruhenden Zellen einer ständigen *Erneuerung.* In der Rattenleber beträgt die *Halbwertszeit* der Ribosomen 4–5 Tage.

Die Biosynthese der ribosomalen RNS (r-RNS) erfolgt durch Transcription an bestimmten Regionen der DNS, die man als r-DNS bezeichnet. Im Bakterienchromosom tritt die r-DNS in Form komplexer Transcriptionseinheiten auf, die jeweils für die Synthese aller drei r-RNS-Typen, nämlich für die der 16 S-, 23 S- und 5 S-RNS verantwortlich sind (vgl. mit S. 46f.). Die DNS-abhängige RNS-Polymerase beginnt diese Transcriptionseinheiten vom 16 S-Gen her abzulesen, schreitet dann zum 23 S-Gen fort und beendet die Transcription nach Ablesung des 5 S-Gens. Durch eine spezifische Endonuclease wird danach das entstehende Transcriptionsprodukt in die entsprechenden Abschnitte zerschnitten (16 S-RNS, 23 S-RNS, 5 S-RNS). Durch diesen Prozeß wird gewährleistet, daß sich die verschiedenen r-RNS-Moleküle in äquimolekularen Mengen bilden. Dies ist die Voraussetzung für eine geordnete Ribosomengenese (Abb. 26).

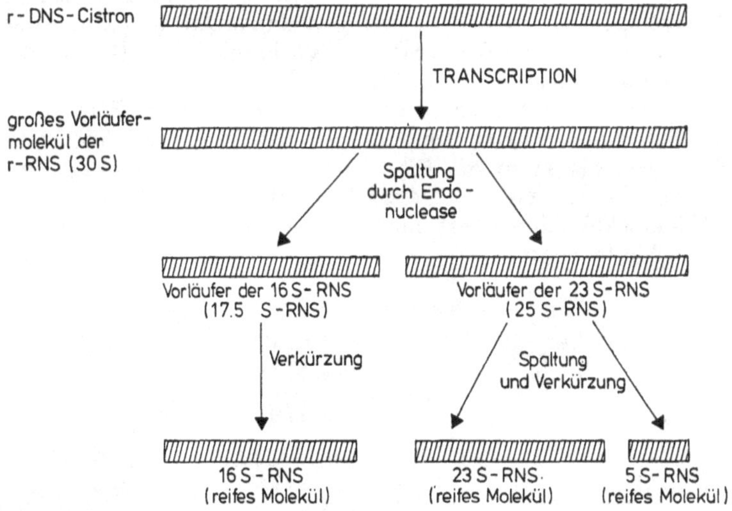

Abb. 26. Schematische Darstellung der Reifung („Processing") der drei verschiedenen r-RNS-Typen der Prokaryonten

Von Bedeutung ist jedoch, daß die so entstehenden Transcriptionsprodukte noch nicht identisch mit den endgültigen, in den Ribosomen vorhandenen, r-RNS-Molekülen sind.

Die sog. Vorläufer-RNS für die 16 S-RNS ist etwa 10% größer als das „reife" 16 S-Molekül, ähnliches gilt auch für die 23 S- und die 5 S-RNS. Ihre „Reifung" erfolgt, indem die überschüssigen Nucleotidsequenzen enzymatisch entfernt und so die jeweiligen RNS-Moleküle auf ihre endgültige Größe „zurechtgeschnitten" werden.

In *Eukaryonten* wird die Synthese der ribosomalen RNS selektiv durch die RNS-Polymerase I katalysiert (S. 75). Die r-DNS ist in den Nucleoli des Zellkernes lokalisiert.

Das an der r-DNS *primär* entstehende *Transcriptionsprodukt* ist ein großes Vorläufermolekül, die sog. *Prä-r-RNS*, die die Polynucleotidsequenzen der RNS sowohl von der großen als auch von der kleinen Ribosomenuntereinheit enthält. Außerdem enthält diese primäre Prä-r-RNS bestimmte Nucleotidsequenzen zwischen den einzelnen r-RNS-Abschnitten (sog. *Spacersequenzen*), die man in den reifen r-RNS-Molekülen nicht findet.

Auch hier sichert, wie bei den Prokaryonten, die gleichzeitige Anwesenheit der in den beiden Untereinheiten vorkommenden verschiedenen Typen der RNS eine Synchronie in der Bildung der großen und kleinen Untereinheit.

Schon die wachsende, d. h. die in Synthese begriffene Prä-r-RNS-Kette wird mit Proteinen umhüllt, so daß die ribosomale Vorläufer-RNS bereits in Form von *Ribonucleoproteinpartikeln* vorliegt. Das in den Nucleoli von Säugetierzellen primär entstehende Prä-r-RNS-Molekül sedimentiert mit 45 S und hat ein Molekulargewicht von 4,5 Millionen.

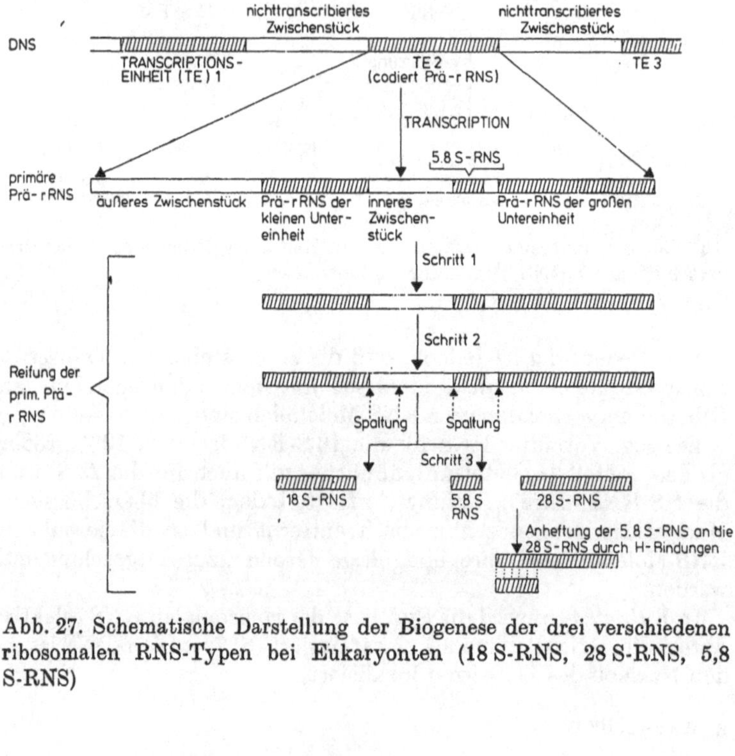

Abb. 27. Schematische Darstellung der Biogenese der drei verschiedenen ribosomalen RNS-Typen bei Eukaryonten (18 S-RNS, 28 S-RNS, 5,8 S-RNS)

In der *Prä-r-RNS* sind die Abschnitte der RNS-Sequenzen, die für die große und die kleine Untereinheit bestimmt sind, durch sog. *innere Zwischenstücke* („internal spacers") getrennt. Am 5'-Terminus der Prä-r-RNS findet man ein relativ großes *äußeres Zwischenstück* („external spacer") (Abb. 27).

Die *posttranscriptionellen Veränderungen*, zu denen *Methylierungen der Riboseanteile* einzelner Nucleotide und die Einführung von *Pseudouridylgruppen* gehören, gehen bereits auf der Stufe der primären Prä-r-RNS vor sich.

Die „Reifung" der Prä-r-RNS, d. h. deren Überführung in die fertigen r-RNS-Typen der großen und kleinen Untereinheit, erfolgt durch Endonucleasen. Dabei werden folgende Schritte durchlaufen:

1. Entfernung des äußeren Zwischenstückes von der Prä-r-RNS;
2. Spaltung der Prä-r-RNS in ihrem Innern unter Bildung von zwei Intermediärprodukten, einer Vorläufer-r-RNS für die große Untereinheit und einer Vorläufer-r-RNS für die kleine Untereinheit;
3. weitere Verkürzung der in Schritt 2 entstandenen Vorläufer-r-RNS-Moleküle und Bildung des reifen 18 S- (für die kleine Untereinheit) und des reifen 28 S-RNS-Moleküls (für die große Untereinheit). In diesem Schritt wird auch das 5,8 S-RNS-Molekül gebildet, das mit der 28 S-RNS durch Wasserstoffbindungen verbunden bleibt.

Die *Angriffsorte* der *Endonucleasen* an jeweils spezifischen Stellen der verschiedenen Vorläufermoleküle werden durch *bestimmte Nucleotide* bzw. *Nucleotidsequenzen* festgelegt, die als „*Marker*" dienen. Hierbei spielt die Einführung von Methyl- und von Pseudouridylgruppen an bestimmte Stellen der Prä-r-RNS eine bedeutende Rolle. Auch die Umhüllung der Vorläufer-Moleküle mit Proteinen scheint, im Zusammenhang mit einer spezifischen Verteilung dieser Proteine und dem Verbleiben von Lücken, an denen bestimmte Abschnitte der r-RNS frei daliegen und dem Endonucleaseangriff ausgesetzt sind, eine steuernde Funktion auf das „r-RNS-Processing" auszuüben.

Die für die Methylierung verantwortlichen Enzyme heißen *Methylasen*. Sie übertragen bei den Eukaryonten die Methylgruppe des aktiven Methionins (S-Adenosylmethionin, s. DB III) als Methyldonor auf die 2'-OH-Gruppe des jeweiligen Nucleotidriboserestes. Die Prokaryonten-r-RNS hingegen wird vorwiegend an ihren Basen methyliert. Die Methylierung der Ribose übt eine schützende Wirkung gegen die Spaltung durch Endonuclease aus.

Die 5 S-RNS der Eukaryontenribosomen wird unabhängig von den eben besprochenen drei r-RNS-Typen an einem anderen DNS-Segment gebildet.

1.6.7.6. Die Bildung der Transfer-RNS

Auch die Transfer-RNS (t-RNS) wird in Form von *hochmolekularen Vorläufern synthetisiert.*

Die *Strangverkürzung* dieser Vorläufermoleküle wird, ähnlich wie bei der m-RNS und der r-RNS, durch spezifische Endonucleasen durchgeführt. Auf dem Chromosom von *E. coli* und anderer Zellen liegen die Gene für mehrere t-RNS-Moleküle in einem „Cluster“ zusammen, sind also auf einen bestimmten Teil des Genoms konzentriert. Die Transcriptionseinheit für t-RNS enthält also die Sequenzen für mehrere Species zuzüglich von Verbindungsstücken zwischen ihnen, die abgebaut werden, wenn die primäre Kopie in die endgültigen t-RNS-Moleküle umgewandelt wird.

Die „Reifung“ vieler RNS-Species aus der t-, m- und r-Serie besteht aber nicht nur in einer Kettenverkürzung. Zur Reifung gehört auch die Modifizierung bestimmter Nucleotide sowie die Anfügung neuer Nucleotide (s. vorhergehende Abschnitte).

Postsynthetische Modifizierungen spielen vor allem bei der t-RNS und der r-RNS eine Rolle. Die häufigste Modifizierung ist die Einführung von Methylgruppen durch eine Methyltransferase mit S-Adenosyl-Methionin als Methyldonator (DB I, DB III). Es entstehen dabei Mono- oder Dimethylderivate bestimmter Basen oder 2′-OH-Methylderivate der Ribose. Eine weitere Modifizierung stellt die Isomerisierung der Uridylsäure in der t-RNS zur Pseudouridylsäure dar. Man findet Pseudouridylsäure aber auch in der r-RNS der Eukaryonten und Prokaryonten. In der t-RNS findet man außerdem die Umwandlung von Uridin in Thiouridin, die Reduktion bestimmter Uracilreste zum Dihydrouracil sowie die Methylierung von Uracil zum Thymin. An Adeninreste in der Nähe mancher Anticodons kann ein Isotopentenylrest an deren 6-NH_2-Gruppe angehängt werden (Abb. 28).

Eine weitere spezifische Form für die postsynthetische Veränderung der t-RNS ist die Anheftung einer *CCA-Sequenz* an ihren 3′-OH-Terminus (DB I, DB III). Diese Kettenverlängerung wird durch terminale *Nucleotidtransferasen* katalysiert.

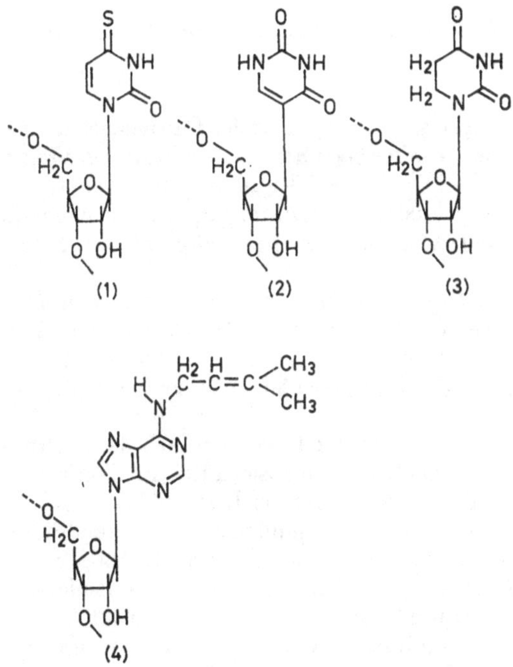

Abb. 28. Modifizierte Nucleotide in der t-RNS
1: 4-Thiouridin; 2: Pseudouridin (5-D-Ribofuranosyluracil); 3: 5,6-Dihydrouracil; 4: N-(2-Isopentenyl) Adenosin

1.6.7.7. Kern-RNS

Die Kern-RNS wird durch eine Reihe sehr unterschiedlicher Gruppen repräsentiert.

Die *heterogene Kern-RNS* (*hn-RNS*) ist durch eine besonders *hohe Erneuerungsrate* gekennzeichnet. Ein beträchtlicher Anteil von ihr entfällt auf Vorläufer der zytoplasmatischen m-RNS (Prä-m-RNS). In der hn-RNS findet man auch viele repetitive Sequenz-Anteile.

Die chromosomale RNS ist wahrscheinlich mit Nichthistonproteinen verbunden und könnte regulative Funktionen im Chromatin besitzen.

1.6.8. *Der Zustand des Chromatins während der Replikation und Transcription*

In Abschnitt 1.6.4. lernten wir die Struktur des Chromatins kennen und erkannten die sog. *Nucleosomen* als die strukturellen Grundeinheiten des Chromatins. Die Frage ist nun, ob das Chromatin im Zustand der Replikation und Transcription, d. h. im *aktiven Zustand*, denselben Aufbau zeigt oder in eine andere Struktur übergeht.

Im Verlauf der *Replikation* (*S-Phase*) wird nicht nur *neue DNS* synthetisiert, sondern es werden auch *neue Histone* gebildet. Beide Bausteine werden zum Aufbau *neuer Nucleosomen* verwendet.

Einmal gebildete *Histonoctamere* bleiben über *mehrere Zellgenerationen* zusammen.

Interessant ist die Bildung der Nucleosomen nach der Synthese ihrer Bestandteile. Aus unbefruchteten Eiern des Krallenfrosches *Xenopus laevis* wurde ein *saures Protein* isoliert, daß die *basischen Histone* bindet und sie auf die bereits gebildete DNS unter Bildung der Nucleosomen überträgt. Dieses saure Protein (es wird als *Nucleosome-Assembly-Protein* bezeichnet) scheint die Rolle einer „molekularen Gouvernante" bei der *Nucleosomensynthese* zu spielen, in dem es die Ausbildung unspezifischer Wechselwirkungen zwischen den basischen Histonen und der sauren DNS verhindert und dadurch die korrekte Zusammenfügung der Histonoctameren mit der DNS zur geordneten Nucleosomstruktur garantiert.

Auf welche Weise die neusynthetisierten Histone und die durch das Assembly-Protein gebildeten Histonoctamere die jeweils neu aufgebaute DNS im Chromatin wirklich „finden", ist ein noch ungelöstes Rätsel.

Unter Anwendung verschiedener Methoden untersucht man gegenwärtig die *funktionelle Architektur* des *Chromatins* im Zustand der *Transcription*. Als biochemisches Kriterium zieht man u. a. die Angreifbarkeit der DNS durch Nucleasen in ruhendem und transcriptionsaktivem Chromatin heran. Die DNS in transcriptionsaktivem Chromatin wird durch die DNase I (s. DB III) rascher abgebaut als die DNS in inaktivem Chromatin. Es besteht also eine *Korrelation* zwischen der *enzymatischen Spaltbarkeit* der *DNS* und der *Transcriptionsaktivität* des Chromatins.

Offenbar weist der *Transcriptionskomplex*, der aus einem *Nucleosompartikel*, der *RNS-Polymerase* und dem *Ribonucleoprotein* besteht, das die *wachsende RNS-Kette* enthält, gegenüber *DNase-*

Angriff eine *größere Empfindlichkeit* auf als ein *nichttranscribiertes Nucleosom.*

Die höhere enzymatische Angreifbarkeit der DNS im Transcriptionskomplex als im Nucleosom deutet darauf hin, daß die *Nucleosomstruktur* während der *Transcription aufgelockert* ist, d. h. in bestimmter Weise so verändert wird, daß die DNS der DNase stärker zugänglich wird.

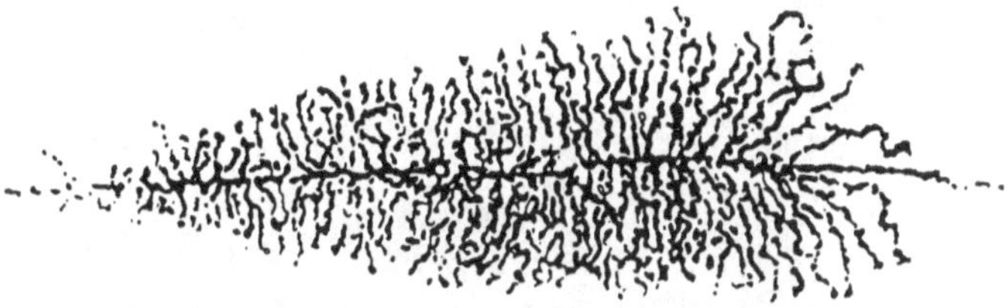

Abb. 29 A. Eine Transcriptionseinheit aus dem Nucleoluschromatin der Alge *Acetabularia*
(nach W. W. Franke und U. Scheer: Phil. Trans. Royal Soc. London B. **283**, 333 (1978)

Im elektronenmikroskopischen Bild zeigen solche Gene, die transcribiert werden, eine baumartige Struktur. Diese Struktur rührt von den wachsenden, sich im Zustand der Synthese befindlichen RNS-Molekülen her, die jeweils von Eiweiß umgeben sind und demzufolge Ribonucleoproteinpartikel darstellen (Abb. 29 A und B). Nucleosomen sind dabei nicht nachweisbar. Man vermutet, daß diese in bestimmter Weise entfaltet werden und die DNS-Kette dabei eine stärker lineare und weniger kompakte Struktur erhält. Die DNS bleibt zwar dann mit dem Histonoctamer vergesellschaftet und befindet sich auch noch in ihrer B-Konformation, bietet aber der RNS-Polymerase ausreichend Raum sich anzulagern und die Transcription zu vollziehen.

Solche baumartigen Strukturen, wie sie in Abb. 29 A dargestellt sind, findet man sowohl im transcriptionsaktiven Nucleoluschromatin als auch im Chromatin außerhalb des Nucleolus. Abb. 29 B zeigt hintereinander liegende, baumartig strukturierte Transcriptionseinheiten aus dem Nucleoluschromatin der Alge *Acetabularia mediterranea.* Die durchgehende DNS-Kette codiert die Vorläufermoleküle der ribosomalen RNS. Jede einzelne *baumartige Struktur* stellt eine *Transcriptionseinheit* dar.

Unter einer *Transcriptionseinheit* wird derjenige *DNS-Abschnitt* verstanden, der durch die *RNS-Polymerase* in ein *bestimmtes RNS-Molekül* transcribiert wird. Am *Anfang* der Transcriptionseinheit befindet sich der *Promotor* und an ihrem *Ende* der *Terminator*.

Die Äste der baumartigen Strukturen, also die *seitlichen Fibrillen*, stellen *RNS-Moleküle* mit zunehmenden Kettenlängen dar. Sie sind mit Protein vergesellschaftet und bilden Ribonucleoproteinpartikel. An *einer Transcriptionseinheit* werden also gleichzeitig

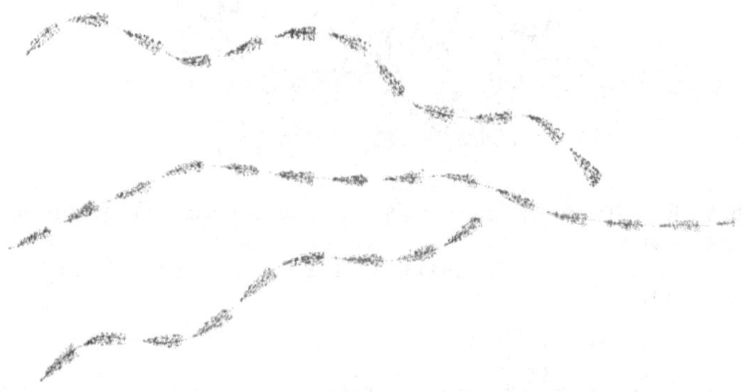

Abb. 29B. Hintereinander angeordnete Transcriptionseinheiten von Genen, die Vorläufermoleküle von ribosomaler RNS synthetisieren (nach W. W. Franke und U. Scheer: Phil. Trans. R. Soc. London B, **283**, 333 (1978)

sehr viele RNS-Moleküle synthetisiert. Ihre Kettenlänge nimmt vom Promotor zum Terminator zu. Für jedes in Synthese begriffene RNS-Molekül ist ein Molekül RNS-Polymerase erforderlich. Dieses Enzym sitzt an der Basis jeder einzelnen Fibrille und ist mit der DNS vergesellschaftet.

Zwischen den einzelnen Transcriptionseinheiten sind kurze DNS-Abschnitte erkennbar, die frei von lateralen Fibrillen sind und nicht transcribiert werden, sie werden als *Zwischensequenzen* oder „Spacereinheiten" bezeichnet.

Transcriptionsaktives Chromatin ist besonders *reich* an *Nichthistonproteinen* (S. 51f.). Transcriptionsinaktives Chromatin ist strukturell in Form von Nucleosomen organisiert, die stark verdichtete DNS enthalten; transcriptionsaktives Chromatin hingegen enthält die DNS in einer aufgelockerten, „linearisierten" Struktur (Abb. 30).

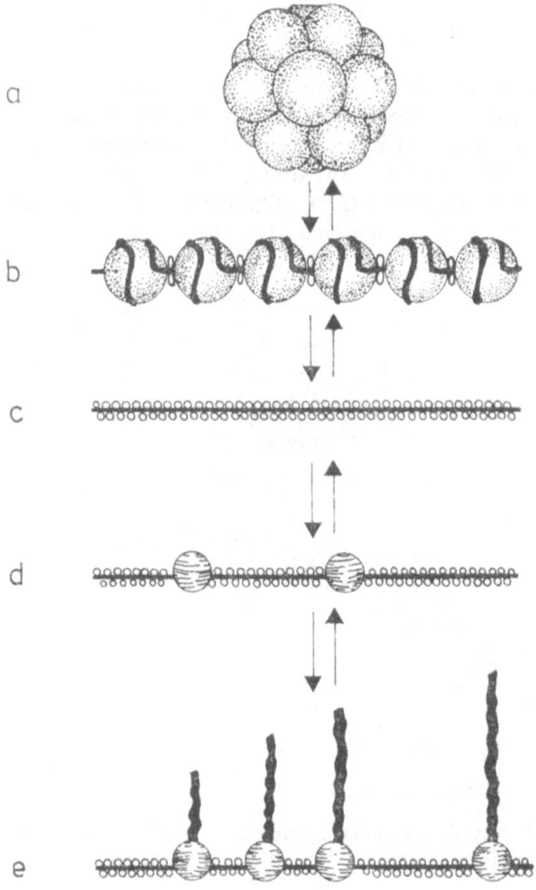

Abb. 30. Verschiedene Organisationsformen des Chromatins
a) dichte Packung von Nucleosomen zu großen Partikeln;
b) perlschnurartige Anordnung von Nucleosomen;
c) entfalteter, ausgestreckter Strang von Desoxyribonucleoprotein (Chromatin);
d) ausgestreckter Chromatinstrang mit angehefteten RNS-Polymerase-Molekülen;
e) in Transcription begriffenes Chromatin mit lateralen Ribonucleoproteinfibrillen, die wachsende RNS-Moleküle enthalten
(nach W. W. FRANKE und U. SCHEER, Phil. Trans. Royal Soc. London B, **283**, 333 (1978))

1.6.9. DNS-Menge und Evolution

Die *Höherentwicklung* der biologischen Arten setzt eine *Zunahme* ihrer *genetischen Informationskapazität* voraus. In der Abb. 31 ist die Größe des Genoms von den Viren bis zu den Säugetieren wiedergegeben. Es besteht Grund zu der Annahme, daß die Vergrößerung des Genoms durch den Prozeß der *Genverdopplung* (*Genduplikation*) erfolgt ist. Offenbar hat demzufolge die Genduplikation eine wichtige Rolle bei der biologischen Evolution gespielt.

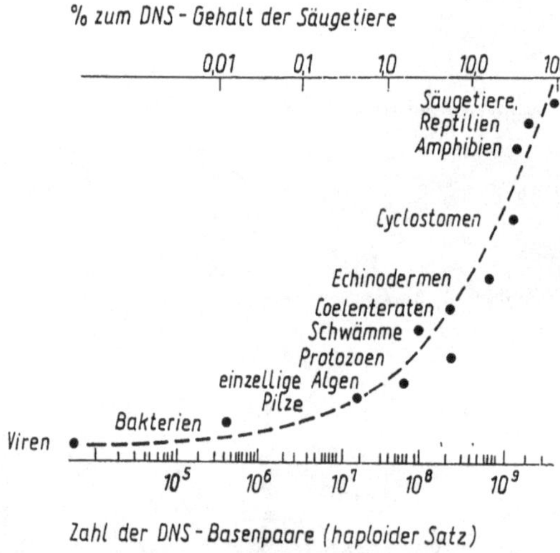

Abb. 31. Minimale Desoxyribonucleinsäure-Menge in verschiedene Species unterschiedlicher Evolutionsstufen

Das Bakterium *E. coli* hat nur sehr wenig repetitive DNS und verfügt über soviel DNS, um etwa 5000 verschiedene Proteine zu codieren. Wenn es keine repetitive DNS bei den Säugetieren gäbe, würde die Zahl der Nucleotidpaare ausreichen, um etwa 3 Millionen verschiedene Proteine codieren zu können (vgl. mit S. 61). Da man annehmen kann, daß die Mehrheit der vorhandenen Proteine in einer Säugetierart bekannt ist und diese Zahl etwa 2—3 Zehnerpotenzen niedriger als die berechnete Zahl von 3 Millionen ist, lassen sich daraus Schlüsse über den Umfang der nichtcodierenden DNS-Abschnitte ziehen.

Für die Wirbeltiere gilt *nicht*, daß *DNS-Gehalt* und *Entwicklungsgrad proportional* verlaufen. Es gibt z. B. Amphibien, deren Zellen einen 20–30mal höheren DNS-Gehalt aufweisen als die Zellen des Menschen. Die Ursachen dieser Unterschiede liegen eben in den unterschiedlichen Anteilen der nichtcodierenden DNS in den Genomen der einzelnen Species. Diese repräsentiert vorwiegend repetitive DNS.

Die *Genverdopplung* stellt offenbar eine wichtige Voraussetzung für die Höherentwicklung der Lebewesen dar. Sie schuf die für die Entwicklung notwendige *Redundanz* des genetischen Materials. Jede Genkopie ist unabhängig von den anderen Kopien desselben Gens Mutationen unterworfen, die sich in den einzelnen Genkopien in unterschiedlichem Maße anhäufen. Wenn ein Gen, das ein bestimmtes Protein codiert, nur einmal vorhanden ist, dann würden Mutationen an diesem Gen sehr schnell zu Veränderungen in seinem Genprodukt, also in dem betreffenden Protein führen, die selbstverständlich auch dessen Funktion beeinflussen würden. Eine *Mutation*, die die Bildung eines *funktionsuntüchtigen Enzymproteins* nach sich zieht, hätte ein sofortiges *Absterben* der betreffenden Zelle zur Folge. Daraus ist ableitbar, daß dieses Gen einem hohen *Selektionsdruck* unterliegt. Wenn jedoch die Zahl der Kopien eines Gens ansteigt, wird der Selektionsdruck gegen dieses Gen reduziert. Mutationen an den einzelnen Kopien würden Divergenzen verursachen, die nicht in der Struktur des Proteins, das vom Grundgen codiert wird, zum Ausdruck zu kommen brauchen.

Durch die Multiplizität der Gene wurde in früheren Perioden der Entwicklung offenbar ein genetisches Reservoir geschaffen, an dem im Verlauf der Evolution „in aller Stille“ Mutationen ablaufen konnten, ohne daß die Funktion der betreffenden Zelle dadurch beeinträchtigt zu werden brauchte.

Man kann also schlußfolgern, daß ein *Genabschnitt*, der durch *Vervielfachung redundant* wurde, in die Lage kam, dem *Druck* der *biologischen Selektion* zu entgehen und dadurch *Mutationen* anhäufen konnte, die neue Genorte mit *neuartigen Informationen* schufen und dadurch die Ausbildung neuer, bis dahin nicht dagewesener Funktionen ermöglichten.

In den heute bekannten *Primärstrukturen* mancher Proteine innerhalb einer Species, die sich in ihren Funktionen deutlich unterscheiden, untereinander strukturell aber ähnlich sind, lassen sich *Homologien* nachweisen, die eine Genduplikation als Ursache sehr wahrscheinlich machen.

Zur Verdeutlichung der Sachlage seien die folgenden Beispiele genannt: die *Polypeptidketten* von *Trypsin* und *Chymotrypsin* sowie die ihrer Vorstufen sind annähernd *gleichlang* und besitzen in ihrem Innern teilweise identische oder einander sehr ähnliche Aminosäuresequenzen. Dies spricht für deren Abstammung von einem *gemeinsamen Urgen*, das nach seiner Vervielfachung eine *divergente Entwicklung* durchgemacht hat.

Ähnliche Situationen liegen offenbar beim *Myoglobin* und den verschiedenen Ketten des *Hämoglobins* (α, β, γ, δ) sowie bei den leichten und schweren Ketten der *Immunglobuline* vor. Im letztgenannten Fall scheint das Urgen der beiden Ketten eine Polypeptidkette von 110 Aminosäuren codiert zu haben. Dieses hat sich offenbar mehrfach dupliziert und die Duplikationsprodukte haben sich divergent entwickelt. Die heutigen leichten Ketten der Immunglobuline könnten durch Fusionierung von zwei solchen Genen und die heutigen schweren Ketten durch Fusionierung von vier solchen Genen entstanden sein (FB 1).

Deutliche Hinweise auf solche Genduplikationen im Verlauf der Phylogenese werden auch durch das Vorkommen von *Isoenzymen* in den heute lebenden Organismen gegeben. Diese bestehen aus verschiedenen, durch getrennte Genorte codierte Polypeptidketten, die jedoch untereinander Ähnlichkeiten in ihren Längen und ihren Aminosäuresequenzen aufweisen. Beispiele hierfür sind Lactatdehydrogenase, Aldolase, Glucose-6-phosphatdehydrogenase usw.

1.7. Mitochondrien

Mitochondrien kommen in nahezu allen Zellen vor. Sie dienen der biologischen Oxidation und enthalten überdies eine Reihe wichtiger Stoffwechselsysteme der Zelle, die den Endabbau verschiedener Substrate bewirken und zahlreiche Stoffwechselwege miteinander verbinden. Die Struktur und die Funktion der Mitochondrien werden ausführlich in DB II besprochen.

Mitochondrien entwickeln sich aus *Vorformen*, den *Promitochondrien.* Promitochondrien stellen Bläschen dar, die von einer Doppelmembran umgeben sind. Im Verlauf der Differenzierung tritt bei den Promitochondrien eine Invagination der inneren Membran an verschiedenen Stellen ein, wodurch schließlich die *Cristae mitochondriales* entstehen. Mitochondrien vermehren sich durch Spaltung, unabhängig davon, ob sie im differenzierten Zustand oder als Vorformen vorliegen.

Die *Differenzierung* von Mitochondrien aus ihren Vorstufen kann durch bestimmte Umweltbedingungen ausgelöst werden.

Sauerstoff bewirkt in Promitochondrien die Synthese von Zytochromoxidase, Zytochromreduktase, Katalase u. a. Enzymen. Es bestehen also hierbei Induktionsphänomene, die Ähnlichkeiten mit bakteriellen Systemen aufweisen (S. 174ff.).

Infolge der Tatsache, daß Mitochondrien sich teilen und vermehren, werden sie als *genetisch selbständige*, vom *Zellkern unabhängige Einheiten* betrachtet.

Die *genetische Selbständigkeit* wird dadurch gewährleistet, daß Mitochondrien über eine *eigene DNS* sowie über eigene Systeme der *Replikation, Transcription* und *Proteinsynthese* verfügen.

Die DNS der Mitochondrien ist doppelsträngig und bildet wie die der Bakterien geschlossene Ringe. Sie besitzt keine Verwandtschaft zur Kern-DNS, was dadurch zum Ausdruck kommt, daß sie mit dieser nicht zur Hybridisation zu bringen ist.

Das Molekulargewicht der *Mitochondrien-DNS* beträgt 10^7, ist also verhältnismäßig klein. An ihr werden nur wenig RNS-Species synthetisiert. Es sind dies *zwölf verschiedene t-RNS-Species, zwei ribosomale RNS-Species* und *acht verschiedene m-RNS-Moleküle.* Die wenigen m-RNS-Species, die an der mitochondrialen DNS gebildet werden, codieren nur einen kleinen Teil der in den Mitochondrien vorkommenden Proteine, nämlich solche, die als *Strukturproteine* am Aufbau der *inneren Mitochondrienmembran* beteiligt sind. Hingegen werden die Enzyme des Elektronentransportes, die Proteine der Mitochondrienribosomen und alle Faktoren der mitochondrialen Proteinsynthese von der DNS des Zellkernes codiert. Hinsichtlich der Größe der DNS und dem Umfang der in ihr verankerten Information ähnelt die Mitochondrien-DNS der Plasmid-DNS der Bakterien.

Die *mitochondriale circuläre DNS* stellt die *Replikations-* und *Transcriptionseinheit* des mitochondrialen Genoms dar. Die Mitochondrien enthalten eigene Polymerasesysteme, die sich von den übrigen in der Zelle vorkommenden DNS- und RNS-Polymerasen unterscheiden.

Für die mitochondriale DNS-abhängige RNS-Polymerase ist in vitro die Mitochondrien-DNS eine bessere Matrize als die Kern-DNS.

In teilungssynchronisierten Zellkulturen wurde nachgewiesen, daß die mitochondriale Transcription und Eiweißsynthese ihre Höhepunkte in der Interphase haben.

Die *Ribosomen* der Mitochondrien haben S-Werte, die denen der *bakteriellen Ribosomen* nahekommen, nicht aber denen entsprechen, die man im Zytoplasma oder am endoplasmatischen Reticulum der

Eukaryonten findet. Ihr Sedimentationskoeffizient wird um so kleiner, je höher der Wirtsorganismus in der Stufenleiter der Evolution steht. Die Ribosomen in den Mitochondrien von Säugetieren haben S-Werte von 55—60 S (*Mini-Ribosomen*).

Die *Proteinsynthese* der *Mitochondrien* und *Plastiden* weist viele Ähnlichkeiten mit dem *eiweißsynthetisierenden Enzymsystem* der *Prokaryonten* auf.

Die Ähnlichkeiten in solchen elementaren Funktionen, wie Replikation, Transcription und Proteinsynthese zwischen Mitochondrien und Prokaryonten, weisen auf enge verwandtschaftliche Beziehungen zwischen den beiden Systemen hin. Sie könnten bedeuten, daß die Mitochondrien der Eukaryonten sich aus Prokaryonten entwickelt haben, die in früheren Stadien der Evolution entweder als Parasiten oder zur Gewährleistung einer Symbiose mit gegenseitigem Vorteil in gewisse Zellen eingedrungen sind und in ihren Wirten spezielle Funktionen übernommen, ihr genetisches System aber beibehalten haben.

1.8. Lysosomen

Lysosomen sind bläschenartige Gebilde von sehr unterschiedlicher Erscheinungsform und relativ kleiner Größe. Sie sind von einer *Lipoproteinmembran* begrenzt und enthalten zahlreiche *hydrolytische Enzyme* mit *saurem Wirkungsoptimum*, aber auch nichtenzymatische Bestandteile.

Die *intralysosomale Flüssigkeit* reagiert *sauer*. Ursache hierfür ist höchstwahrscheinlich die Ausbildung eines DONNAN-Gleichgewichtes an der lysosomalen Membran. Im Innern der Lysosomen befinden sich zahlreiche Glykoproteine mit niedrigen isoelektrischen Punkten, wodurch die Voraussetzungen für die Entstehung eines DONNAN-Gleichgewichtes gegeben sind.

Abbildung 32 gibt einen Überblick über Enzyme, die in den Lysosomen nachgewiesen wurden. An nichtenzymatischen Bestandteilen enthalten die Lysosomen *gefäßaktive Substanzen* (Bradykinin, Serotonin, Histamin, bestimmte Polypeptide usw.) sowie Proteine, wie Properdin und Interferon. Ein Teil der Lysosomenenzyme ist an die Membran gebunden, ein Teil ist löslich.

In den intakten Zellen sind die lysosomalen Enzyme und die anderen Bestandteile von dem übrigen Zellinhalt getrennt und infolgedessen unwirksam. Werden die Membranen der Lysosomen unter bestimmten Bedingungen geschädigt, so kommen die Enzyme

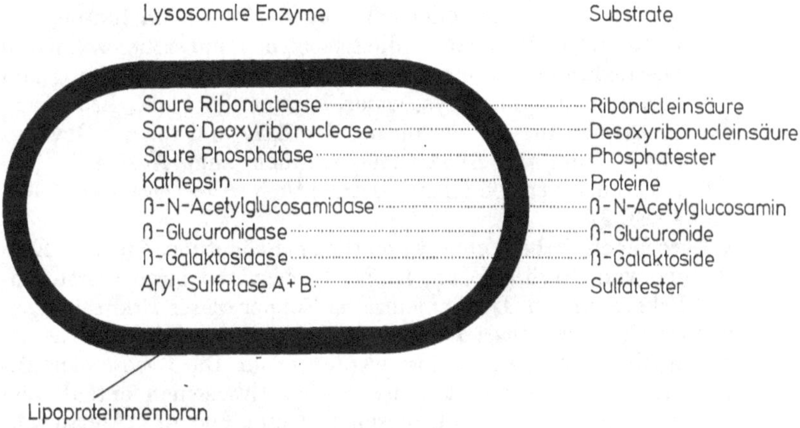

Abb. 32. Schematische Darstellung eines Lysosoms (nach DE DUVE)

mit den übrigen Zellbestandteilen in Kontakt und können dadurch eine Aktivierung von Abbauprozessen hervorrufen.

Experimentelle Faktoren, die in vitro an isolierten Lysosomen eine Permeabilisierung bzw. Schädigung ihrer Membran hervorrufen können, sind Einfrieren und Auftauen, Behandlung mit Proteasen und Phosphatidasen, Erniedrigung des pH-Wertes, Erhöhung der Temperatur sowie Zufügung von Detergenzien und Lipidlösungsmitteln.

Einflüsse von *pathogenetischer Signifikanz,* die eine Permeabilitätserhöhung der Lysosomenmembran und damit eine „Lysosomenaktivierung“ hervorrufen können, sind Hunger, Infektionen durch Bakterien und Viren, Ischämie, kanzerogene Substanzen, toxische Substanzen und Anästhetika, Vitamin-Mangel, K^+-Mangel usw.

Die in den Lysosomen enthaltenen Enzyme werden an den Ribosomen des endoplasmatischen Reticulums synthetisiert, von dort zum GOLGI-Apparat transportiert und da von einer neugebildeten Membran umgrenzt.

Lysosomen können sich sowohl mit Bläschen vereinigen, die zellfremde Substanzen beherbergen und durch *Phagozytose* bzw. *Pinozytose* in das Innere der Zelle gelangt sind als auch mit bestimmten Zytoplasmaarealen verschmelzen. In den so entstehenden *Phagolysosomen* bzw. *Zytolysosomen* (sekundäre Lysosomen, Abb. 7) finden dann katabolische Vorgänge statt, die zu einem

Abbau von zellfremden oder zelleigenen Materialien führen. Die Spaltprodukte verlassen dann die Lysosomen und stehen zellulären Synthesereaktionen erneut zur Verfügung. In der Entstehung und der Funktion der Phagolysosomen kommt die große Bedeutung der Lysosomen für die Ernährung der Zelle und für die Gewährleistung bestimmter Abwehrmechanismen zum Ausdruck. Die Zytolysosomen vermehren sich beträchtlich in geschädigten Zellen (FB 1, FB 2).

Lysosomen haben eine wesentliche Bedeutung für die Entstehung von entzündlichen, neoplastischen und gewebszerstörenden Erkrankungen. Der gemeinsame Nenner dieser Erkrankungen könnte eine *Lysosomenaktivierung* sein, durch welchen Mechanismus auch immer sie ausgelöst werden möge. Die Lysosomenaktivierung besteht darin, daß die in den Lysosomen enthaltenen hydrolytischen Enzyme aus diesen austreten und zum Abbau zell- und gewebseigener Stoffe führen. Dies kann dann Anlaß zu Gewebsschädigungen, Entzündungen, Permeabilitätssteigerungen der Gefäße usw. geben. Die gefäßaktiven Substanzen der Lysosomen werden dabei ebenfalls freigesetzt und können ihre Wirkung entfalten. Die lysosomale Spaltung von gewebseigenen Substanzen kann zur Entstehung von Autoantigenen führen, die eine Bildung von Autoantikörpern bewirken und so zur Entstehung von bestimmten Autoimmunerkrankungen führen können (FB 1). Ein Beispiel hierfür stellt die *Polyarthritis* dar. Man hat auch Vermutungen darüber geäußert, daß die Stabilität und Permeabilität von Lysosomen eine Rolle im Alterungsprozeß der Zellen spielen könnten. Die Rolle der Lysosomen bei Abwehrvorgängen wird besonders dadurch unterstrichen, daß die phagozytierenden neutrophilen Granulozyten sehr reich an Lysosomen sind.

Lysosomenreich sind auch die Zellen der Leber und die der Niere.

1.9. Peroxisomen

Peroxisomen, auch als *Microbodies* bezeichnet, sind kleine bläschenförmige Partikel mit relativ hoher Dichte (1,23–1,25).

Sie sind durch ihren Gehalt an *Uratoxidase, L-α-Hydroxysäureoxidase, D-Aminosäureoxidase* und *Katalase* ausgezeichnet. Die ersten drei Enzyme produzieren Wasserstoffperoxid, welches durch die Katalase wieder zersetzt wird. Es sei vermerkt, daß zwar die D-Aminosäureoxidase, nicht aber die L-Aminosäureoxidase, in den Peroxisomen enthalten ist. Das letztgenannte Enzym befindet sich am endoplasmatischen Reticulum.

1.10. Zytosol

Als Zytosol wird die strukturfreie Flüssigkeit des Zytoplasmas bezeichnet, die das Innere der Zelle ausfüllt und die Organellen umgibt. Man kann es experimentell gewinnen, indem man alle subzellulären Strukturen abtrennt, z. B. durch hochtourige, langdauernde Zentrifugation.

Das Zytosol enthält in gelöster Form niedrigmolekulare Substanzen (Metabolite, Coenzyme, Kationen, Anionen) sowie zahlreiche Enzyme und einige lösliche Multienzymkomplexe. Im Zytosol laufen zahlreiche Stoffwechselwege ab, z. B. die Glykolyse, die direkte Oxidation der Glucose, der Pentosephosphatcyclus, die Fettsäuresynthese und die Aktivierung der Aminosäuren als vorbereitende Reaktion zur Proteinsynthese.

Zwischen dem Zytosol und den übrigen Teilen und Räumen einer Zelle finden zahlreiche Austauschvorgänge statt, die durch besondere Bindungs- und Transporteigenschaften der subzellulären Strukturen und Organellen eine hohe Selektivität und Spezifität erreichen (DB II).

1.11. Zytoskelett

In einer Zelle und von einer Zelle werden verschiedene *Bewegungsformen* ausgeführt. Dazu gehören Kontraktionen, Geißel- und Zilienbewegungen, Bewegung durch Pseudopodien, Chromosomenbewegungen während der Mitose und Meiose, Vesikel- und Granulabewegungen innerhalb einer Zelle, Substanztransport entlang des Axons und der Dendriten eines Neurons sowie Kommunikation zwischen dem Zellinneren und der Umgebung der Zelle.

Verantwortlich für diese Bewegungsvielfalt eukaryontischer Zellen sind die *Mikrofilamente* und die *Mikrotubuli*. Da diese Strukturelemente auch gleichzeitig die Form und die Festigkeit der Zellen gewährleisten, bilden sie gemeinsam das *Zytoskelett*.

Die *Mikrofilamente* einer Zelle bestehen aus *Actin*, die *Mikrotubuli* aus *Tubulin*. *Actin* ist ein konservatives Protein, das im Verlauf der Evolution seine Struktur nur wenig verändert hat. Dies deutet darauf hin, daß dieses Protein fundamentale Funktionen im Zellgeschehen hat und es deshalb einen starken Selektionsdruck auf die Beibehaltung seiner Struktur gegeben hat.

Actin liegt innerhalb einer Zelle in zwei reversibel ineinander umwandelbaren Formen vor, als G-Actin (globuläres, monomeres Actin) und als F-Actin (fibrilläres, aggregiertes Actin). Die

Aggregation ist ATP-abhängig. In der Muskelfibrille herrscht F-Actin vor, das dort die dünnen Filamente bildet und in Wechselwirkungen mit dem Tropomyosin, Troponin und Myosin steht. Gemeinsam mit diesen Proteinen ist es für die *Muskelkontraktion* verantwortlich (S. **218** ff.).

Im Zytoplasma der meisten anderen Zellen besteht ein Gleichgewicht zwischen G-Actin und F-Actin. Interessant ist, daß das Gift des Knollenblätterpilzes Phalloidin das F-Actin stabilisiert, während das Antibiotikum Zytochalasin B die Aggregation verhindert. Dadurch wird eine Zelle irreversibel zerstört.

Actin, Myosin, α-Actinin, Tropomyosin und Troponin kommen gemeinsam nicht nur in Muskelzellen, sondern auch in vielen anderen eukaryontischen Zellen vor, z. B. in Fibroblasten, Epithelzellen und Endothelzellen. In Erythrozyten findet man kein Myosin, wohl aber Aktin als wichtigen Bestandteil des Zytoskeletts, welches in Wechselwirkungen zum Spektrin steht (FB 1).

Die strukturelle und funktionelle Organisation der Mikrofilamente des Zytoskeletts hängt von den Wechselwirkungen zwischen den genannten Proteinen ab.

Das Strukturelement der *Mikrotubuli* als zweiter Komponente des Zytoskeletts ist das *Tubulin.* Mikrotubuli sind verantwortlich für die *Chromosomenbewegungen* im Verlauf der Zellteilung, den Substanztransport einer Zelle u. a. Prozesse. Das Mikrotubulussystem einer Zelle besteht aus Röhren mit einem äußeren Durchmesser von etwa 240 Å, einem inneren Durchmesser von 140 Å und einer Wandstärke von 50 Å. Das Mikrotubulussystem stellt eine supramolekulare Struktur dar, dessen Bildung auf einen Selbstorganisationsprozeß durch Selbstaggregation ihrer Untereinheiten, den Tubulinmolekülen, zurückgeht.

Das Mitosegift *Colchizin* (Alkaloid der Herbstzeitlose, Colchicum autumnale), das die Trennung der Chromosomen in der Metaphase verhindert, bewirkt einen Zerfall der Mikrotubuli in dimere Formen ihrer Untereinheiten. Das Alkaloid Vinblastin (aus dem Immergrün, Vinca) bewirkt eine Ausfällung und Aggregation der Tubulinuntereinheiten. GTP und ATP bewirken eine Stabilisierung der Mikrotubuli.

Das Mikrotubulussystem kommt in enger Verbindung mit speziellen Proteinen vor, den *Dyneinen,* die eine ATPase-Aktivität besitzen und als Energieüberträger bei Bewegungsabläufen verantwortlich sind. Offenbar induzieren sie einen Gleitmechanismus, der an den des Actin-Myosin-Systems erinnert (S. **219** ff.). Dieser scheint für Geißelbewegungen verantwortlich zu sein.

Im Zytoplasma der Eukaryontenzellen sind die Mikrotubuli in filigranähnlicher Form verteilt, ihre Hauptmenge ist um den Kern herum verteilt. Im Verlauf der *Mitose* bilden die Mikrotubuli die *Teilungsspindel* aus und sammeln sich zwischen den Spindelpolen, während das übrige Zytoplasma frei von ihnen ist.

Neurone sind besonders reich an Mikrotubuli; sie scheinen hier für den schnellen Transport von Substanzen in den Axonen und Dentriten verantwortlich zu sein, die Mikrofilamente hingegen besorgen offenbar den langsamen Transport.

2. Biochemie der Viren

2.1. *Definition, Einteilung und grundsätzlicher Aufbau von Viren*

Viren sind biologische Agenzien, die nur in lebenden Zellen und Geweben wachsen und sich vermehren können. Sie enthalten ein oder mehrere Moleküle DNS oder RNS und sind von einer Proteinhülle umgeben. Von Bedeutung ist, daß man bei den verschiedenen Virustypen entweder nur DNS *oder* nur RNS findet, zum Unterschied zu den lebenden Zellen, die DNS *und* RNS enthalten. Viren besitzen eine verhältnismäßig einfache Struktur.

Man unterscheidet bei Viren eine *Ruhephase* und eine *vegetative Phase*. Sie sind in ihrer Ruhephase, wenn sie sich außerhalb der Zellen befinden; dann haben sie ihre charakteristische Form und Zusammensetzung. Die vegetative Phase hingegen umfaßt ihr intrazelluläres Schicksal, also die Periode von der Infizierung der Zelle und der Umstellung ihres Stoffwechsels auf Virusvermehrung bis zur Freisetzung der neugebildeten Virusteilchen.

Der Grund, weshalb in diesem Buch den Viren ein eigenes Kapitel gewidmet ist, liegt darin, daß sie für die klinische Medizin von großer Bedeutung und infolge ihrer einfachen Struktur und ihrer Vermehrungsweise in den von ihnen infizierten Zellen zu wichtigen *Untersuchungsobjekten der Molekularbiologie* geworden sind, deren Verwendung dazu beigetragen hat, viele fundamentale Lebensprozesse, wie DNS-Replikation, RNS-Synthese und Proteinsynthese einer Klärung zuzuführen.

Viren sind im allgemeinen aus Strukturuntereinheiten oder Monomeren aufgebaut, die sich zu höheren morphologischen Einheiten, den Kapsomeren verbinden können. Als Nucleokapsid bezeichnet man den geordneten Komplex vieler Kapsomeren, die in ihrem Inneren Nucleinsäure beherbergen. Das Proteinaggregat ohne Nucleinsäure bezeichnet man als Kapsid.

Das komplette Virusteilchen, das weitere strukturelle Eigentümlichkeiten und vielfältige Außenhüllen besitzen kann, bezeichnet man als *Virion.*

Biochemisch gesehen ist ein Virus ein mehr oder weniger kompliziert aufgebautes Molekülaggregat, das aus mehreren Proteinmolekülen und mindestens einem Molekül Nucleinsäure — DNS oder RNS —, das einzelsträngig oder doppelsträngig sein kann, besteht.

Entwicklungsgeschichtlich sind die Viren wahrscheinlich sehr uneinheitlich. Ein Teil von ihnen stellt vielleicht eine Zwischenstufe in der Entwicklungsreihe von der unbelebten zur belebten Materie dar, ein anderer Teil könnte durch Rückbildung aus parasitischen Organismen entstanden sein und ein dritter Teil schließlich könnte von Organellen lebender Zellen abstammen.

Zu den *RNS-Viren* gehören die pflanzlichen Viren (z. B. das Tabakmosaik-Virus) sowie bestimmte tierische Viren. Verschiedene Erkrankungen, wie Grippe (Influenza), Hepatitis A, Enzephalitis, Gelbfieber, Mumps, Masern, Poliomyelitis werden durch RNS-Viren hervorgerufen. Unter den RNS-Viren gibt es auch onkogene Viren, die z. B. das ROUS-Sarkom oder das Mammacarcinom hervorrufen können.

Zu den *DNS-Viren* gehören die Pocken- und Herpesviren, die Hepatitis B-Viren sowie die onkogenen Adeno-Viren und Papova-Viren (z. B. das Papilloma-Virus).

Von großer Bedeutung für die Gewinnung von Einsichten in die Gesetzmäßigkeiten der Virusvermehrung und der Wechselwirkungen zwischen Wirtszellen und Virus erwiesen sich solche Viren, die als Wirtszellen Bakterien haben. Man bezeichnet diese als *Bakteriophagen.* Es gibt DNS- und RNS-haltige Bakteriophagen.

Die bekanntesten *DNS-Bakteriophagen* sind die T-Phagen, die man in geradzahlige (T_2- und T_4-Bakteriophagen) und in ungeradzahlige (T_1-, T_3- und T_7-Bakteriophagen) unterteilt. Auch der Phage λ und der Phage φX 174 sind DNS-haltig. Die kleinen Bakteriophagen (z. B. φX 174) besitzen einzelsträngige DNS, während bei den mittelgroßen und großen Bakteriophagen (λ und alle T-Phagen) die DNS doppelsträngig ist. Von Bedeutung ist, daß die DNS der kleinen Bakteriophagen ein Ringmolekül darstellt.

Auch bei Prokaryonten- und Eukaryonten-Viren mit doppelsträngiger DNS können Ringstrukturen nachgewiesen werden; diese müssen aber nicht durch Esterbindungen geschlossen sein.

Die wichtigsten *RNS-haltigen Phagen* sind die Phagen f_2, $Q\beta$ und MS 2. Sie enthalten jeweils ein Molekül *einzelsträngige, nichtcirculäre RNS.*

2.2. Vermehrung von Viren

Besonders eingehend wurden die Prozesse der Infektion und der Vermehrung bei den Bakteriophagen studiert, die auch hier als Beispiele dienen sollen. Wir werden uns dabei zunächst der Vermehrungsweise der DNS-haltigen, geradzahligen *T-Phagen* widmen und danach die Vermehrung des RNS-haltigen *Qβ-Phagen* besprechen.

2.2.1. Vermehrung der geradzahligen T-Phagen

Der Aufbau eines *T_2-Phagen* von *E. coli* ist in Abbildung 33 schematisch wiedergegeben. Die doppelsträngige DNS ist aus etwa 160000 Nucleotidpaaren aufgebaut, hat einen Durchmesser von

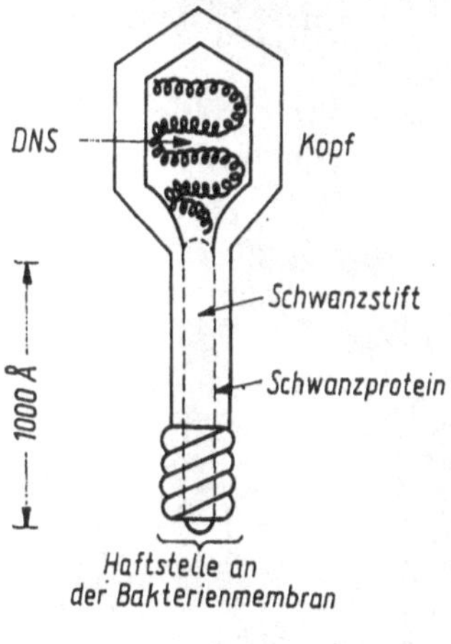

Abb. 33. Struktur des T_2-Phagen von *Escherichia coli*; schematische Struktur

2,4 nm und die bemerkenswerte Länge von 50000 nm. Das Molekulargewicht der doppelsträngigen DNS eines T_2-Phagen beträgt etwa 130 Millionen (Abb. 34).

Die *Nucleinsäure* ist in der aus Eiweiß bestehenden *Kopfhülle* spiralig, und wahrscheinlich unter einer federartigen Spannung stehend, untergebracht. Das Virus besitzt außerdem ein Schwanzstück, das distal 4—6 Fasern trägt. Diese dienen zur Anheftung des Virus an die Zellwand der Bakterienzelle. Die Schwanzscheide kontrahiert sich dabei und die innere Schwanzröhre durchstößt die weichen Schichten der Zellwand auf mechanische Weise. Die Penetration der inneren, härteren Schichten der Zellwand erfolgt mit Hilfe des phageneigenen *Lysozyms*.

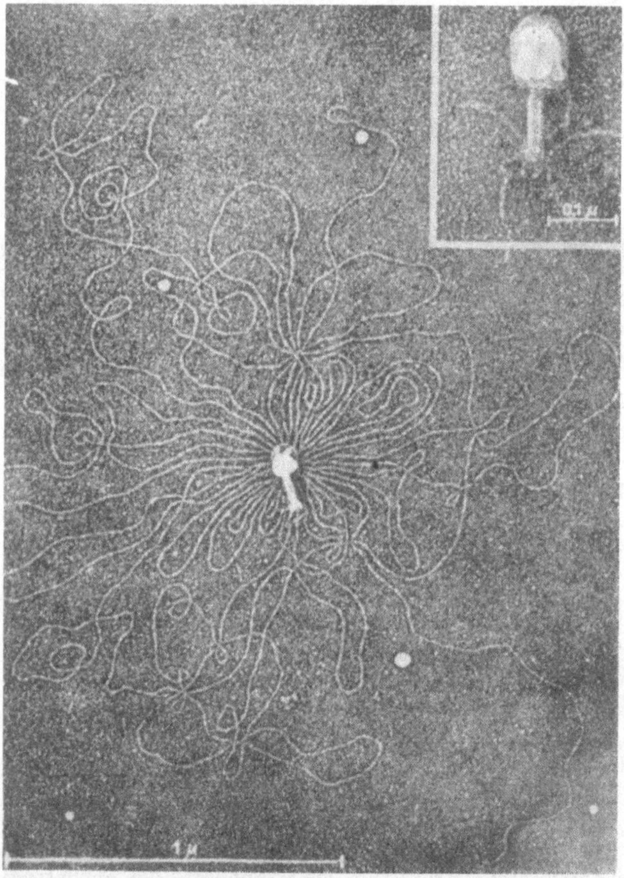

Abb. 34. Entknäuelte DNS nach osmotischem Schock (rechts oben T_2 mit Haftfasern); KLEINSCHMIDT, LANG, JACHERTS, ZAHN; Biochimica et Biophysica Acta **61** (1962) 857—864

Die DNS wird danach durch die enge Schwanzröhre hindurchgedrückt und zusammen mit einigen an sie gebundenen Proteinmolekülen („interne Proteine" des Phagen) in die Bakterienzelle injiziert, während die Eiweißhülle des Virus außerhalb der Zelle verbleibt. Zwischen der Anheftung des Phagen und dem Übertritt der DNS in die Bakterienzelle vergeht nur etwa eine Minute. Der Gesamtvorgang von der Infektion bis zur Zerstörung der Wirtszelle und der Freisetzung von etwa 200 neuen Phagenteilchen dauert etwa 30 Minuten.

Innerhalb des Bakteriums wird die Virus-DNS repliziert und dient als Matrize für die Synthese einer ihr entsprechenden RNS, die die Funktion einer Messenger-RNS erfüllt. Die m-RNS legt sich auf die Oberfläche der bakteriellen Ribosomen und fungiert hier als Matrize für die Synthese von Bakteriophageneiweiß. In den ersten acht Minuten werden viele phagenspezifische Enzyme synthetisiert, die für die Synthese von Phagen-DNS erforderlich sind, einschließlich einer phagenspezifischen DNS-Polymerase und einer Ligase sowie Enzyme für die Bildung von Desoxynucleosidtriphosphaten, für die Glucosylierung der DNS usw.

Nach der Infektion der Bakterienzelle wird die Transcription ihrer eigenen DNS abgeschaltet, so daß nur noch Phagen-DNS transcribiert wird. Die Ursache liegt darin, daß die DNS-abhängige RNS-Polymerase der Bakterienzelle enzymatisch so modifiziert wird, daß sie ihre Matrizenspezifität verändert und dadurch nicht mehr die Bakterien-DNS, sondern nur noch die Phagen-DNS transcribieren kann. Die Modifikation besteht darin, daß an die Untereinheiten der RNS-Polymerase ADP-Ribosyl-Reste gebunden werden, die vom NAD stammen. Das diese Reaktion katalysierende Enzym ist phagenspezifisch und ein Bestandteil der internen Proteinmoleküle, die bei der Infektion des Bakteriums zusammen mit der Phagen-DNS in die Zelle gelangen.

Neun Minuten nach der Infektion setzt die Synthese von Hüllproteinen und etwas später die Synthese von Phagenlysozym ein. 15 Minuten nach der Infektion erscheinen die ersten Phagenteilchen, deren Anzahl zunimmt bis die Zelle platzt und die Phagen dadurch freigesetzt werden (über die Selbstaggregation der Phagenbausteine s. DB I).

Die DNS der Bakteriophagen reicht zusammen mit einigen wenigen phagenspezifischen Proteinen aus, innerhalb der Wirtszelle alle die Reaktionen einzuleiten, die zur Synthese kompletter Bakteriophagen führen. Es konnte nachgewiesen werden, daß mindestens 45 Gene die Bildung eines T_4-Phagen kontrollieren.

2.2.2 *Vermehrung von RNS-Phagen*

RNS-Phagen (z. B. der Phage Qβ) sind etwas *größer* als die *Ribosomen* von *E. coli*. Ihre RNS ist einzelsträngig und besteht aus 3500 bis 4500 Nucleotiden. Das RNS-Molekül wird von etwa 180 Molekülen eines *Hüllproteins* umgeben; darüber hinaus besitzt jedes Virusteilchen ein Molekül eines *Reifungsproteins*, das für dessen Bindung an eine Wirtszelle erforderlich ist (A_2). Der Phage Qβ enthält überdies ein weiteres virusspezifisches Protein, das aus bisher unbekannten Gründen notwendig für seine *Infektiosität* ist (A_1).

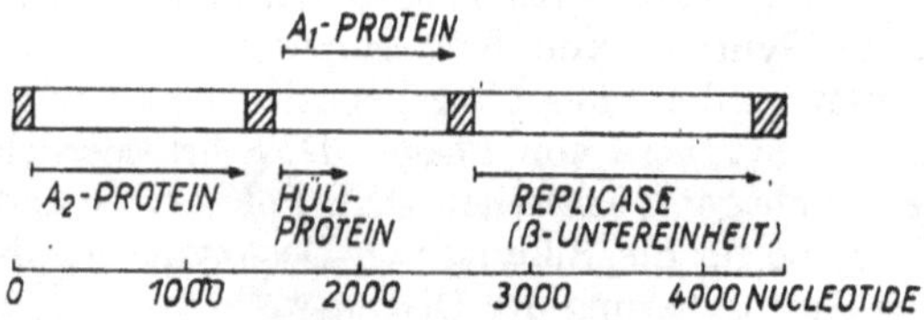

Abb. 35. Genkarte des RNS-Phagen Qβ (nach C. WEISSMANN, Febs-Letters **40**, S. 10 (1974).
Die nicht-translatierten Regionen sind schraffiert gezeichnet

Die *Kartierung* des 4500 Nucleotide umfassenden Qβ-Genoms führte zur Identifizierung von *drei Cistrons*, von denen eines das *Reifungsprotein*, das zweite das *Hüllprotein* und das dritte die *β-Untereinheit* der virusspezifischen RNS-Polymerase („Replicase") codiert (Abb. 35). Von besonderer Bedeutung für das Qβ-Genom ist die Tatsache, daß es aus „übersetzbaren" und „nichtübersetzbaren" Abschnitten besteht. Das „Infektionsprotein" hat eine längere Polypeptidkette als das Hüllprotein und besitzt zum Teil eine mit diesem identische Primärstruktur. Dies wird aus Abbildung 35 deutlich, da das Hüllprotein von einem Teil des Cistrons codiert wird, das auch für das Infektionsprotein verantwortlich ist.

Die Infektion eines Bakteriums geht so vor sich, daß nur die Virus-RNS und das Reifungsprotein in das Innere der Bakterienzelle gelangen; letzteres ist jedoch für die Replikation der Virus-RNS in der Wirtszelle nicht erforderlich.

Nach ihrem Eintritt in die Bakterienzelle fungiert die Phagen-RNS als m-RNS und wird an die Wirtsribosomen gebunden, worauf diese mit der Produktion virusspezifischer Eiweiße beginnen. Unter diesen befindet sich auch die β-Untereinheit der viralen RNS-Polymerase. Gleichzeitig hört die Synthese von wirtsspezifischen Proteinen auf. Nach der Fertigstellung der virusspezifischen RNS-Polymerase katalysiert diese die Synthese von weiterer Phagen-RNS, indem sie das eingedrungene RNS-Molekül als Matrize benutzt. Ein Teil der neugebildeten RNS wird als Messenger-RNS für die Synthese virusspezifischer Proteine benutzt, ein anderer Teil verbindet sich schon mit bereits synthetisierten Hüllproteinmolekülen und mit den zwei anderen Kapsidproteinen, wodurch die ersten Virusnachkommen entstehen. Die Zusammenfügung von Virus-RNS und den Proteinen ist ein spontan ablaufender Vorgang, der keine Enzyme oder andere Faktoren mehr benötigt. 40—60 Minuten nach der Infektion platzt die Zelle und entläßt 10000—40000 neugebildete Virusteilchen.

Die *Virus-RNS-Polymerase* („RNS-Replicase“) hat ein Molekulargewicht von 215000 und besteht aus 4 verschiedenen Untereinheiten (α, β, γ, δ); von diesen wird nur eine, nämlich die β-Untereinheit, durch das Virus-Genom selbst codiert. Die *drei anderen Untereinheiten* (α, γ und δ) werden von der *Wirtszelle* beigesteuert. In der *nichtinfizierten Zelle* üben sie *andere biologische Funktionen* aus, indem sie als notwendige Faktoren in der biochemischen Maschinerie der *Eiweißsynthese* am ribosomalen Apparat mitwirken. Sie werden also nach erfolgter Infektion der Zelle in ihrer Funktion „umprofiliert“.

Von besonderer Bedeutung bei dieser virusspezifischen Polymerase ist ihre ausgeprägte Matrizenspezifität, die darin zum Ausdruck kommt, daß sie nur die RNS des Qβ-Phagen oder deren Kopie (Minus-Strang) als Matrize „anerkennt“, nicht aber die RNS eines anderen Virus.

2.3. Temperente Phagen und Lysogenie; Transduktion

Die in den vorhergehenden Kapiteln besprochenen Phagen haben die Eigenschaft, sich in den Wirtszellen sofort zu vermehren, also unmittelbar nach ihrem Eindringen in die Zelle in die vegetative Phase überzugehen und eine Lysis der Zellen auszulösen. Neben diesen *virulenten Phagen* gibt es eine weitere, biologisch bedeutungsvolle Phagengruppe, die man als *gemäßigte* oder *temperente Phagen* bezeichnet.

Diese spielen in ihren Wirtszellen über Generationen hinweg eine unsichtbare Rolle, indem sie gemeinsam mit dem Genom der

Wirtszelle vermehrt werden und phänotypisch nicht in Erscheinung treten. Sie werden als *Prophagen* bezeichnet.

Wirtszellen, die temperente Phagen enthalten, bezeichnet man als lysogene Zellen; die gesamte Erscheinung nennt man *Lysogenie*. Gelegentlich, z. B. durch UV-Bestrahlung oder aus anderen Ursachen, können jedoch die temperenten Phagen aktiv und aggressiv werden, indem sie beginnen, sich zu vermehren. Dann unterscheiden sie sich nicht mehr von den virulenten Phagen, sie schalten die normalen Funktionen der Wirtszelle aus und verursachen ihre Zerstörung.

Die *Lysogenie* wird hauptsächlich auf zwei Ursachen zurückgeführt: a) die typischen Virusfunktionen, die sich an die Infektion anschließen (Replikation, Transcription und Translation) werden unterdrückt (reprimiert) und b) das Phagengenom wird in das Genom der Wirtszelle integriert, d. h. regelrecht durch Phosphodiesterbindungen in das ringförmige Bakterienchromosom eingebaut.

Das Genom temperenter Phagen enthält *Repressionsgene*, die *Repressorproteine* codieren, welche ihrerseits für die Unterdrückung der Virusvermehrung verantwortlich sind. Wie für den Phagen λ nachgewiesen wurde, verbinden sich die Repressorproteine mit der λ-DNS und verhindern so deren Replikation und Transcription (vgl. damit die Wirkung des Lac-Repressors auf S. 176 f.).

Die sog. *Transduktion* von genetischem Material hängt eng mit der Erscheinung der *Lysogenie* zusammen. Es wurde beobachtet, daß unter bestimmten Umständen in Mischkulturen verschiedener *Mangelmutanten* von Bakterien wieder *Wildtypzellen* entstehen können. Dies wurde z. B. bei Mischkulturen von Histidin- und Tryptophanmangelmutanten von *Salmonellen* nachgewiesen. Die entstandenen Wildtypzellen waren in der Lage, sowohl Histidin als auch Tryptophan zu synthetisieren.

Die Erklärung für dieses Phänomen kann nur darin liegen, daß dabei ein Austausch von genetischem Material zwischen beiden Mutanten eintritt. Man fand, daß dieser Austausch durch *temperente Bakteriophagen* erfolgte. Diese besitzen die Fähigkeit, sich überall in das Wirtsgenom zu integrieren. Ihre Herauslösung aus dem Genom zu Beginn ihrer Vermehrungsphase erfolgt häufig fehlerhaft, wodurch sie mehr oder weniger viel vom Wirtsgenom mitnehmen und dieses dann auf die nächste von ihnen infizierte Zelle übertragen können. Bis zu einem Drittel des Phagengenoms kann dabei vom Wirtsgenom stammen.

Da die Phagen-DNS im allgemeinen eine konstante Größe be-

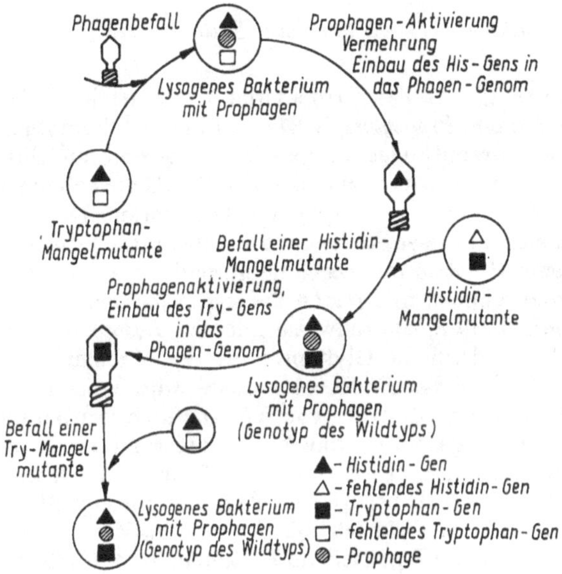

Abb. 36. Transduktion von Bakterien durch Bakteriophagen

sitzt, muß demzufolge eine entsprechende Menge Phagen-DNS fehlen, die im Genom des vorhergehenden Bakterienwirtes zurückgeblieben ist. Dies kann dazu führen, daß solche Phagen ihre Infektiosität, auch im lysogenen Sinne, völlig verlieren.

Durch den eben skizzierten Mechanismus kann es zu einer *phagenvermittelten Übertragung* von genetischem Material zwischen diese beiden Mutanten kommen, wobei Wildzellen entstehen (Abb. 36). Da nur jeweils die Bakteriophagen-DNS in die Wirtszelle eindringt, muß die DNS der Träger der Informationen für die Histidin- und die Tryptophan-Synthese sein.

Diese Darlegungen führen zu Schlußfolgerungen, die von *prinzipieller Bedeutung* für die Biologie sind. Sie betreffen den *Austausch* von *Genomteilen* zwischen verschiedenen Zellen. Dies kann durch eine Reihe von Mechanismen erfolgen: *bakterielle Konjugation* sowie *Transformation* und *Transduktion*; sie betreffen nicht nur das bakterielle Chromosom, sondern auch nichtchromosomale Gene, wie Episomen und Plasmide. Die lysogenen und transduzierenden Phagen sind vor allem deshalb interessant, da durch sie praktisch jedes Gen des Bakterienchromosoms übertragen werden kann.

2.4. *Die Aufnahme eines Virus in eine Zelle*

Hüllentragende Viren, z. B. das Grippevirus, treten in ihre Wirtzelle mittels *Endozytose* (*Pinozytose*, S. 31f.) ein. Die Glykoproteine der Virushülle werden entweder an spezifische Receptoren, ihrer Natur nach ebenfalls Glykoproteine, der Zelloberfläche gebunden oder es erfolgt eine weniger spezifische Virusadsorption. Die Zellmembran stülpt sich an dieser Stelle ein, umschließt das Virus und fusioniert zu einem *Pinozytosebläschen*. Mehrere dieser Pinozytosebläschen fließen zusammen und bilden die sog. *Endosomen*. Diese sind *prälysosomale Vesikel*, die teilweise mit den *Lysosomen* verschmelzen, in denen dann die Glykoproteine der Virushülle abgebaut werden. Bereits das Endosomeninnere wird zunehmend saurer und erreicht einen pH-Wert von 5.5. Dadurch werden die *Virus-Receptorkomplexe* gespalten und die Fusionierung der Virusmembran mit der Membran des Endozytosebläschens ermöglicht. Dadurch wird die Virusnucleinsäure freigelegt, die der eigentliche infektiöse Bestandteil des Virus ist. Die Ansäuerung dieser Bläschen erfolgt durch eine ATP-getriebene Protonenpumpe (S. 25ff.).

Die Virusnucleinsäure verläßt die *Endosomen* bzw. die *Lysosomen*, gelangt in das Zytoplasma und von dort in den *Zellkern*, wo ihre Replikation und Transkription vor sich geht. Infolge der erst intrazellulär erfolgenden Fusion der Virushülle mit Teilen der Zellmembran entgehen die virusinfizierten Zellen ihrer Erkennung durch das Immunsystem des Organismus. Sie würden entdeckt werden, wenn die viralen Oberflächenglykoproteine unmittelbar mit der Zellmembran fusionieren würden. Dies ist aber nicht der Fall.

2.5. *Das Grippevirus*

Als Beispiel eines für den Menschen pathogenen Virus sei das Grippe- oder Influenzavirus besprochen. Es ist ein komplex aufgebautes RNS-haltiges Virion von 6—9 nm Durchmesser, welches das ursächliche Agens für die Entstehung der epidemischen und pandemischen (in den Jahren 1918, 1957, 1968) Grippe (Influenza) ist (Abb. 37). Das Virion enthält zwei Oberflächenantigene von Glykoproteinnatur, das *Hämagglutinin* und die *Neuraminidase*. Diese weisen eine hohe Variabilität in ihrer Antigennatur auf. Diese Variabilität ist entweder das Ergebnis von Mutation und Selektion unter

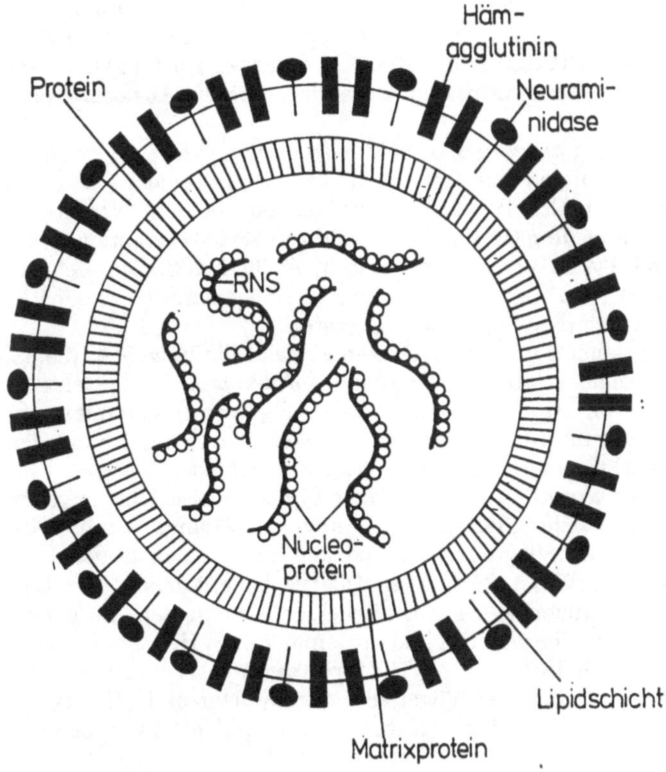

Abb. 37. Schematische Darstellung des Influenzavirus.
Das Virus enthält 8 einzelsträngige RNS-Moleküle unterschiedlicher Länge, die mit Eiweißen vergesellschaftet sind und Ribonukleinprotein bilden. Umhüllt wird das Ribonuklein durch 2500 Moleküle des hydrophoben Matrixproteins, das von einer Lipiddoppelschicht umgeben ist. In die Lipiddoppelschicht sind die beiden wichtigsten Oberflächenantigene eingelagert, nämlich das Hämagglutinin und die Neuraminidase (nach FENNER, F., B. R., MIMS, C. A., SAMBROCK, J., and WHITE, D. O.: The Biology of Animal Viruses, Acad. Press. New York und London 1974)

immunologischem Druck (*Antigendrift*) oder das Ergebnis des Austausches eines der beiden Gene, die das Hämagglutinin und die Neuraminidase codieren mit einem anderen Virusstamm, möglicherweise mit einem tierischen Grippevirusstamm (*Antigenshift*). Die Antigendrift ist für die Entstehung neuer Epidemien verantwortlich, ein Antigenshift möglicherweise für die Auslösung einer Pandemie.

Das *Grippevirusgenom* besteht aus *acht einzelsträngigen RNS-Molekülen.* Diese sind im reifen Virion mit einem basischen, argininreichen Eiweiß vergesellschaftet und bilden Nucleoproteinmoleküle aus. Je nach der Struktur dieses Eiweißes unterscheidet man drei Typen von Influenzaviren, A, B und C. Die Mehrheit der bisherigen Grippeepidemien und die drei genannten Pandemien wurden durch den Typ A hervorgerufen.

Das Ribonucleoprotein wird von einer Hülle umgeben, die aus 2500 Molekülen eines *hydrophoben Matrixproteins* besteht. In diese ist ein RNS-abhängiger RNS-Polymerase-Komplex eingelagert, der für die Bildung von komplementärer m-RNS mit dem Virus-RNS-Genom als Matrize verantwortlich ist.

Das Matrixprotein wird von einer Lipiddoppelschicht umgeben, in die spikeartig Glykoproteine eingelagert sind, nämlich das *Hämagglutinin* (80% aller vorhandenen Oberflächenantigene) und die *Neuraminidase* (20% aller Oberflächenantigene). Die Subtypen des Influenzavirus unterscheiden sich in der Antigenität dieser beiden Oberflächenglykoproteine. Ein WHO-Memorandum besagt, daß die Influenza A-Virustypen des Menschen, des Pferdes, des Schweines und der Vögel sich gegenwärtig in 13 H- (H von Hämagglutinin) und 9 N- (N von Neuraminidase) Subtypen aufgliedern lassen.

Die acht verschiedenen einkettigen RNS-Gene sind in äquimolaren Mengen vorhanden. Sechs von ihnen codieren je eine Polypeptidkette, zwei (die kleinsten RNS-Moleküle) codieren je zwei Polypeptide. Infolge des *segmentierten Genoms* können zwischen den Influenzaviren in hohem Maße *genetische Rekombinationsvorgänge* vor sich gehen, die für die Auslösung von *Epidemien* und *Pandemien* von großer Bedeutung sind. Die RNS-Moleküle mit höchster *Variabilität* (Deletionen und Insertionen) sind diejenigen, die die beiden *Oberflächenglykoproteine,* d. h. die Hauptantigene des Virions, codieren.

Infolge der großen Veränderlichkeit dieser Oberflächenantigene des Virus sind Spezifität und Wirkungsdauer der Vakzine gegen die Influenza limitiert im Vergleich zu den überzeugenden Wirkungen der Schutzimpfungen gegen Poliomyelitis oder Pocken. Aus diesem Grund hat die WHO in über 50 Ländern Beobachtungsstationen (Influenza Surveillance Centers) eingerichtet, die die Aufgabe haben, Ansätze von Pandemien schon in ihrer Entstehung zu erkennen, die Welt zu warnen und das Virus den Impfstoffproduzenten rechtzeitig zur Verfügung zu stellen.

Nach der Infektion einer Wirtszelle tritt das Influenzavirus in deren *Zellkern* über und repliziert sich dort. Dies hat eine Anhäufung von Virus-RNS im Zellkern einer infizierten Zelle zur Folge. Im Zellkern erfolgt auch die Transcription und die Bildung virusspezifischer m-RNS-Moleküle, die virusspezifische Proteine codieren. Letztere werden am ribosomalen Proteinsyntheseapparat der Wirtszelle gebildet. Die durch Replication, Transcription und Translation hergestellten virusspezifischen RNS- und Proteinmoleküle lagern sich auf gesetzmäßige Weise zusammen und bilden neue, infektiöse Virusteilchen, die aus der infizierten Zelle austreten und neue Zellen befallen können.

2.6. Interferon

Man versteht unter *Interferon* eine Gruppe von Proteinen, die in virusinfizierten Zellen gebildet werden und antivirale Aktivitäten besitzen, d. h. die Vermehrung neu hinzukommender Viren hemmen. Bei tierischen Viren ist die Bildung von Interferon Ursache der Virusinterferenz, d. h. der gegenseitigen Hemmung von zwei oder mehreren verschiedenen Viren. Die *Interferonwirkung* ist *virusunspezifisch*. Man findet Interferon nicht nur intrazellulär, sondern auch im Blut und der Lymphe des betreffenden Organismus; es kann von Zelle zu Zelle übertragen werden.

Die *Primärstruktur* des Interferonmoleküls wird von der DNS der *Wirtszelle codiert*, woraus sich seine *Artspezifität* und seine *Virusunspezifität* ergeben. Seine Synthese in den infizierten Zellen kann sowohl von der Virus-DNS (z. B. der DNS des Pockenvirus) als auch von der doppelsträngigen replikativen Form viraler RNS ausgelöst werden. Von besonderer Bedeutung ist, daß auch synthetische doppelsträngige Polynucleotide vom Ribonucleinsäuretyp als Induktoren von Interferon wirken können, z. B. Polycytidylsäure-Polyinosinsäure.

Stets wird zunächst ein höhermolekulares Vorläuferprotein des Interferons gebildet, das danach durch Spaltung in das eigentliche Interferonmolekül übergeht.

Interferon entfaltet seine hemmende Wirkung auf die Virusvermehrung auf der Stufe der Translation der Virus-RNS am ribosomalen Proteinsyntheseapparat. Seine Matrizenspezifität gegenüber der viralen RNS ist dabei sehr ausgeprägt, da die Proteinsynthese an der Messenger-RNS der Wirtszelle trotz Anwesenheit von Interferon ungehindert vor sich gehen kann.

Durch die Wirkungsweise des Interferons wird verständlich, daß Interferon sowohl die Vermehrung von DNS- als auch die von RNS-Viren hemmt. Bei der Vermehrung beider Typen von Viren muß der Translationsschritt gleichermaßen durchlaufen werden.

Interferon hemmt nicht nur die *Virusvermehrung*, sondern auch die *Zellteilung* und die *Antikörperbildung*.

Die Interferone werden in drei serologisch unterschiedliche Klassen unterteilt, nämlich in die α-(Leukozyten-), β-(Fibroblasten-) und γ-(Immun-) Interferone. Ihre Molekulargewichte betragen etwa 20000. Antiserum, das gegen eine der drei Klassen hergestellt wurde, reagiert nicht mit den beiden anderen Interferonklassen. Diese Interferontypen werden durch verschiedene Genklassen, die α-, β- und γ-Interferongene codiert.

Die drei Interferonklassen unterscheiden sich in ihren antiviralen und zellteilungshemmenden Wirkungen. α-Interferon weist hohe antivirale und proliferationshemmende Aktivitäten auf, so daß gegenwärtig seine therapeutische Einsatzmöglichkeit in breiterem Maße untersucht wird. Auch das γ-Interferon ist antiviral hochwirksam und soll gegenüber dem α-Interferon eine 10—100fach höhere Antitumoraktivität besitzen. Auch γ-Interferon befindet sich in klinischer Erprobung. Bis vor wenigen Jahren wurde die Anwendung von Interferon in der Therapie begrenzt durch die Bereitstellung angereicherter Präparate, die aus Leukozyten oder Fibroblasten des Menschen mühsam gewonnen wurden. Neuerdings wurden die Interferongene des Menschen in Bakterien mit Hilfe der Gentechnik kloniert, wodurch sie in reiner Form und in größeren Mengen industriemäßig hergestellt werden können.

2.7. *Biochemie der Tumorviren*

Onkogene Viren, d. h. krebserzeugende Viren, findet man sowohl unter den DNS- als auch unter den RNS-Viren. Beiden gemeinsam ist die Tatsache, daß sie eine *maligne Transformation* der durch sie befallenen Zellen bewirken können, indem ihr Genom oder Teile davon in das Genom dieser Zellen integriert werden (vgl. mit

Kap. 6). Dieser Einbau erfolgt ähnlich wie die Integration temperenter Phagen in das Genom von Bakterienzellen.

Eine solche Integration ist bei den onkogenen DNS-Viren unschwer vorstellbar, sie erfordert aber bei den onkogenen RNS-Viren einen besonderen Mechanismus, der der Integration vorausgehen muß.

Dieser liegt in der Notwendigkeit einer *umgekehrten Transcription*, durch die die DNS an einer RNS-Matrize synthetisiert werden muß. Ein solches Enzym, die *RNS-abhängige DNS-Polymerase* oder *Revertase* wurde tatsächlich entdeckt. Die Auffindung dieses Enzyms hatte eine bahnbrechende Wirkung auf unsere Kenntnisse über die Vermehrungsweise der tumorauslösenden RNS-Viren und über die Möglichkeit einer Informationsübertragung von der RNS auf die DNS (S. 71 f.). Der so gebildete DNS-Einzelstrang liefert die Vorlage für die Synthese eines komplementären DNS-Stranges. Der DNS-Doppelstrang wird danach in das Genom eingebaut.

Durch die Integration des Virus-Genoms in das Genom der Wirtszelle verliert das Virus seine Identität, so daß die biochemische Erforschung der Prozesse, die zu einer Malignisierung der infizierten Zellen führen, außerordentlich schwierig ist. *Onkogene RNS-Viren* („Retroviren“: reverse transcriptase containing viruses oder „Oncorna“-Viren) sind beim Menschen wahrscheinlich für die Entstehung von *Leukämie, Mammacarcinom, Lymphom* und *Sarcom* von großer Bedeutung.

Die Empfindlichkeit von Tieren gegenüber onkogenen DNS-Viren, z. B. gegenüber dem Papilloma-Virus, hängt sehr stark von der Entwicklung ihres Immunsystems ab. Möglicherweise spielen Antikörper eine wesentliche Rolle bei der Verhinderung einer virusbedingten malignen Entartung einer Körperzelle zu einer Tumorzelle. Neugeborene Tiere, die noch über kein vollentwickeltes Immunsystem verfügen, eignen sich deshalb gut zum experimentellen Studium der Wirkungsweise onkogener Viren.

Die RNS onkogener Virusteilchen vermag mit der DNS normaler Zellen zu hybridisieren (s. Kapitel 6). Dies deutet darauf hin, daß die RNS-Genome solcher Viren Nucleotidsequenzen haben, die bestimmten DNS-Abschnitten normaler Zellen ähnlich sind. Man hat daraus den Schluß gezogen, daß die RNS-Tumorviren aus normalen Zellen entstanden sein könnten, indem bestimmte Transcriptionsprodukte der DNS dieser Zellen nicht die normale Funktion einer m-RNS oder anderer RNS-Typen übernommen haben, sondern „fehlgeleitet“ wurden und als RNS-Eiweiß-Partikel die Zelle früher einmal verlassen haben.

2.8. *Viroide und Prions*

Im letzten Jahrzehnt wurden virusähnliche (subvirale) Teilchen entdeckt, die auch krankheitsauslösend wirken können, aber noch viel kleiner und weniger kompliziert aufgebaut sind als die eigentlichen Viren. Die eine Gruppe von ihnen bezeichnet man als *Viroide*, die andere als *Prions*.

Viroide stellen kleine, nackte, d. h. nicht von Protein umhüllte RNS-Moleküle dar, die bei höheren Pflanzen zahlreiche Erkrankungen auslösen können, nämlich bei Kartoffeln die Spindelknollensucht, bei Citrus die Exocortis, bei Gurken die Gelbfrüchtigkeit und beim Hopfen die Stauche. Das infektiöse Agens des Viroids der Spindelknollensucht der Kartoffeln hat ein Molekulargewicht von nur 130000; es wird durch ein *einzelsträngiges RNS-Molekül* repräsentiert, dessen Kette offenbar zu einem Ring kovalent geschlossen ist. Ein Vergleich der RNS-Moleküle verschiedener Viroide zeigt, daß sie sich in ihren Molekulargewichten nicht wesentlich unterscheiden, sie liegen zwischen etwa 90000 und 130000; auch weisen sie untereinander *Sequenzhomologien*, besonders in der zentralen Region ihrer Polynucleotidketten, auf. In der befallenen Wirtszelle erfolgt die Replikation der Viroid-RNS durch zelluläre Enzyme, offenbar durch eine wirtseigene RNS-abhängige RNS-Polymerase. Ein DNS-Stadium wird dabei nicht durchlaufen. Die Viroid-RNS codiert kein Protein, also auch kein Enzym, d. h. sie hat keine m-RNS-Funktion. Das durch die RNS-Polymerase an der Viroid-RNS-gebildete komplementäre RNS-Molekül dient als Matrize bei der Bildung der Virusnachkommenschaft. Eine ebenfalls wirtseigene RNS-Ligase verknüpft die beiden Kettenenden miteinander und bildet so das circuläre Molekül.

Die Viroide sind vornehmlich im Zellkern der befallenen Zelle lokalisiert. Die von ihnen ausgelösten Krankheitssymptome, vornehmlich Wachstums- und Entwicklungsstörungen, sind möglicherweise auf durch sie verursachte Störungen der Genregulation der Wirtszelle zurückzuführen.

Die entwicklungsgeschichtliche Herkunft der Viroide ist völlig unklar. Es gibt zahlreiche Gründe dafür, anzunehmen, daß sie nicht durch Rückbildung echter Viren entstanden sind. Vermutungen wurden geäußert, daß sie aus den Transcriptionsprodukten der in die codierenden Gene eingelagerten Introns hervorgegangen sein könnten (S. 78ff.), die wie die Viroide keine codierenden Nucleotidsequenzen tragen und durch Spleißung aus dem primären Transcriptionsprodukt herausgespalten werden.

Als *Prion* wird ein infektiöses Agens bezeichnet, dessen Molekulargewicht noch kleiner als das eines Viroides ist. Für seine Infektiosität ist ein *Proteinmolekül* unentbehrlich. Es wurde erkannt, daß eine bei Ziegen und Schafen vorkommende degenerative Erkrankung des Zentralnervensystems, die *Scrapie*, die zu einem schwammartigen Aussehen des Nervensystems führt, durch ein infektiöses Agens dieser Art ausgelöst wird. Scrapie ist zwei Erkrankungen des Menschen ähnlich, dem *Kuru* und der CREUZFELDT-JAKOB-*Pseudosklerose*. Letztere ist eine übertragbare Form der *Enzephelopathie* des Menschen, die auch Schimpansen, Rhesusaffen, Katzen und Meerschweinchen befallen kann. *Kuru* ist sehr selten, sie tritt resp. trat praktisch ausschließlich bei einem Stamm der Ureinwohner Neu-Guineas auf und äußert sich in einer rasch zunehmenden Geistesstörung und Vergreisung. Dieser Stamm war wegen seines Kannibalismus bekannt. Die Stammangehörigen verzehrten aus ritualen Gründen Fleisch und Gehirn ihrer Vorfahren und Verwandten. Offenbar wurde dadurch der Erreger von Kuru verbreitet. Nach dem Verbot des Kannibalismus vor etwa 20 Jahren nahm Kuru schlagartig ab.

Der *Scrapieerreger* hat ein Molekulargewicht von 50000 oder weniger, er ist sehr beständig und löst im befallenen Organismus keine Immunantwort aus. Das scrapieerregende Agens enthält ein *hydrophobes Protein*, das für dessen Infektiosität unentbehrlich ist. Ob hierfür auch Nucleinsäure notwendig ist, steht noch nicht mit Sicherheit fest, da die Reinigung dieser Partikel sehr schwierig ist. Ein Prion ist demzufolge nach unserer derzeitigen Erkenntnis ein eiweißartiges, infektiöses, subvirales Partikel.

3. Biosynthese der Proteine

Die *Eiweiße* befinden sich in einem *dynamischen Zustand*, d. h. sie sind einer *ständigen Erneuerung* durch Auf- und Abbau unterworfen. Ihre Erneuerungsgeschwindigkeit ist in den einzelnen Organen und Organismen unterschiedlich. Sie kann beträchtliche Werte erreichen. Eine perfundierte Leber vermag z. B. 12 mg Plasmaalbumin pro Minute pro kg Lebergewicht zu synthetisieren. Insgesamt baut eine menschliche Leber etwa 30 g Eiweiß (Lebereiweiß, Plasmaproteine) pro Tag auf.

Das Problem der *biologischen Eiweißsynthese* ist von grundlegender Bedeutung, da es sich doch hierbei um die *Synthese hochspezifisch aufgebauter Makromoleküle* handelt, deren Bausteinsequenz genau determiniert ist.

Schon längere Zeit weiß man, daß die *RNS* eine *wichtige Rolle* bei der Synthese von Eiweißen spielt. Diese ist besonders reichlich in wachsenden und sich teilenden Zellen (z. B. in der regenerierenden Leber, in Eizellen, in Wurzelspitzen von Pflanzen usw.) enthalten. Der RNS-Gehalt der Spinndrüsen von Seidenspinnerraupen, die das Eiweiß Seidenfibroin in großen Mengen synthetisieren, ist ebenfalls extrem hoch.

Aus der Tatsache, daß in zellfreien Systemen die Proteinsynthese unterbunden werden kann, wenn die anwesende RNS durch Zugabe von RNase gespalten wird, konnte man eine *direkte Beteiligung* von *RNS* an der *Proteinbiosynthese* ableiten.

Als richtungsweisend erwies sich die Verwendung von markierten Aminosäuren und die Verfolgung ihres Einbaues in neusynthetisierte Proteine. Dabei wurde gefunden, daß die *Ribosomen,* die die RNS-reichsten Orte der Zellen sind, markierte Aminosäuren rasch aufnehmen und diese durch Peptidbindungen untereinander verbinden können.

Es wurden in vitro-Systeme zum Studium der Eiweißsynthese entwickelt, die aus Ribosomen und cytoplasmatischer Flüssigkeit bestehen; dabei fand man heraus, daß zur Erreichung einer möglichst hohen Proteinsynthesegeschwindigkeit die Anwesenheit verschiedener RNS-Fraktionen der Zelle notwendig ist.

Alle diese Befunde wiesen auf enge Beziehungen zwischen RNS und der Biosynthese von Proteinen hin.

Innerhalb einer relativ kurzen Zeit erhielt man tiefe Einblicke in das komplizierte Enzymsystem der Proteinsynthese und konnte ihre Reaktionsmechanismen in Prokaryonten und Eukaryonten grundsätzlich aufklären.

Zu dem System der Proteinbiosynthese gehören die folgenden Komponenten:

A: Bestandteile des Zytosols:

1. aminosäureaktivierende Enzyme oder Aminoacyl-t-RNS-Synthetasen;
2. Transfer-RNS (t-RNS);
3. lösliche Proteine mit bestimmten Funktionen bei der Proteinsynthese.

B: Ribosomen:

Benötigt werden die aus Proteinen und ribosomaler RNS aufgebauten 30 S- und 50 S-Untereinheiten der Ribosomen aus Prokaryonten bzw. die 40 S- und 60 S-Untereinheiten der Ribosomen aus Eukaryonten.

C: Messenger-RNS (m-RNS);

D: ATP und GTP als Energiedonatoren.

Aus dieser Zusammenstellung erkennt man, daß am Gesamtprozeß der Eiweißsynthese verschiedene subzelluläre Komponenten und Struktureinheiten beteiligt sind. Die Ribosomen bilden zusammen mit der m-RNS und einigen löslichen Proteinfaktoren den Proteinsyntheseapparat der Zelle, dem die Aufgabe zufällt, die Polypeptidketten zu synthetisieren.

Die *Proteinsynthese* läßt sich in folgende *vier Schritte* unterteilen:

1. Aktivierung der Aminosäuren und ihre Übertragung auf die t-RNS im Zytosol;
2. Überführung der an die t-RNS gebundenen Aminosäuren vom Zytosol auf den ribosomalen Proteinsyntheseapparat;
3. Synthese der Polypeptidkette im Proteinsyntheseapparat;
4. Ablösung der fertigen Polypeptidkette von den Ribosomen und ihre Abgabe an das Zytoplasma.

Die jeweilige m-RNS enthält die vollständige Information für die Synthese der entsprechenden Polypeptidkette.

Man bezeichnet die Übersetzung der „Nucleinsäureschrift“ in die „Proteinschrift“, also die Proteinsynthese an der m-RNS, als Translation. Die *Translation* erfolgt durch das zielgerichtete und aufeinander abgestimmte Zusammenwirken der oben aufgeführten Komponenten.

3.1. Aktivierung der Aminosäuren und Übertragung des Aminoacylrestes auf die t-RNS

Der erste Schrift der Proteinbiosynthese besteht in einer enzymkatalysierten *Aktivierung der Carboxylgruppe der Aminosäuren* durch ATP. Dabei kommt es zu einer Spaltung des ATP zwischen der α- und β-Phosphatgruppe und zur Knüpfung einer Anhydrid-

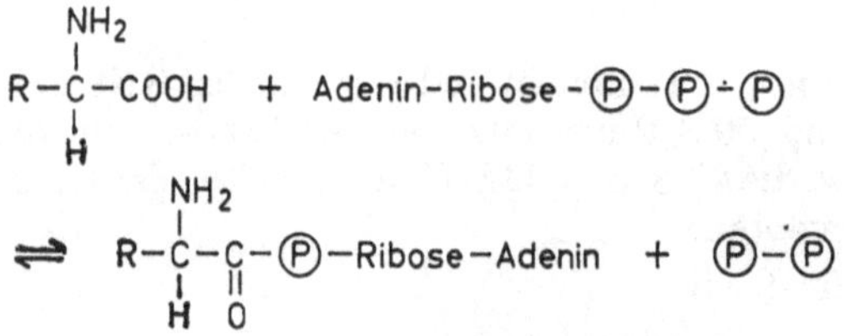

bindung zwischen der Carboxylgruppe der Aminosäure und dem Adenylsäurerest des ATP; gleichzeitig wird Pyrophosphat frei. In dem entstehenden *Aminoacyladenylat* wird die Energie der gespaltenen Pyrophosphatbindung des ATP gespeichert, so daß das entstandene Anhydrid zwischen der Aminosäure und der Adenylsäure ein hohes thermodynamisches Übertragungspotential besitzt (DB II).

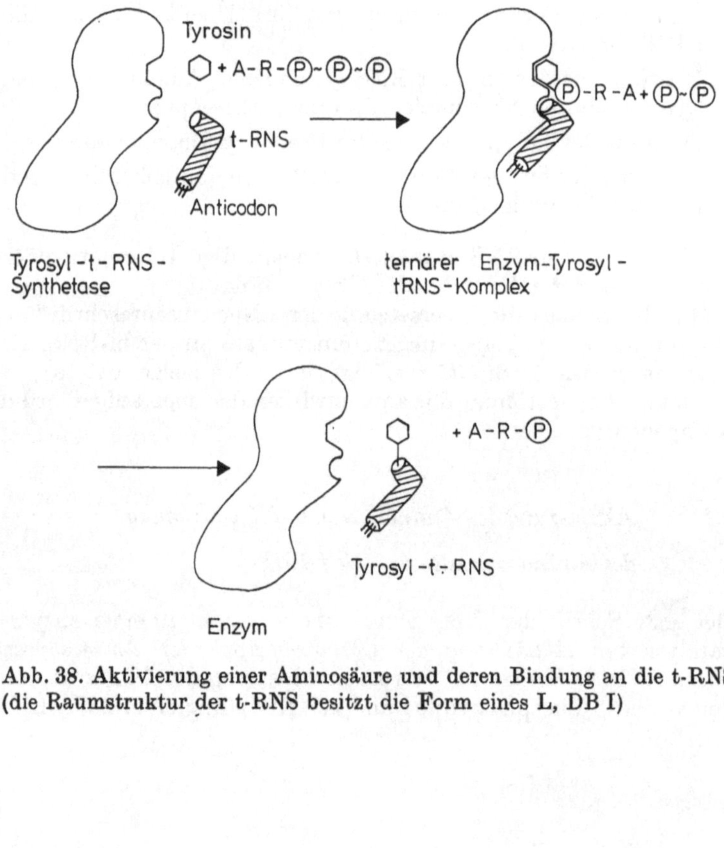

Abb. 38. Aktivierung einer Aminosäure und deren Bindung an die t-RNS (die Raumstruktur der t-RNS besitzt die Form eines L, DB I)

Das *Aminoacyladenylat* tritt nicht in freier Form auf, sondern ist fest an das jeweilige aminosäureaktivierende Enzym gebunden.

Unmittelbar an die Aktivierung der Aminosäure, also an die Bildung des Aminoacyladenylates, schließt sich die *Übertragung* des Aminosäurerestes auf die *t-RNS* an, wodurch eine kovalente Verbindung zwischen der t-RNS und der Aminosäure entsteht:

Aminoacyladenylat + t-RNS → Aminoacyl-t-RNS + Adenylsäure

Der Aminoacylrest wird bei dieser Reaktion auf den Riboserest des endständigen Adenosins in 2'-OH-Position übertragen, wodurch ein Aminosäureester entsteht (Abb. 38 und nachstehendes Schema).

Die beiden eben besprochenen Reaktionen, also die Aktivierung einer Aminosäure durch ATP und die darauffolgende Verknüpfung des Aminoacylrestes mit t-RNS, werden jeweils durch ein und dasselbe Enzym katalysiert. Man bezeichnet diesen Typ von

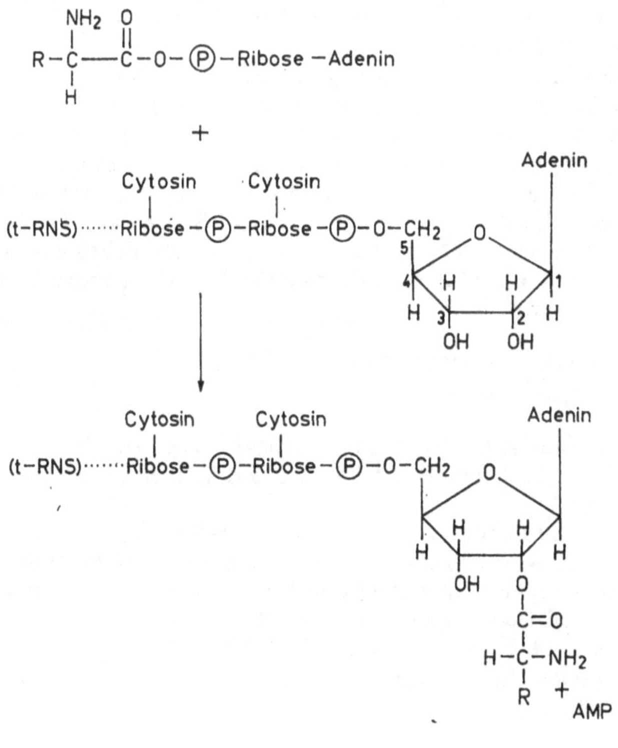

Enzymen als *Aminoacyl-t-RNS-Synthetasen* (im folgenden kurz als „Synthetasen" bezeichnet).

Diese Enzyme besitzen eine ausgeprägte Spezifität für die durch sie jeweils aktivierten Aminosäuren; für jede Aminosäure existiert nur eine spezifisch auf sie eingestellte Synthetase.

Die *Nomenklatur* dieser Enzyme richtet sich nach der jeweiligen Aminosäure, die durch das betreffende Enzym aktiviert wird, z. B. *Alanyl-t-RNS-Synthetase, Methionyl-t-RNS-Synthetase, Tryptophanyl-t-RNS-Synthetase* usw. Alle diese Enzyme gehören zur Klasse 6 der Internationalen Enzymklassifikation, den *Ligasen* (DB II).

Das Problem der *Spezifität* der Aminoacyl-t-RNS- Synthetasen verdient eine besondere Erörterung. Obwohl für jede zu aktivierende Aminosäure jeweils nur eine Synthetase vorhanden ist, ist deren Spezifität hinsichtlich der Bildung des Aminoacyladenylates im allgemeinen nicht sehr hoch.

Die Isoleucyl-t-RNS-Synthetase aktiviert z. B. nicht nur Isoleucin, sondern auch Valin und bildet Valyladenylat, vermag aber nicht Valyl-t-RNS aufzubauen.

Dies weist darauf hin, daß der *zweite Schritt* der *Gesamtreaktion* eine wesentlich *höhere Spezifität* aufweist als der erste. Die hohe Selektivität des zweiten Schrittes wird durch spezifische Wechselwirkungen zwischen der Synthetase und der t-RNS garantiert.

Bei der *Aktivierung* einer *falschen Aminosäure*, z. B. der Aktivierung von Valin durch die Isoleucyl-t-RNS-Synthetase, kommt es im zweiten Schritt nicht zu der Übertragung des Valins auf die isoleucinspezifische t-RNS, sondern zu einer Hydrolyse unter Freisetzung von Valin, t-RNS und AMP:

$$[\text{Enzym-Val-AMP}] + \text{t-RNS}^{\text{Ile}} \rightarrow \text{t-RNS}^{\text{Ile}} + \text{Val} + \text{Enzym} + \text{AMP}$$

Diese Reaktion ist ein Korrekturschritt, der dann eintritt, wenn die jeweilige t-RNS mit dem fehlbeladenen Enzym in Wechselwirkungen tritt.

Für jede Aminosäure gibt es mehrere t-RNS-Species. Dem Codon-Anticodon-Prinzip entsprechend, kann man für jede Aminosäure soviel verschiedene t-RNS-Species erwarten, wie die Zahl der ihr zugeordneten Codons angibt. Man bezeichnet dies als *Multiplizität der t-RNS*. Die unterschiedlichen t-RNS-Species, die ein und dieselbe Aminosäure übertragen, werden *Isoacceptor-t-RNS* genannt.

Die einzelnen *Isoacceptor-t-RNS-Species* werden jeweils an die eine *Synthetase* gebunden, die für die betreffende Aminosäure spezifisch ist. Eine bestimmte *Synthetase* kann demzufolge *verschiedene t-RNS-Moleküle* binden (jedoch nicht gleichzeitig), sofern diese Isoacceptorfunktionen haben.

Die *Bildung* der *Aminoacyl-t-RNS-Verbindung* unterliegt demzufolge einer *doppelten Kontrolle*. Die Enzyme weisen hinsichtlich der Aminosäureaktivierung keine absolute Spezifität für die betreffende Aminosäure auf, jedoch ist der zweite Schritt, die Aminoacylübertragung, durch eine extrem hohe Selektivität gekennzeichnet. Zur Gewährleistung dieser *Übertragungsspezifität* ist der vollständige *Aminosäureadenylat-t-RNS-Enzym-Komplex* nötig.

Woran erkennt die Synthetase die zu ihr gehörenden Isoacceptor-t-RNS-Species? Zum Verständnis dieser Frage und ihrer Antwort

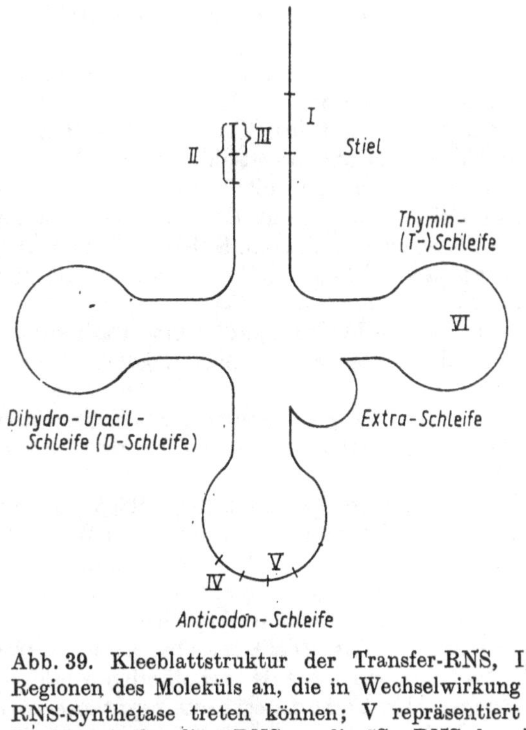

Abb. 39. Kleeblattstruktur der Transfer-RNS, I, II, III, IV geben Regionen des Moleküls an, die in Wechselwirkung mit der Aminoacyl-t-RNS-Synthetase treten können; V repräsentiert das Anticodon; VI: Region mit der die t-RNS an die 5S-r-RNS des ribosomalen Apparates während der Proteinsynthese gebunden wird

sollte man zunächst den entsprechenden Text im Teil I der „Dynamischen Biochemie“ studieren, in dem Ausführungen über die Primär-, Sekundär- und Tertiärstruktur der t-RNS gemacht werden.

Die verschiedenen t-RNS-Species unterscheiden sich in ihrer Primärstruktur, besitzen aber ähnliche Merkmale in ihrer Sekundärstruktur und in ihrer Raumstruktur (L-Form, s. DB I). Ihre *Sekundärstruktur* entspricht der Form eines *Kleeblattes* (Abb. 39). Das dem Stiel gegenüberliegende „Blatt“ wird als *Anticodonschleife* bezeichnet. Sie trägt ein Nucleotidtriplett, nämlich das „Anticodon“, das dem Nucleotidtriplett des „Codons“ auf der m-RNS komplementär ist und sich im Zuge der Proteinsynthese im ribosomalen Apparat mit diesem verbindet. Dadurch wird die t-RNS an eine bestimmte Stelle der m-RNS dirigiert und so die Position der an sie gebundenen Aminosäure in der wachsenden Polypeptidkette festgelegt. Das *Anticodon* dient also zur *Matrizenerkennung.*

Für die Gewährleistung der richtigen *Erkennung* der jeweiligen *t-RNS* durch die *Synthetase* trägt der *Stiel* des Kleeblattes besondere strukturelle Merkmale, die in der auf das CCA-Ende (3′-OH-Ende der t-RNS) folgenden Nucleotidsequenz verankert sind.

Die 4. Base (vom 3′-OH-Ende her gezählt) weist einen gruppenspezifischen Charakter auf. Einen Adenin-Rest an dieser Stelle findet man an den t-RNS-Species für Alanin, Isoleucin, Leucin und Valin, einen Guaninrest an solchen t-RNS-Molekülen, die für Glutaminsäure und Asparaginsäure sowie für deren Amide verantwortlich sind. Die 4. Base besitzt demzufolge eine *Diskriminatorfunktion,* mit deren Hilfe es den Synthetasen möglich ist, eine „Vorauswahl“ zu treffen.

An der *Feinauswahl,* die zur Gewährleistung der erforderlichen hohen Spezifität notwendig ist, sind weitere Nucleotidpositionen im Stiel der t-RNS beteiligt.

Es ist erwiesen, daß auch andere Regionen der t-RNS zur Absicherung der Spezifität der Erkennung und Bindung in Wechselwirkung mit der jeweiligen Synthetase treten. Insgesamt scheint es *drei* solcher *Kontaktregionen* zu geben, die außer im *Stiel,* in der Nähe der *Extraschleife* und in der *Anticodonschleife* liegen (Abb. 39).

Der *Aminoacylrest* wird, wie das Reaktionsschema auf S. 119 zeigt, auf die 2′-OH-Position der Ribose des endständigen Adenosins der t-RNS übertragen. Im Verlauf der Proteinsynthese tritt eine *Transacylierung* von der 2′-Stellung zur 3′-Position ein, die eine Voraussetzung für die weitere Reaktionsfolge ist.

Die *Proteinsynthese* selbst findet im *ribosomalen Apparat* statt. Voraussetzung hierfür ist die Überführung des an die t-RNS gebundenen Aminoacylreste auf die Ribosomen.

Wenn eine Aminosäure an die ihr zugehörige t-RNS-Kette angehängt ist, so wird sie den Eigenschaften des t-RNS-Moleküls gemäß weitergeleitet und an eine bestimmte Stelle in das neu synthetisierte Protein eingebaut. Die Aminosäure selbst bestimmt von dieser Stufe ab ihr weiteres Schicksal nicht mehr, sondern ihr weiterer Weg wird durch die t-RNS entschieden.

3.2. Die Funktionsweise des ribosomalen Proteinsyntheseapparates

Im *ribosomalen Proteinsyntheseapparat* der Zelle erfolgt die Übersetzung (*Translation*) der Information der m-RNS in eine bestimmte Reihenfolge von Aminosäuren, die zum Aufbau einer Polypeptidkette mit definierter Primärstruktur untereinander verknüpft werden.

Hierzu wird die *m-RNS* an die *Ribosomen* gebunden, wodurch die in ihr enthaltene *Information* zur *Translation freigegeben* wird. Die für die Proteinsynthese erforderlichen Aminosäuren werden durch die verschiedenen t-RNS-Species bereitgestellt, deren CCA-Enden die jeweiligen Aminosäurereste tragen.

Die genaue Position der einzelnen Aminosäuren in der Aminosäuresequenz der neugebildeten Polypeptidkette wird durch die nacheinander und *linear* erfolgende *Ablesung* der in der m-RNS enthaltenen Information nach dem *Codon-Anticodon-Prinzip* gewährleistet. Die Ablesung der m-RNS bei der Proteinsynthese erfolgt vom 5'- zum 3'-Ende.

Man teilt den Prozeß der *Proteinsynthese* an den Ribosomen der Prokaryonten und Eukaryonten in *folgende* Abschnitte ein (Abb. 40):

A. Beginn der Synthese (*Initiation*);

B. Verlängerung der Polypeptidkette (*Elongation*) und Verschiebung der m-RNS auf den Ribosomen (*Translokation*);

C. Beendigung der Synthese bei Fertigstellung der Polypeptidkette (*Termination*);

D. Ablösung des neugebildeten Proteins vom ribosomalen Apparat.

Die Synthese einer Polypeptidkette wird eingeleitet durch die

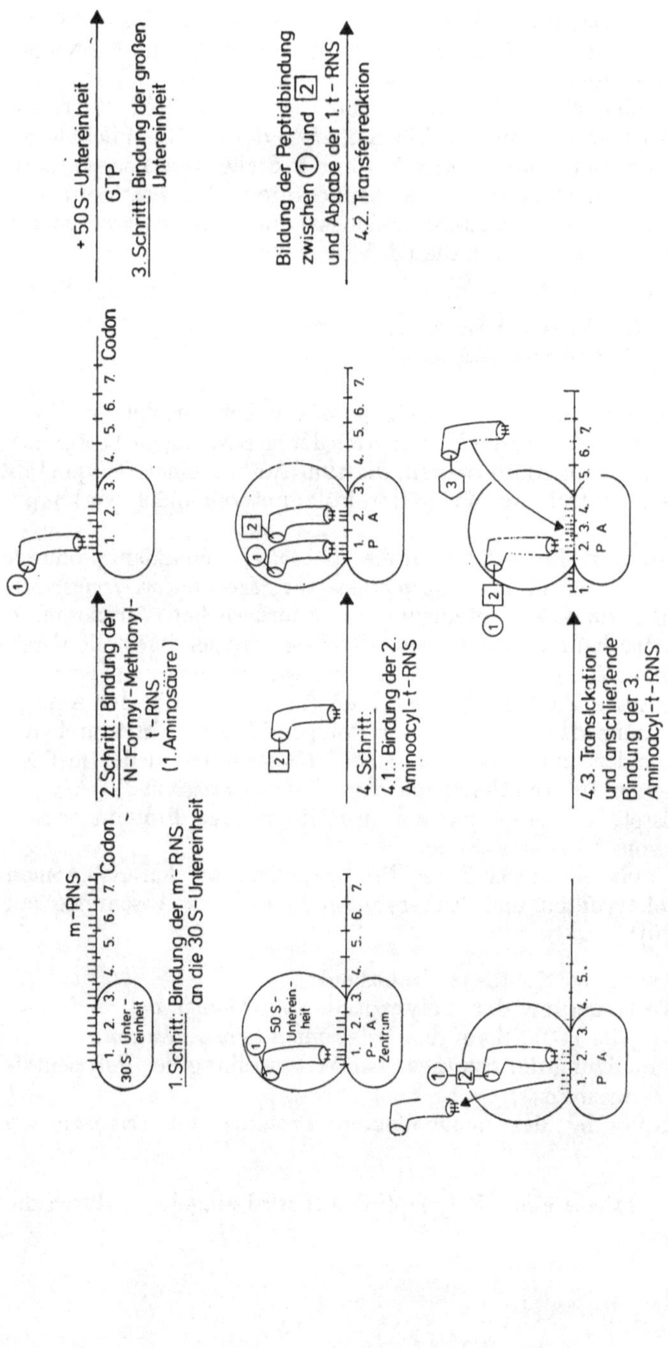

Abb. 40. Start der Proteinsynthese und Verlängerung der Peptidkette (Initiation, Aminoacyl-t-RNS-Bindung, Aminoacyltransfer und Translokation)

Bildung des *Initiations-* oder *Startkomplexes,* der bei Prokaryonten aus den folgenden fünf Komponenten besteht:

a) der 30 S-Untereinheit der Ribosomen,
b) der m-RNS,
c) aus drei verschiedenen Initiationsfaktoren (IF 1, IF 2, IF 3) von Proteinnatur,
d) der Initiator-t-RNS und
e) GTP.

Im *1. Schritt* der *ribosomalen Proteinsynthese* verbindet sich der Initiationsfaktor IF 3 mit einer bestimmten Nucleotidsequenz der m-RNS (der *Initiatornucleotidsequenz* bestehend aus *mehreren Tripletts*); dann wird dieser Komplex an die 30 S-Untereinheit gebunden. Dadurch gelangt das sog. *Initiator-* oder *Startcodon* der *m-RNS* in eine *bestimmte Position* an die *30 S-Untereinheit* des Ribosoms (Abb. 40).

Wie erfolgt die Erkennung der m-RNS durch das 30 S-Ribosom? Alle bisher untersuchten m-RNS-Typen aus Prokaryonten besitzen am 5′-Ende die folgende, ausschließlich Purinbasen enthaltende Sequenz:

(5′) GGAGGU ... (3′)

Das 3′-Ende der 16 S-RNS aus den 30 S-Ribosomen hat die Sequenz (3′) AUU*CCUCCA*CUAG ... (5′).

Daraus geht hervor, daß die Polypurinsequenz am 5′-Terminus der m-RNS einem bestimmten (im Schema kursiv gezeichneten) Abschnitt am 3′-OH-Terminus der ribosomalen RNS komplementär ist und ein Basenpaarungsmechanismus in dieser Region in Kraft treten kann. Dieser ist offenbar für die Bindung der m-RNS an das 30 S-Ribosom verantwortlich.

Die *Synthese* eines Proteins im *Startkomplex* beginnt stets mit ein und derselben Aminosäure, dem *Methionin,* als *Startaminosäure.* Das Methionin ist an die *Initiator-t-RNS* gebunden und wird durch diese in den Startkomplex eingebracht.

In diesem *Proteinsyntheseschritt* wird die *methionintragende Initiator-t-RNS* in einer GTP-abhängigen Reaktion mittels ihres *Anticodon-Triplettes* an das *Start-* oder *Initiatorcodon* der *m-RNS* gebunden. Für die Bindung von *N-Formyl-Methionyl-t-RNS* (s. u.) sind die Initiationsfaktoren IF 1 und IF 2 erforderlich.

Für *Methionin* gibt es *zwei* verschiedene *t-RNS-Species,* nämlich die t-RNS$_f$ (f = front oder Start) und die t-RNS$_m$ (m = Mitte). Diese beiden t-RNS-Species werden auch durch *zwei verschiedene Synthetasen* mit *Methionin* beladen. Die *t-RNS$_f$* ist die *Initiator-t-*

RNS, die *t-RNS*$_m$ hingegen ist für den Einbau von Methionin in das *Innere* der *wachsenden Polypeptidkette* verantwortlich.

Von besonderer Bedeutung ist die Tatsache, daß das an die t-RNS$_f$ gebundene *Methionin* vor Beginn der Proteinsynthese durch eine ribosomengebundene N-10-*Formyltetrahydrofolsäure-Transformylase* (DB III) *formyliert* wird. Die Formylgruppe wird dabei an die Aminogruppe des Methionins gebunden. Durch diese *Formylierung* wird die *Richtung* der Proteinsynthese festgelegt, die vom NH_2-Terminus zum COOH-Ende verläuft. Die zweite Aminosäure hat nur die Möglichkeit, unter Spaltung der Esterbindung zwischen dem N-Formyl-Methionin und der t-RNS eine Peptidbindung mit der aktivierten Carboxylgruppe des formylierten Methionins zu knüpfen.

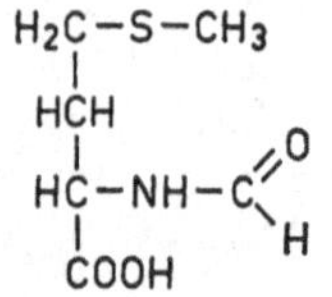

N-Formyl–Methionin

Die Startaminosäure Methionin wird später, d. h. im fertigen Protein oder in der wachsenden Polypeptidkette, entweder deformyliert oder ganz abgespalten. Bei den Prokaryonten findet man eine große Zahl von Proteinen, die Methionin als N-terminale Aminosäure tragen.

Die mit *N-Formyl-Methionin* beladene t-RNS$_f$ wird an die m-RNS im Startkomplex entweder an das Codon AUG oder das Codon GUG gebunden. Diese beiden Tripletts werden als *Startcodons* bezeichnet, da sie die Stelle festlegen, an der die Synthese der Polypeptidkette beginnt. Sie gehören beide zur Gruppe der *Signalcodons*. Für den Aufbau des Startkomplexes ist noch GTP notwendig. Das GTP wird bei der Bildung des Startkomplexes nicht gespalten.

Auch bei *Eukaryonten* wird der *Startkomplex* aus der *kleineren Ribosomenuntereinheit* (der 40 S-Untereinheit) unter Mitwirkung verschiedener Initiierungsfaktoren, die sich jedoch von denen der Prokaryonten unterscheiden und die sich nicht gegenseitig ersetzen lassen, gebildet. Für die m-RNS-Bindung an den Startkomplex scheint ATP erforderlich zu sein. Zum Unterschied zu den Prokaryonten ist die Aminoacyl-Initiator-t-RNS nicht Formyl-Methionyl-t-RNS, sondern deren nicht-formylierte Form.

In den *Mitochondrien* der Eukaryonten hingegen scheint die Proteinsynthese wie bei den Prokaryonten mit N-Formyl-Methionin eingeleitet zu werden (S. 92ff.).

Bei Prokaryonten und Eukaryonten ist also die kleine Untereinheit allein für den Start verantwortlich, sie kann jedoch nicht eine Verbindung zwischen zwei Aminosäuren herstellen, d. h. die Synthese der Polypeptidkette bewirken. Hierfür ist das komplette Ribosom erforderlich.

Der Proteinsyntheseapparat muß demzufolge vervollständigt werden (3. Schritt). Hierzu assoziiert die 50 S-Untereinheit (bei Eukaryonten die 60 S-Untereinheit) mit dem Startkomplex.

Bei der Bindung der großen Untereinheit spaltet der Startfaktor IF 2 das GTP zu GDP und Phosphat und es verlassen diese Produkte zusammen mit allen Startfaktoren den Komplex.

Demzufolge besteht dann der *Proteinsynthesekomplex* aus folgenden *Bestandteilen: 30 S-Untereinheit; 50 S-Untereinheit; N-Formyl-Methionyl-t-RNS*$_f$*; m-RNS* (Abb. 40).

Im *Ribosom* gibt es *zwei nebeneinanderliegende Orte* (*Zentren*), von denen man einen als *Aminoacyl-t-RNS-Bindungsort* oder *Acceptorzentrum* (*A-Zentrum*), den anderen als *Peptidyl-t-RNS-Bindungszentrum* (*P-Zentrum*) bezeichnet (Abb. 40).

Diese beiden Zentren spielen eine wesentliche Rolle im *4. Schritt* der Proteinsynthese, den man als den *Peptidsyntheseprozeß* bezeichnet. Dieser besteht aus *drei Teilschritten*, der *Aminoacyl-t-RNS-Bindung*, der *Transfer* (*Übertragungs*)*-Reaktion* und der *Translokation*.

Im *70 S-Initiationskomplex*, dessen Bildung oben besprochen wurde, liegt das *Startcodon* der *m-RNS*, an das die *Formylmethionyl-t-RNS* gebunden ist, im *P-Zentrum*; das die *zweite Aminosäure codierende Codon* liegt im A-Zentrum des Ribosoms. An dieses wird das zweite Aminoacyl-t-RNS-Molekül gebunden.

Die beiden auf diese Weise im Ribosom fixierten Aminosäuren werden miteinander vereinigt, indem der Ester zwischen der Start-t-RNS und der 1. Aminosäure (dem N-Formyl-Methionin) gespalten und diese Aminosäure vom P-Zentrum auf die zweite Aminosäure im A-Zentrum übertragen werden (*Transferreaktion*).

Dabei entsteht eine *Peptidbindung* zwischen der *Carboxylgruppe* der *ersten* und der *Aminogruppe* der *2. Aminosäure*, so daß die im

A-Zentrum sitzende t-RNS der 2. Aminosäure jetzt ein *Dipeptid* trägt:

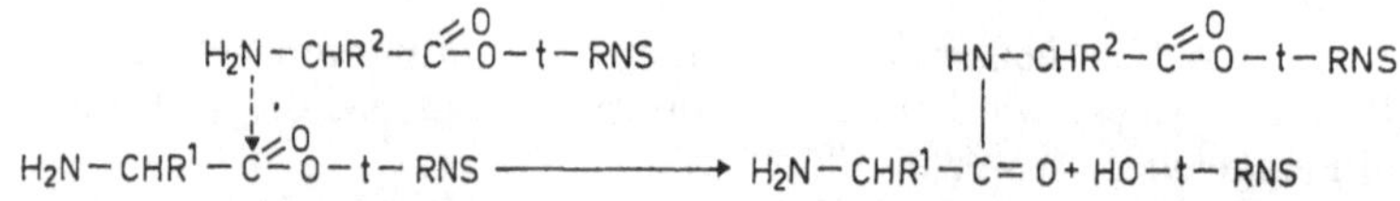

Die Abspaltung der ersten Aminosäure von ihrer t-RNS und die Knüpfung der Peptidbindung wird durch die *Peptidyltransferase* katalysiert, die ein *ribosomales Enzym* ist und sich auf der *großen Untereinheit* befindet.

Die von ihrer Aminosäure befreite t-RNS wird vom P-Zentrum abgegeben und verläßt das Ribosom. Anschließend *rückt* die *Dipeptidyl-t-RNS zusammen* mit der *m-RNS* vom *A-Zentrum* zum *P-Zentrum*. Diese *Translokation* ist *energiebedürftig* und wird durch eine *ribosomale Translokase* (*Faktor G*) katalysiert. Die Energie stammt aus dem GTP, das dabei durch die *Translokase* gespalten wird (*GTPase-Wirkung* der Translokase).

Durch diese *Translokation* rückt das *3. Codon* in das freigewordene *A-Zentrum* ein. Daran wird nun das dritte Aminoacyl-t-RNS-Molekül gebunden (*Aminoacyl-t-RNS-Bindungsschritt*). Diese Bindung ist *GTP-abhängig* und bedarf verschiedener zusätzlicher *Bindungsfaktoren* (Tu und Ts).

Die *Faktoren G, Tu* und *Ts* sind spezifisch für den *Proteinsyntheseapparat* in *Prokaryonten*. In *Eukaryontenribosomen* gibt es funktionell ähnliche Translokations- und Transferfaktoren, die man als *Aminoacyltransferasen I und II* bezeichnet.

Daran schließt sich die *zweite Transferreaktion* an, die zur Bildung einer *Tripeptidyl-t-RNS* führt; diese sitzt zunächst noch im A-Zentrum, rückt dann aber ebenfalls in das, nach Abgabe der zweiten t-RNS freigewordene, P-Zentrum ein.

Der Prozeß der *Elongation* bei der Synthese einer Polypeptidkette nimmt demzufolge einen *cyclischen Verlauf*: bei jedem Cyclusdurchlauf wird die wachsende Polypeptidkette um eine Aminosäure verlängert. Dies erfolgt solange, bis schließlich das Proteinmolekül fertiggestellt ist.

Woran erkennt der Proteinsyntheseapparat die Fertigstellung der neugebildeten Polypeptidkette?

Den Stopp der Synthese signalisieren die *Terminations-* oder *Stoppcodons*, von denen es drei an der Zahl gibt, nämlich UAA, UAG und UGA. Diese liegen am oder in der Nähe des 3'-OH-Endes der m-RNS.

Zur *Erkennung* dieser Codons existieren *Ablösungsfaktoren* (RF-Faktoren, engl. *releasing factors*), nämlich RF 1, RF 2, RF 3, die entweder auf UAA, UAG oder UGA ansprechen. Diese Faktoren werden an die entsprechenden Stoppcodons der m-RNS gebunden und bewirken eine *Spezifitätsänderung* der *Peptidyltransferase*, indem diese nun nicht eine Peptidbindung knüpft, sondern eine nucleophile Reaktion zwischen dem letzten Aminosäurerest der Peptidyl-t-RNS und Wasser katalysiert und so die ganze Polypeptidkette durch *Hydrolyse* in Freiheit setzt.

Signal - Codons

Kettenstart:	AUG, GUG
Kettenende:	UAA, UAG, UGA

Die *Geschwindigkeit* der Synthese einer Polypeptidkette ist bei Pro- und Eukaryonten unterschiedlich. Ein *Prokaryontenribosom* vermag *pro Sekunde* den *Elongationscyclus 20mal* zu durchlaufen, ein *Eukaryontenribosom* jedoch nur *einmal*. Zur Synthese eines Proteins von der Größe einer Untereinheit des Hämoglobins (140 Aminosäuren) würde demzufolge ein Prokaryontenribosom sieben Sekunden, ein Eukaryontenribosom jedoch zwei bis drei Minuten benötigen.

Die *Wirksamkeit* der *Proteinsynthese* wird beträchtlich dadurch gesteigert, daß *mehrere Ribosomen gleichzeitig* ein und dasselbe m-RNS-Molekül *translatieren*. Dies erfolgt in der Art, daß sich mehrere Ribosomen zu einem *Polysom* zusammenschließen.

Im Verlauf der Verlängerung der Polypeptidkette bewegt sich die m-RNS durch das Polysom hindurch. Die Einzelribosomen wechseln also ständig ihre Position im Polysom: von dem einen Ende wird, nachdem die fertige Polypeptidkette abgelöst wurde, infolge der Bewegung der m-RNS ein Ribosom unter Dissoziation in die 30 S- und die 50 S-Untereinheit abgegeben, und am anderen Ende wird ein 30 S-Ribosom unter Bildung eines Startkomplexes wieder aufgenommen (Abb. 41).

Während bei *Prokaryonten* die verschiedenen *m-RNS*-Species sehr *kurzlebig* sind und an ihnen deshalb nur 20—30 Polypeptidketten synthetisiert werden können, hat die *m-RNS* der *Eukaryonten* eine bemerkenswert *lange Lebensdauer*. Die m-RNS der α- und β-Ketten des Hämoglobins beispielsweise hat eine Lebensdauer von mehreren Tagen.

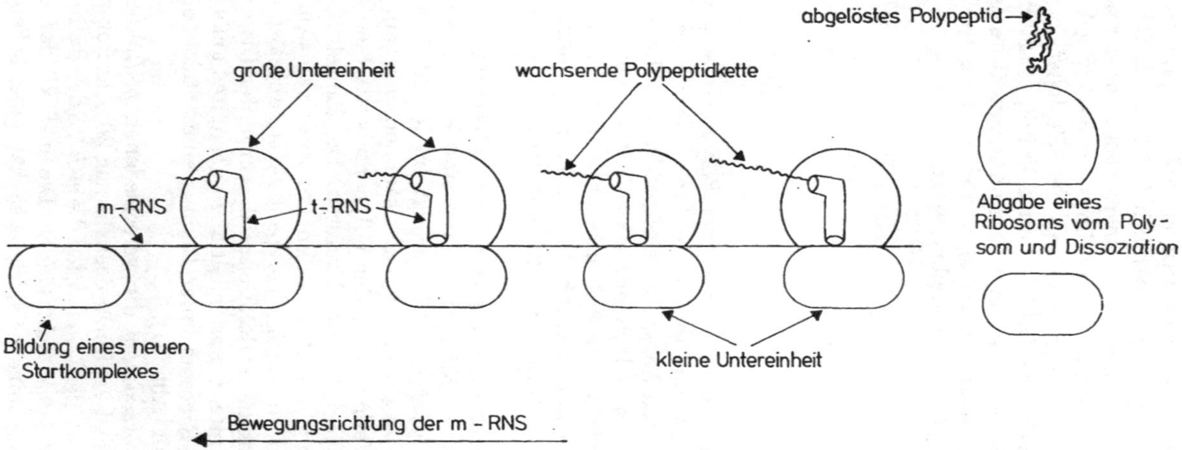

Abb. 41. Funktion der Polysomen bei der Proteinsynthese und Kreislauf der ribosomalen Untereinheiten. Der Abstand der Einzelribosomen auf der m-RNS-Kette beträgt etwa 90 Nucleotide

3.3. *Biosynthese und postsynthetische Veränderungen von Proteinen, die zur Sekretion bestimmt sind*

Solche Proteine, die zur Sekretion bestimmt sind (z. B. die *Enzymvorstufen* in den *exokrinen Zellen* des *Pankreas*, das *Albumin* in den *Leberzellen* oder die Peptidhormone) weisen unmittelbar nach ihrer Synthese ein *höheres Molekulargewicht* als später bei ihrer Sekretion auf. Je nach dem Typ des Proteins betragen die Unterschiede im Molekulargewicht etwa 500–2000.

Offenbar unterliegen die neusynthetisierten, zur Sekretion vorgesehenen Proteine einer Art „Reifung" (*Processing*), die in der *Abspaltung* eines *Oligopeptides* besteht. Stets handelt es sich dabei um ein endständiges Peptid am N-Terminus des jeweiligen Vorläufermoleküls (*Proalbumin, Prozymogen* usw.). Im Falle des *Albumins* ist es ein *basisches Hexapeptid* (Arg—Gly—Val—Phe—Arg—Arg), das vom Proalbumin durch eine Protease, z. B. durch Kathepsin B, abgespalten wird. Bei den *Prozymogenen* des *Pankreas* ist dies ein stark *hydrophobes Oligopeptid* bestehend aus *6 Aminosäureresten*, das bei den Vorläufermolekülen aller Zymogene ziemlich gleichartig aufgebaut ist.

Die entsprechenden, für die Synthese der verschiedenen Proteine verantwortlichen m-RNS-Species besitzen also an ihrem 5'-Terminus eine ähnliche Nucleotidsequenz, die das später abgespaltene Oligopeptid codiert. Man bezeichnet dieses Peptid als *Signalpeptid*, weil es das Signal für die Sekretion des betreffenden Proteins darstellt, d. h. das künftige Schicksal des neusynthetisierten Proteins festlegt.

Von G. Blobel wurde zur Erklärung der biologischen Bedeutung dieses interessanten Sachverhaltes folgende experimentell gestützte *Hypothese* aufgestellt: die *Vorläuferproteine* werden im *rauhen endoplasmatischen Reticulum* synthetisiert. Die *Bindung* der *Ribosomen* an die Membranen erfolgt durch ein *membranständiges Ribosomenreceptorprotein*. Die *Biosynthese* des Vorläuferproteins *beginnt* mit dem hydrophoben *Signalpeptid*, das von den Membranlipiden gebunden wird (Abb. 42). Mehrere Ribosomenreceptorproteine bilden eine *Pore*, durch die das Signalpeptid — zusammen mit der wachsenden Polypeptidkette — langsam hindurch wandert, so daß es in das *Schlauchinnere* des endoplasmatischen Reticulums gerät.

Eine dort lokalisierte Protease — als *Signalase* bezeichnet — entfernt das Signalpeptid bevor das ganze Molekül fertiggestellt ist.

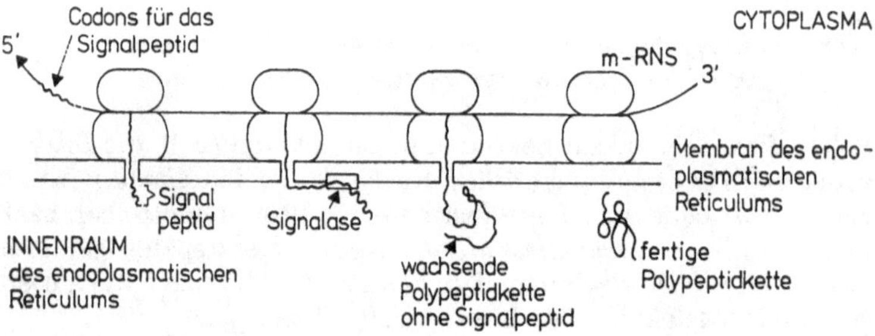

Abb. 42. Biosynthese eines zur Sekretion bestimmten Proteins am rauhen endoplasmatischen Reticulum (Schematische Darstellung der Signalhypothese von Blobel)

Durch die Abgabe des neusynthetisierten, für den Export aus der Zelle vorgesehenen Proteins in das Innere des Schlauchsystems des endoplastischen Reticulums entsteht eine *Kompartimentierung* dieser Proteine, die ihren Transport zum Golgi-Apparat und ihre anschließende „Verpackung" zu den Zymogengranula ermöglicht, die wichtige Voraussetzungen für ihre Sekretion sind (vgl. mit S. 41f.).

4. Biochemie der Vererbung

Aus der *klassischen Genetik* stammen die Begriffe *Genotyp, Idiotyp* und *Phänotyp*. Der *Genotyp* umfaßt die Gesamtheit der im Zellkern von Eukaryonten bzw. im bakteriellen Chromosom lokalisierten Erbanlagen, der *Idiotyp* alle im Zellkern und im Zytoplasma vorkommenden Erbanlagen einer Zelle, während der *Phänotyp* das äußere Erscheinungsbild einer Zelle bzw. eines Organismus darstellt. Der *Phänotyp* ist das Produkt der Wirkungen der Erbanlagen und der Umwelteinflüsse. In der klassischen Genetik waren die Erbanlagen (Gene) hypothetische Gebilde, die zur Erklärung der Gesetzmäßigkeiten der Vererbung postuliert wurden.

Die klassische Genetik konnte weder die Fragen nach der chemischen Natur der Gene und der Realisierung der in ihnen enthaltenen Informationen beantworten, noch war sie in der Lage, die *Beziehungen* zwischen *Genom, äußerem Erscheinungsbild* und *Umweltwirkung* zu verstehen. In einem zielstrebigen Zusammenwirken von Genetik, Biochemie und anderen Naturwissenschaften ist es in den letzten vier Jahrzehnten möglich geworden, tiefe Einblicke in diese Zusammenhänge zu gewinnen und damit die biochemischen Mechanismen der genetischen Informationsspeicherung, Informationsübertragung und Informationsrealisierung zu verstehen. Dabei entstand ein neuer Zweig der biologischen Wissenschaften, die *Molekularbiologie*.

Die *Erbanlagen* sind durch folgende *Eigenschaften* charakterisiert: a) sie sind vorwiegend in den *Chromosomen* lokalisiert (über Systeme der extrachromosomalen Vererbung S. 92ff.), b) sie besitzen die Fähigkeit zur *Merkmalsauslösung*, c) ihnen wohnt die Fähigkeit zur *identischen Replikation* inne, d) sie besitzen die Fähigkeit zur *Mutation* und e) sie weisen eine relativ hohe *metabolische Konstanz* im Vergleich zu anderen Körperbestandteilen auf.

Von grundlegender Bedeutung ist die Frage, ob es in der Natur eine Substanz gibt, die diese Eigenschaften besitzt und folglich als „Vererbungssubstanz" angesprochen werden kann. Man vermutete schon relativ frühzeitig, daß die DNS eine derartige Rolle im Vererbungsgeschehen spielen müsse. Heute gibt es keinen Zweifel mehr daran, daß die DNS tatsächlich die stoffliche Basis des genetischen Systems ist.

4.1. *Lokalisation der DNS in den Chromosomen*

Die *absolute Menge DNS pro Zellkern* ist von Körperzelle zu Körperzelle innerhalb des gleichen Individuums und der gleichen Art *konstant*.

Während der *Reifeteilungen* kommt es bei der Bildung der

Tabelle 3
DNS-Gehalt von Zellkernen verschiedener Spezies
(Angaben in 10^{-12} g pro Kern)

Art	Erythrozyten*)	Leberzelle	Spermatozoen
Haushuhn	2,34	2,39	1,26
Karpfen	3,49	3,33	1,64
Forelle	5,79		2,67
Kröte	7,33		3,70

*) Diese Tiere haben kernhaltige Erythrozyten.

Gameten zur *Halbierung* des Chromosomensatzes. Aus dem diploiden Chromosomensatz entstehen zwei haploide Sätze. Analysen ergaben, daß die *Gameten* nur die *Hälfte* des *DNS-Gehaltes* von *somatischen Zellen* aufweisen (Tab. 3).

4.2. *Fähigkeit der DNS zur Merkmalsauslösung*

Die DNS besitzt die Fähigkeit zur *Merkmalsauslösung.* Dies geht mit besonderer Deutlichkeit aus den Erscheinungen der *Bakterientransformation* und *Bakterientransduktion* hervor sowie aus der Fähigkeit von Phagen-DNS, volle Infektiosität bei Bakterien zu besitzen.

Transformationsvorgänge wurden an Pneumokokken und anderen Bakterien beobachtet. Man versteht darunter die *Übertragung genetisch stabiler Eigenschaften* von einer Zelle auf die andere. Bei den Pneumokokken gibt es zwei verschiedene genetisch determinierte Typen, die sich dadurch voneinander unterscheiden, daß der eine Typ eine dicke Polysaccharidkapsel um seinen Zellkörper ausbildet, der andere aber nicht. Isoliert man die DNS aus kapseltragenden Typen (Spenderzellen) in reinster Form und gibt diese zu einem Medium, in dem sich kapsellose Formen (Empfängerzellen) befinden, so nimmt ein Teil von diesen die Eigenschaft „kapseltragend" an und vererbt diese auch an seine Nachkommen weiter. Die DNS der Spenderzellen enthält demzufolge offenbar die Information für die Kapselbildung und überträgt sie auf die Empfängerzellen. Letztere nehmen die DNS in ihr Zellinneres auf, bauen sie aller Wahrscheinlichkeit nach in ihr eigenes Genom ein und realisieren die in ihr enthaltene Information.

Die *Transduktion* wurde ebenfalls bei Bakterienarten (z. B. bei *Salmonella*) beobachtet. Wie die Transformation stellt auch die Transduktion eine Veränderung des bakteriellen Genoms dar, die hier durch bakterielle Viren (Bakteriophagen) vermittelt wird. Der Mechanismus der Transduktion wurde bereits auf S. 105ff. besprochen.

Die *merkmalsauslösenden Eigenschaften* der *viralen DNS* gehen aus folgenden Tatsachen hervor:

1. bei der Infektion von Bakterien durch Phagen gelangt nur Phagennucleinsäure in die befallenen Zellen, nicht aber Protein. Die Nucleinsäure ist allein ausreichend, den Stoffwechsel der Wirtszelle umzustimmen und die Zelle zur Synthese von Phagen-

nucleinsäure und Phagenprotein zu veranlassen, die beide zur Virusvermehrung notwendig sind;
2. bei der Bakterientransduktion durch temperente Phagen wird auch nur deren DNS ausgetauscht;
3. freie, d. h. nicht an die Virusstruktur gebundene DNS ist voll infektiös, wie dies die einzelsträngige, circuläre DNS des Bakteriophagen φX 174 zeigt. Es konnte experimentell gezeigt werden, daß das in vitro mit Hilfe der DNS-Polymerase synthetisierte Genom dieses Phagen voll infektiös ist und sich in seinen merkmalsauslösenden Eigenschaften nicht von intakten Bakteriophagen unterscheidet.

4.3. Identische Replikation der DNS

Für die Mitose ist charakteristisch, daß die beiden aus der Mutterzelle entstehenden Tochterzellen untereinander identische Genotypen besitzen, die auch mit dem Genotyp der Mutterzelle übereinstimmen. Diese Gesetzmäßigkeit verlangt die *identische Replikation* des Genoms der Mutterzelle als Voraussetzung für den ordnungsgemäßen Ablauf der Zellteilung.

Das bakterielle Chromosom stellt eine Replikationseinheit dar (Replicon). Für ein Replicon ist charakteristisch, daß es sich nur als Ganzes repliziert (Abb. 43).

Der *Replikationsprozeß* unterliegt einer *positiven Kontrolle.* Diese positive Regulation kommt dadurch zum Ausdruck, daß eine Substanz, ein sog. *Initiator,* den Replikationsprozeß aktiviert. Dieser Initiator ist möglicherweise DNS-Polymerase.

Die Synthese des Initiators wird durch ein besonderes *Strukturgen* kontrolliert. Für den Initiator gibt es ein spezifisches *Operatorgen,* an dem die Replikation beginnt. Man bezeichnet dieses Gen als *Replikator.* Vom Replikator ausgehend vollzieht sich die Repli-

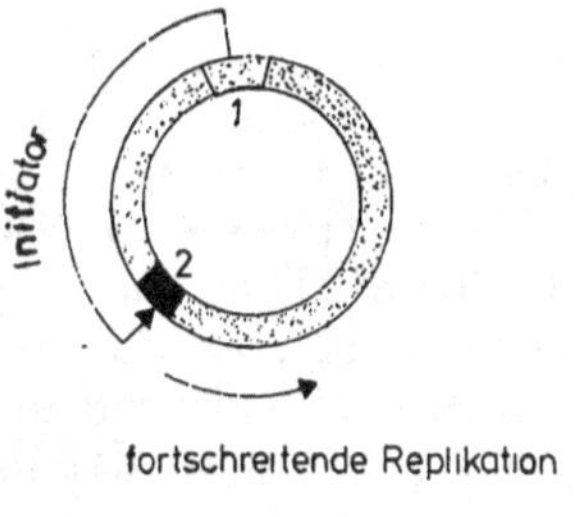

Abb. 43. Modell eines circulären bakteriellen Chromosoms (Replicon).
1 — Initiatorproduzierendes Strukturgen,
2 — Replikator (nach JACOB u. a.)

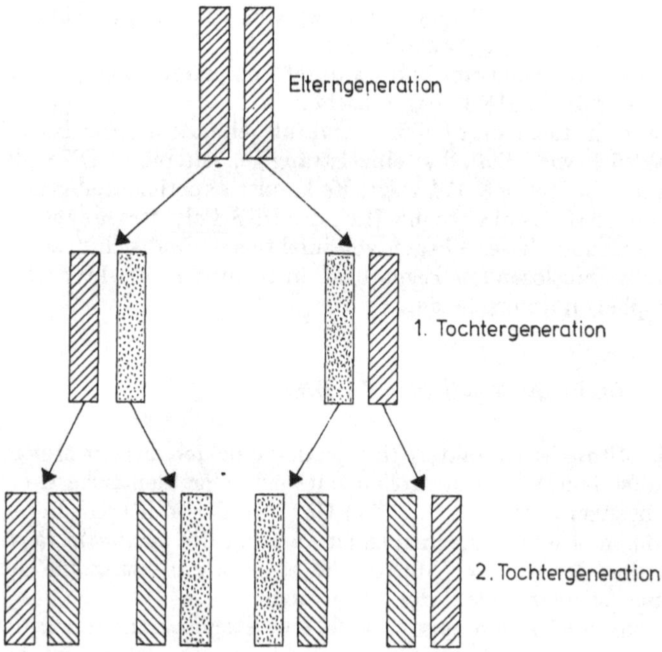

Abb. 44. Das Experiment von MESELSON und STAHL

kation des gesamten Replicons entlang der ringförmigen Struktur. Die Initiierung der DNS-Replikation setzt die Anheftung des Bakterienchromosoms an die Zellmembran voraus. Die Gleichverteilung der neugebildeten Chromosomen beim Teilungsprozeß wird durch Synthese der neuen Zellmembran bewirkt.

Im folgenden sei ein nunmehr als *klassisch* zu bezeichnendes *Experiment* besprochen, das zu einem Meilenstein für unsere Erkenntnisse auf dem Gebiet der in vivo-Replikation der DNS geworden ist (Abb. 44).

MESELSON und STAHL (1958) ließen *E. coli* in einem Medium, in dem sich als *einzige* Stickstoffquelle $^{15}NH_4^+$ befand, so lange wachsen, bis praktisch das *gesamte* ^{14}N *durch* ^{15}N in den Basen der DNS ersetzt war. Die Dichte dieser ^{15}N-DNS war etwa 0,8% größer als die der ^{14}N-DNS, wie Messungen mit Hilfe der Ultrazentrifuge ergaben. Diese *markierten* Bakterien wurden in *normales* ^{14}N-*Medium* gebracht, die *DNS* aus der ersten Generation isoliert und ihr *Sedimentationsverhalten* bestimmt. Es wurde gefunden, daß die erste Generation eine „gemischte“ DNS enthält, deren Dichte zwischen total markierter und nichtmarkierter lag. In der zweiten Generation wurden zwei Arten von DNS-Molekülen gefunden, die „gemischte“ wie in der ersten Generation und eine Art, die nur ^{14}N-Ketten enthielt. Wurde die „gemischte“ DNS erhitzt, so kam es zu einem Aufbrechen der Wasserstoffbindungen („Schmelzen“)

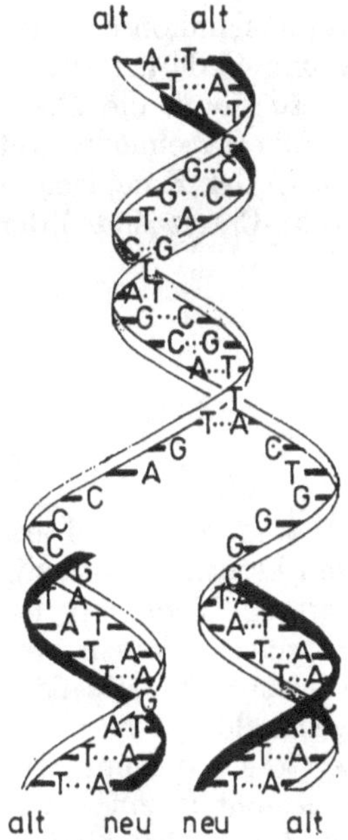

Abb. 45. Semikonservative Replikation der DNS

und damit zu einer Aufteilung der Doppelstränge in jeweils zwei Einzelstränge. In der Ultrazentrifuge trat dann eine leichtere (^{14}N) und eine schwerere (^{15}N) Art von DNS-Molekülen auf. Der gemischte Doppelfaden der ersten Generation bestand demnach aus einem ^{15}N-(alt) und einem ^{14}N-haltigen Faden (neu).

Dieses Experiment lieferte eine Antwort auf die Frage nach dem Grundmechanismus der Replikation.

Diese könnte nämlich prinzipiell auf drei verschiedene Weisen vor sich gehen:

a) Bei intakt bleibendem Elterndoppelstrang wird der Tochterdoppelstrang neu gebildet (*konservativ*), b) indem sich der Doppelstrang teilweise in die beiden Einzelstränge aufteilt, wird an jedem der Einzelstränge ein neuer Tochterstrang gebildet (*semikonservativ*), c) der Elterndoppelstrang zerfällt vor oder nach der Teilung in die Einzelstränge in mehrere Abschnitte. Die neugebildeten Doppelstränge würden dann abwechselnd aus Stücken der Elternstränge und aus neuem Material bestehen (*dispers*).

Aus dem Experiment von MESELSON und STAHL konnte man schlüssig ableiten, daß die DNS-Replikation auf semikonservative Art erfolgen müsse. Ihr Prinzip ist in Abbildung 45 dargestellt.

Der Prozeß der *identischen Replikation* wird durch die *DNS-abhängige DNS-Polymerase* katalysiert (vgl. mit Gabelmodell auf S. 66ff.) und folgt dem fundamentalen Prinzip der Komplementarität der Basen, wie dies durch das WATSON-CRICK-Modell der DNS-Struktur vorgegeben ist (DB I und III).

4.4. Veränderungen in den Nucleinsäuren bei Mutationsauslösung

Die Erbanlagen sind durch eine *hohe Stabilität* ausgezeichnet. Diese ist jedoch nicht absolut, vielmehr treten in den Erbanlagen ständig Änderungen ein, die sprunghaft erfolgen und als *Mutationen* bezeichnet werden. Mutationen können mit physikalischen und chemischen Mitteln ausgelöst werden. Die mutationsauslösenden Wirkungen der Röntgen- und Ultraviolettstrahlung sind lange bekannt. Derartige energiereiche Strahlen zerstören Nucleinsäuren direkt und indirekt. Ihre direkte Wirkung besteht in einer Aufspaltung der die Nucleinsäuren aufbauenden Hauptvalenzbindungen.

Indirekt wirken sie dadurch, daß sie Peroxide oder Radikale aus Wasser oder aus organischen Verbindungen bilden, die dann auf die Nucleinsäuren einwirken. So vermag z. B. Wasserstoffperoxid, Thymin, Uracil, Cytosin u. a. Basen zu zerstören. Aus Adenin entsteht z. B. Adenin-N-Oxid, welches die identische Replikation der DNS verhindert, da die Basenpaarung mit Thymin gestört wird.

Eine wichtige Wirkung des UV-Lichtes besteht darin, daß es eine Dimerisierung des Thymins innerhalb der DNS bewirkt (vgl. mit S. 70). Es ist augenfällig, daß durch diese Wirkungen des UV-Lichtes der Informationsinhalt der Nucleinsäuren eine Änderung erfährt und der normale Replikationsprozeß gestört wird.

4.5. Umsatzgeschwindigkeit der DNS

Im Verhältnis zu anderen Bestandteilen des Organismus weist die DNS eine *beträchtliche metabolische Stabilität* auf. Dennoch ist sie dem Zellstoffwechsel nicht entzogen, sondern wird in bestimmter Weise ständig erneuert. Die Konstanz der DNS in den Chromosomen einer Species ist das Ergebnis sehr genau arbeitender *Kontrollmechanismen.*

Im Mitosecyclus und zu Beginn der Reifeteilungen kommt es zu einer Verdoppelung der DNS gegenüber dem diploiden Zustand. Im ersten Fall erhalten die beiden Tochterzellen je einen diploiden Chromosomensatz, und in der Meiose enthält der Spermatozyt 1. Ordnung die gesamte DNS für die vier Spermatiden, die aus ihm entstehen. Das gleiche gilt auch für den primären Oozyten bei der Oogenese. Über den Rhythmus der DNS-Synthese s. S. 53f.

Mit Hilfe markierter Verbindungen, die als DNS-Bausteine bei der Synthese verwendet werden (^{32}P, ^{15}N-Adenin, ^{15}N-Glycin), war es möglich, die Umsatzgeschwindigkeit der DNS in vivo zu messen. Dabei ergab sich, daß sich die DNS in ruhenden Zellen in einem relativ stabilen Zustand mit einem minimalen Umsatz befindet.

Proliferierende Gewebe haben im allgemeinen einen *höheren DNS-Umsatz* als Gewebe mit minimaler Zellteilung. Zur ersten Gruppe gehören Knochenmark, Milz, Thymus, Darmmucosa, die laktierende Milchdrüse, aber auch Tumorgewebe verschiedener Lokalisation und Herkunft. Zur zweiten Gruppe gehören normale Leber, Niere, Gehirn, Muskel u. a. In regenerierender Leber wurde die biologische Halbwertszeit der DNS zu 50 Tagen und die der RNS zu acht Tagen bestimmt.

4.6. Informationssysteme der Zelle und Richtung des Informationsflusses in der belebten Materie

Die *biologischen Informationsträger* sind die *Nucleinsäuren,* in erster Linie die DNS, in bestimmten biologischen Systemen (RNS-Viren) auch die RNS.

Die *DNS* ist die *Vererbungssubstanz,* durch die die *gesamte genetische Information* von den Eltern an die Nachkommen weitergegeben wird. Die Realisierung der in der Nucleotidsequenz der DNS verankerten *Information* führt zur „makroskopischen" Ausprägung des Erscheinungsbildes des betreffenden Organismus mit seinen vielfältigen *Funktionen.*

Information (Nucleinsäuren) $\xrightarrow[\text{Translation}]{\text{Transcription}}$ Funktion (Proteine)

Die *Information* der DNS wird in die *Funktion* der Zelle und des gesamten Organismus umgewandelt. Die biologische Funktion kommt dabei in der Spezifität und der Vielfältigkeit des Stoffwechsels zum Ausdruck, der seinerseits durch die Selektivität und Spezifität der Proteine als biologischen Katalysatoren zustande kommt und garantiert wird. Die spezifische Wirkungsweise der Proteine wiederum ist von der Spezifität und Einmaligkeit der Struktur jeder einzelnen Molekülart abhängig. Die Zelle übersetzt durch eine bestimmte biochemische Maschinerie den Informationsgehalt der DNS in die Spezifität der Primärstruktur der in der Zelle vorhandenen Proteinmoleküle.

Zusammenfassend stellen wir fest: es besteht in der belebten Materie ein *Informationsfluß* von den *Nucleinsäuren* zu den *Proteinen* (Abb. 46). Dies ist der Inhalt der *Sequenzhypothese der biologischen Informationsübertragung.* Die in den Nucleinsäuren in der linearen Form ihrer Nucleotidsequenz enthaltene und in bestimmter Weise verschlüsselte Information wird in der Zelle durch einen bestimmten Ablese- und Übersetzungsmechanismus in die Primärstruktur der Proteine übertragen.

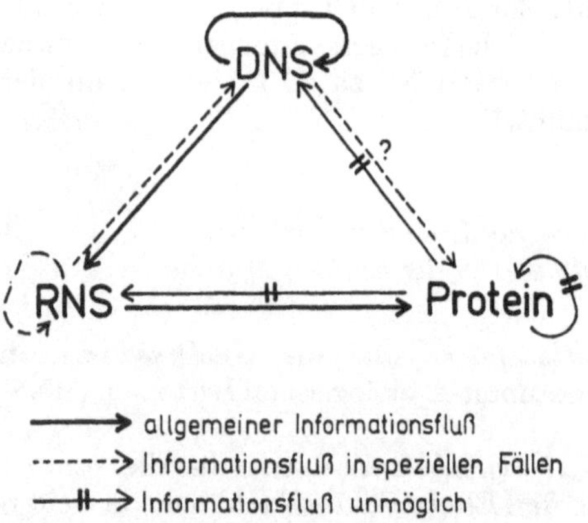

Abb. 46. Sequenzhypothese des Informationsflusses in der belebten Materie und „Zentraler Grundsatz der Molekularbiologie" (F. Crick)

Vom primären Informationsträger, der DNS, wird durch den Prozeß der *Replikation* als Ablesemechanismus die genetische Information von Generation zu Generation weitergegeben (Abb. 47). Eingegeben wird die DNS-Doppelhelix und erhalten werden zwei identische DNS-Doppelhelices.

Bei der Proteinsynthese wird eine bestimmte RNS, die Botschafter- oder Messenger-RNS (m-RNS), als Zwischeninformationsträger benutzt, die an der DNS als Matrize synthetisiert wird. Man

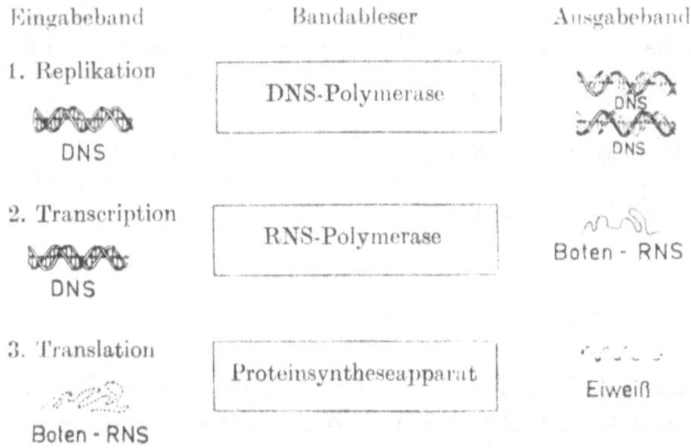

Abb. 47. Übersicht über die drei informationsverarbeitenden Systeme der Zelle: Replikation, Transcription und Translation

bezeichnet diese „Umschreibung" der Information von der DNS auf die m-RNS als *Transcription.* Sie erfolgt ebenfalls nach dem Komplementaritätsprinzip der Basenpaarung und wird durch die DNS-abhängigen RNS-Polymerasen katalysiert. Von der DNS-Doppelhelix dient dabei nur ein Strang, der Transcriptionsstrang, als Vorlage für die RNS-Synthese.

Die m-RNS dient dann als Vorlage für die Synthese der Proteine, die durch den Proteinsyntheseapparat der Zelle bewerkstelligt wird. Dieser entschlüsselt den Nucleinsäurecode und drückt ihn in der Primärstruktur der Proteine aus. Man bezeichnet diesen Vorgang als *Translation.*

Eine Zelle besitzt demzufolge *drei informationsverarbeitende Systeme*: 1. die *Replikation*, 2. die *Transcription* und 3. die *Translation* (Abb. 47).

Die Sequenzhypothese der Informationsübertragung drückt aus, daß die Informationsübertragung im allgemeinen von der DNS über die RNS auf das Protein erfolgt (Abb. 46). Diese Regel besitzt zwei Ausnahmen. Die erste Ausnahme ist die Möglichkeit der Informationsübertragung von der RNS auf die DNS bei bestimmten RNS-Viren durch den Vorgang der umgekehrten Transcription. Die zweite Ausnahme ist die Möglichkeit einer direkten Informationsübertragung von der DNS auf Protein in Gegenwart bestimmter Antibiotika.

Von fundamentaler biologischer Bedeutung ist die Richtung des Informationsflusses, die irreversibel von den Nucleinsäuren zu den Proteinen erfolgt. Dies ist der Inhalt des „*Zentralen Grundsatzes der Molekularbiologie*" von Crick (1958). Dieser Grundsatz schließt eine Umkehrung der Richtung in der Informationsübertragung von den Proteinen zu den Nucleinsäuren ebenso aus, wie eine direkte Informationsübertragung von Protein auf Protein. Diese prinzipielle Aussage war von entscheidender Bedeutung für die Entwicklung der Molekularbiologie.

4.7. Genetischer Code

In diesem Abschnitt soll die Frage beantwortet werden, auf welche Weise die Primärstruktur der Proteine in der Nucleotidsequenz der Nucleinsäuren verankert ist. Die Frage konzentriert sich also auf den *Code*, den die Natur zur *Verschlüsselung* der *Proteinstruktur* in den *Nucleinsäuren* als den *Informationsträgern* des genetischen Systems entwickelt hat. Man bezeichnet diesen als den *genetischen Code der Aminosäuren*. Der *Codekatalog* wird auf die m-RNS als Produkt der Transcription der DNS bezogen.

Während die Nucleinsäuren im allgemeinen nur vier verschiedene Basen enthalten, sind die Eiweiße aus etwa 20 verschiedenen Aminosäuren aufgebaut. Daraus wird die Notwendigkeit der Existenz eines *bestimmten Codesystems* verständlich, durch das die Primärstruktur der Proteine in der Primärstruktur der Nucleinsäuren verschlüsselt wird.

Wie sieht dieser genetische Code aus und wie wird die *Vierbuchstabenschrift der Nucleinsäuren* in die *20-Buchstabenschrift der Eiweiße* übersetzt? Der genetische Code wurde in relativ kurzer Zeit völlig entschlüsselt und auch die „Übersetzungsmechanismen" der „Nucleinsäure-Schrift" in die „Eiweißschrift" konnten in ihren wesentlichen Zügen aufgeklärt werden.

Die *genetische Information* der DNS ist entlang der *Polynucleotidkette linear* angeordnet. Die Ablesung der Information geht von dem einen Ende der Kette aus und schreitet zum anderen Ende der Kette hin fort.

Eine einfache Überlegung lehrt, daß nicht ein Einzelnucleotid oder zwei benachbarte Nucleotide ausreichen, eine Codierungseinheit darzustellen.

In einem solchen Falle würden nur 4 bzw. 16 Aminosäuren codiert, nicht aber 20. Andererseits bestehen Hinweise darauf, daß die *Codierungseinheiten* eine einheitliche Länge besitzen.

Unter diesen Gesichtspunkten wurde die Vorstellung entwickelt, daß eine *Codierungseinheit* (*Codon*) aus drei hintereinanderfolgenden Nucleotiden (*Triplett*) bestehen muß. Demnach gibt es $4^3 = 64$ verschiedene Möglichkeiten von Triplettstrukturen für die Codierung der Aminosäuren (im Text sowie in den Tabellen und Abbildungen werden folgende Symbole für die Basen der Nucleinsäuren verwendet: A für Adenin, G für Guanin, C für Cytosin, U für Uracil, T für Thymin und H für Hypoxanthin).

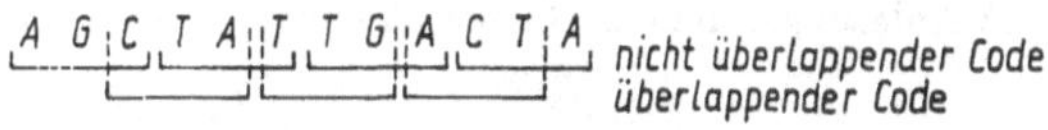

Abb. 48. Überlappender und nichtüberlappender Code. Der genetische Code ist nichtüberlappend

Beim Vorliegen von *Tripletts* als Codierungseinheiten stehen also insgesamt 64 Tripletts für die Codierung von 20 Aminosäuren zur Verfügung. Daraus ergibt sich die Frage, ob nur 20 Triplett-Kombinationen davon einen Sinn haben („*nicht-degenerierter*" *Code*) und die anderen 44 „sinnlos" sind, oder ob *ein* und *dieselbe Aminosäure* durch *mehr* als *ein Triplett* codiert wird. Alles spricht dafür, daß mehrere Tripletts für eine einzige Aminosäure zuständig sind („*degenerierter*" *Code*).

Ein weiteres Problem ist, ob jedes Triplett entlang der Polynucleotidkette ein Codon für sich darstellt oder ob Teile von ihm schon zum nachfolgenden Nucleotidtriplett gehören. Die Frage ist also, ob ein *nichtüberlappender* oder ein *überlappender Code* vorliegt (Abb. 48). Alle bisher erhobenen Befunde sprechen für die Existenz eines *nichtüberlappenden Codes*.

Es läßt sich also feststellen, daß der *genetische Code linear*, *nichtüberlappend* und *degeneriert* ist, nur in *einer Richtung* abgelesen wird (dadurch wird verhindert, daß eine bestimmte Polynucleotidsequenz durch Rückwärtsablesung mehrsinnig wird) und die einzelnen Codons unmittelbar aufeinander folgen, also keine Interpunktionen etwa durch Zwischenschieben einer 4. Base vorhanden sind (*kommafreier Code*).

Für die *Ablesung* muß ein *bestimmter Rahmen* eingehalten werden, da der Sinn der unmittelbar aufeinanderfolgenden Codons vom Startpunkt abhängt. Bei der Verschiebung des Starts um ein Nucleotid würde eine ganz andere Aminosäuresequenz entstehen (Abb. 49).

Boten - RNS	$A^1A^2A^3$GUCUUUCAUUAU
Translation beginnt mit Base Nr.	
1	Lys Val Phe His Tyr Pro
2	Lys Ser Phe Ile Ile Leu
3	Ser Leu Ser Leu Ser Leu

Abb. 49. Bedeutung des Ablesungsrahmens für die Translation der genetischen Information

Der genetische Code ist *universell*.

Betont sei in diesem Zusammenhang, daß infolge der Fähigkeit des Proteinmoleküls zur *Selbstorganisation* nur dessen *Primärstruktur genetisch determiniert* ist. Die höheren Strukturen eines Proteinmoleküls bilden sich spontan aus und hängen von der Reihenfolge der Aminosäuren in der Polypeptidkette ab (DB I).

4.8. Methoden zur Entschlüsselung des genetischen Codes und Charakterisierung seiner Eigenschaften

Die Fragen nach der Größe eines Codons, der Nichtüberlappung, der linearen Anordnung und der Degeneration wurden an Mutanten von T_4-Bakteriophagen untersucht (Crick).

Kenntnisse über die Nucleotidzusammensetzung der für die einzelnen Aminosäuren verantwortlichen Tripletts wurden hauptsächlich mit Hilfe folgender Methoden erhalten:

1. durch Proteinuntersuchungen von chemisch induzierten Mutanten des Tabakmosaikvirus (Wittmann),
2. an eiweißsynthetisierenden, zellfreien Systemen, denen künstliche Polynucleotide als m-RNS zugesetzt wurden (Nirenberg und Matthaei; Ochoa).

Die *wichtigsten Fortschritte* bei der Aufklärung des *genetischen Codes* wurden durch Verwendung *proteinsynthetisierender zellfreier Systeme* mit künstlichen Poly- oder Oligonucleotiden erzielt, die man in diesen Systemen als m-RNS benutzte.

Im allgemeinen wurden Systeme aus *E. coli* verwendet, die aus Ribosomen, t-RNS und einer enzymhaltigen Überstandsfraktion bestanden. Dazu wurden ATP, GTP und ein ATP-regenerierendes System zusammen mit einer Mischung von Aminosäuren, von denen eine oder mehrere radioaktiv waren, zugesetzt (vgl. damit S. 116f.). Als wichtig erwies sich ferner die Zugabe von synthetischer RNS als m-RNS, z. B. der Polyuridylsäure, die mit Hilfe der Polynucleotidphosphorylase (S. 72f.) hergestellt wurde.

Polyuridylsäure steigerte nur den Einbau von Phenylalanin und lieferte als Produkt Polyphenylalanin. Polycytidylsäure steigerte den Einbau von Prolin und Polyadenylsäure den Einbau von Lysin.

Polynucleotide, die nur eine Base enthalten, werden als „Homopolymere" bezeichnet.

Tabelle 4
Der genetische Code

erste Position	zweite Position: U	C	A	G	dritte Position
U	Phe	Ser	Tyr	Cys	U
	Phe	Ser	Tyr	Cys	C
	Leu	Ser	Term	Term	A
	Leu	Ser	Term	Trp	G
C	Leu	Pro	His	Arg	U
	Leu	Pro	His	Arg	C
	Leu	Pro	Gln	Arg	A
	Leu	Pro	Gln	Arg	G
A	Ile	Thr	Asn	Ser	U
	Ile	Thr	Asn	Ser	C
	Ile	Thr	Lys	Arg	A
	Met	Thr	Lys	Arg	G
G	Val	Ala	Asp	Gly	U
	Val	Ala	Asp	Gly	C
	Val	Ala	Glu	Gly	A
	Val	Ala	Glu	Gly	G

Die Verwendung gemischter synthetischer Polynucleotide („Copolymere“) mit zwei oder drei Basen vervollständigte sehr rasch die Kenntnisse über die Codierung einzelner Aminosäuren. Innerhalb kurzer Zeit war es möglich, 61 der 64 möglichen Codons den 20 verschiedenen Aminosäuren zuzuordnen. Der genetische Code der Aminosäuren erwies sich demzufolge als in hohem Maße degeneriert.

Das Code-Schema in Tabelle 4 weist eine Reihe von *Besonderheiten* auf, die wie folgt zusammengefaßt werden können:

1. für die Zuordnung der Codons zu bestimmten Aminosäuren sind die ersten beiden Basen wichtiger als die dritte Base. So codieren XYU und XYC immer die gleiche Aminosäure (X und Y bedeuten jeweils eine bestimmte Base an den Positionen 1 und 2 eines Nucleotidtriplettes);
2. bei 18 von 20 Aminosäuren besteht die Codonzusammensetzung XYA und XYG. Dies trifft nicht für Tryptophan und Methionin zu, die durch jeweils ein einmaliges Triplett codiert werden;
3. acht von 16 theoretisch möglichen Basenpaarfolgen legen die ihnen zugeordnete Aminosäure allein durch die Reihenfolge der beiden ersten Basen fest;
4. Tripletts mit U in der Mittelposition codieren hydrophobe Aminosäuren;
5. die Aminosäuren mit aromatischer Seitenkette werden durch Codons mit U als erstem Buchstaben codiert;
6. die basischen und sauren Aminosäuren sind rechts unten im Codeschema zu finden.

Diese *Regelmäßigkeiten* im Aufbau des Code-Schemas sprechen gegen eine rein zufällige Entstehung des genetischen Codesystems unter primitiven präbiologischen Bedingungen auf der Urerde. Der heute existierende universelle genetische Code scheint sich aus einem Urcode entwickelt zu haben, der schon ein Dreier-Code war, von dem aber offensichtlich nur die beiden ersten Basen jeweils abgelesen wurden.

Eine besondere Diskussion verdienen die drei restlichen der 64 Codons, die folgendermaßen zusammengesetzt sind: UAA, UAG, UGA. Diese konnten in den zellfreien experimentellen Einbausystemen keinen bestimmten Aminosäuren zugeordnet werden, so daß man sie als „Nonsense-Tripletts“ bezeichnet hat.

In genetischen Experimenten mit *E. coli* wurde indessen festgestellt, daß bei Punktmutationen im Genom, die zu Triplettbildungen der oben angegebenen Zusammensetzung in der Messenger-RNS führten, diese Zellen nur kurze, funktionell inaktive Peptidketten bilden konnten. Nach der Farbe der Bakterien-Mutanten unterschied man Amber-(Bernstein), Ochre-(Ocker) und Opal-Mutationen.

Eine tiefergehende Analyse ergab, daß bei Amber das Triplett UAG, bei Ochre UAA und bei Opal UGA auftrat.

In zellfreien Systemen wurde nachgewiesen, daß diese drei Tripletts im Normalfall *Signalfunktionen* haben: sie determinieren die Beendigung der Polypeptidsynthese im Proteinsyntheseapparat und heißen deshalb *Terminationscodons* (S. 128f.).

4.9. Suppression

Es wurde beobachtet, daß eine durch eine *Amber-Mutation* bei *E. coli* eingetretene Unfähigkeit, alkalische Phosphatase zu synthetisieren, durch eine *zweite Mutation* wieder rückgängig gemacht werden kann, ohne daß dabei eine Rückmutation des UAG-Tripletts im Phosphatase-Strukturcistron eintritt. Es findet also eine *Unterdrückung* (*Suppression*) dieser *Nonsense-Mutation* statt. Dies wird durch eine Mutation auf einem anderen Teil des *E. coli*-Genoms verursacht.

Bei *E. coli* wurden *fünf Suppressor-Mutanten* (Su-I bis Su-V) isoliert, die sich durch die jeweiligen Aminosäuren unterscheiden, welche bei den genannten Amber-Mutanten eingebaut werden. Die *Suppression* solcher Nonsense-Mutationen führt jeweils zur Bildung eines modifizierten Proteins, welches sich in der Aminosäuresequenz vom Normalprotein und im Falle eines Enzyms sich auch häufig in seiner Aktivität gegenüber dem Normalenzym unterscheidet.

So werden bei Su-I Serin, bei Su-II Glutamin, bei Su-III Tyrosin, bei Su-IV Tyrosin und bei Su-V Lysin in die wachsende Polypeptidkette an den Stellen eingebaut, an denen sich jeweils die entsprechende Nonsense-Mutation befindet.

Welcher *biochemische Mechanismus* liegt dem Phänomen der *Suppression* zugrunde? Die Antwort auf diese Frage lautet, daß in der *supprimierten Mutante* durch das sogenannte *Suppressor-Gen* ein *besonderer, normalerweise nicht vorkommender Typ* einer *t-RNS* gebildet wird, die ein *Anticodon* für das *Nonsense-Triplett* (z. B. für UAG) besitzt. Dadurch wird der *Kettenabbruch verhindert* und statt dessen eine Aminosäure eingebaut, die sich von der ursprünglichen Aminosäure unterscheidet, welche sich an dieser Stelle im Wildtyp befindet. Welche Aminosäure eingebaut wird, richtet sich nach dem Typ der Suppressor-Mutation (s. obige Beispiele Su-I—Su-V).

Die *Suppressor-Mutation* erfolgt an den *Cistrons*, die die *t-RNS* codieren und führt durch Punktmutation wahrscheinlich nur zu einer Änderung des Anticodons.

Wahrscheinlich ist der Vorgang der Suppression von *allgemeiner Bedeutung*. Sie kann offensichtlich nicht nur bei Nonsense-Mutationen, sondern auch beim Wildtyp eintreten. In *E. coli* wurde z. B. eine Suppressor-t-RNS nachgewiesen, die Glycin anstelle von Arginin in die Tryptophan-Synthetase einbaut. Diese t-RNS nimmt Glycin auf, hat aber nicht das Anticodon für das glycinspezifische Codon GGA, sondern für AGA, welches normalerweise Arginin codiert. Das Ergebnis ist die Synthese einer anomalen Tryptophan-Synthetase in den supprimierten Zellen.

Aus dem Kapitel über die Mechanismen der Eiweißsynthese geht hervor, daß es für jede Aminosäure mehrere t-RNS-Species gibt. Möglicherweise ist darin ein Schutzmechanismus zu sehen, der daraus erkennbar wird, daß z. B. bei einer letalen Nonsense-Mutation mehrere t-RNS-Cistrons für ein und dieselbe Aminosäure verfügbar sind und eine lebensrettende Suppressor-Mutation in einem dieser Cistrons eintreten kann, ohne daß der normale Einbau dieser Aminosäure an anderen Stellen im Proteinmolekül gefährdet wird. Offen ist gegenwärtig die Frage, ob auch der höhere Organismus von der Suppressor-Mutation Gebrauch macht.

4.10. Wobble-Hypothese von CRICK

Aus dem *Code-Schema* (Tab. 4) geht hervor, daß die *meisten Codons* in der *dritten Base variabel* sind. Alle vier möglichen Basen sind lediglich in den ersten zwei Positionen (vom 5'- zum 3'-Ende gelesen) des Codons funktionell klar voneinander unterschieden.

Im Hinblick darauf, daß für eine bestimmte Aminosäure mehrere Transfer-RNS zur Verfügung stehen, kann man annehmen, daß nicht alle Codons dieser Aminosäure durch eine einzige Transfer-RNS erkannt werden. Man nimmt an, daß mindestens 61 verschiedene Species von t-RNS existieren, die 61 verschiedene Typen von Anticodons besitzen.

Die *ersten beiden Basen* des Codons (von 5' nach 3' gelesen) und des Anticodons (von 3' nach 5' gelesen) *paaren* sich *streng* nach dem *Prinzip* der *komplementären Basen* (A...U; C...G). Dadurch erkennt das Anticodon auf der t-RNS sein Codon auf der Messenger-RNS.

Die *dritte Base* des *Anticodons* paart sich jedoch abweichend vom WATSON-CRICK-Modell in *breiterer Spezifität* mit der *dritten Base* des *Codons*. Dies hängt mit den räumlichen Bedingungen im Anticodon-Bereich der t-RNS zusammen. Im Anticodon wurden neben den vier Hauptbasen A, U, G, C noch Basen gefunden, die nur in kleinen Mengen in der t-RNS vorkommen, z. B. Hypoxanthin und 2-O-Methylguanin. Das Hypoxanthin (H) vermag sich mit U, C oder A zu paaren (Tab. 5). Diese Bindungsregeln werden als WOBBLE-*Paarung* („*schwankende*“ *Paarung*) bezeichnet.

Tabelle 5
WOBBLE-Paarung zwischen Codon und Anticodon an der dritten Position des Codons (nach CRICK)

Anticodon	Codon
U	A oder G
C	G
A	U
G	U oder C
H	U, C oder A

Aus den Darlegungen geht hervor, daß die *dritte Base* eines Codons auf der m-RNS *mehrere Übersetzungsmöglichkeiten* besitzt.

Die *Vorteile* der WOBBLE-*Paarung* liegen darin, daß sie 1. die Erkennung mehrerer synonymer Codons (s. Code-Schema, Tab. 4) durch eine einzige t-RNS ermöglicht und 2. die Möglichkeit einschränkt, daß die t-RNS ihre biologische Spezifität verändert, wenn in der dritten Base eines Codons eine Änderung eintritt.

4.11. Universalität des genetischen Codes

Alle Untersuchungen sprechen dafür, daß der Codewort-Katalog (Tab. 4) für alle Organismen, die auf der Erde existieren, gültig ist. Das heißt, daß jede Aminosäure in der Natur, ob bei *E. coli*, im Pflanzenreich oder beim höheren Säugetier, durch die gleichen Codons genetisch verschlüsselt ist. Gleiches gilt für die Codon-Anticodon-Beziehungen, d. h. für die Beziehungen zwischen einer mit einer Aminosäure beladenen t-RNS und dem Proteinsynthese-

Komplex. So bringt z. B. eine aminosäuretragende t-RNS aus *E. coli* diese an die richtige Position in einem Hämoglobin-Synthese-System aus Säugetier-Reticulozyten.

Nicht universell sind hingegen die Beziehungen zwischen dem Aminoacyl-adenylat und der t-RNS. Letztere werden durch die aktivierte Aminosäure nicht beladen, wenn die Aminoacyl-RNS-Synthetase und die t-RNS von verschiedenen Species stammen.

Die Tatsache der Universalität des Codes könnte zwei verschiedene Gründe haben, nämlich: 1. Die Urformen aller lebendigen Organismen verfügten bereits über den Code, bevor die divergente Evolution begann; letztere war dann ohne Einfluß auf die grundsätzlichen Eigenschaften des Codes. 2. Während der Evolution existierte ein Zwang für die sich entwickelnden Systeme, diesen Code anzunehmen und aufrechtzuerhalten. Dieser Zwang könnte durch bisher unbekannte Gesetzmäßigkeiten physikalischer, chemischer und räumlicher Wechselwirkungen zwischen den Aminosäuren und den Nucleinsäurebasen auf molekularer Basis zustandegekommen sein.

Die erstgenannte Möglichkeit wird gegenwärtig als die wahrscheinlichste angenommen.

4.12. Mutationen und ihre Folgen

Unter einer *Mutation* versteht man jede Veränderung im Genom einer Zelle oder eines Organismus, die an die nächsten Generationen weitervererbt wird und die nicht durch Trennung von Allelenpaaren (Segregation) oder durch Rekombination vorhandener Gene unter Hervorbringung neuer Merkmale zustande kommt.

Man spricht a) von *Genommutationen*, wenn sich die Chromosomenzahl verändert hat, b) von *Chromosomenmutationen*, wenn sich die Struktur von einzelnen Chromosomen durch intra- oder interchromosomale Umbauvorgänge verändert hat und c) von *Genmutationen*, wenn Veränderungen an einem Einzelgen eingetreten sind, die entweder das Gesamtgen oder einzelne Genorte (Mutationsorte) betroffen haben.

In unseren Betrachtungen konzentrieren wir uns auf solche Veränderungen in der Genstruktur, die man als *Punktmutationen* bezeichnet und bei denen man zwei Typen unterscheiden muß: *1. Basensubstitutionen*, die durch Austausch einer Base gegen eine andere entstehen und *2. Rastermutationen*, die durch Veränderungen in der Nucleotidanzahl eintreten.

Basensubstitutionen entstehen, wenn eine Purinbase (z. B. Adenin) in einem Basenpaar durch ein anderes Purin (Guanin) oder eine Pyrimidinbase durch eine andere Pyrimidinbase ausgetauscht wird. Man spricht dann von einer *Transition.* Als *Transversion* hingegen wird der Austausch eines Purins gegen ein Pyrimidin und umgekehrt bezeichnet. *Rastermutationen* entstehen durch Aufnahme (*Insertion*) oder Verlust (*Deletion*) eines Nucleotidpaares in einem Gen.

Bei einer Basensubstitution tritt eine Änderung in der Struktur eines einzelnen Codons ein, die, je nachdem, welche Basenposition (1., 2. oder 3. Base im jeweiligen Nucleotidtriplett) betroffen ist, entweder zu einer Änderung im Informationsinhalt des Codons führt oder nicht. Falls die 3. Base in einem Codon von der Substitution betroffen ist, muß nach dem auf Seite 145ff. Gesagten infolge der Degeneration des Codes keine Änderung im Informationsinhalt dieses Codons eintreten.

Wenn aber nun eine *Basensubstitution* zu einer *Informationsänderung* des betreffenden Codons führt, dann hat dies entweder den *Einbau* einer *anderen Aminosäure* an dieser Stelle des Proteinmoleküls zur Folge oder bewirkt bei Entstehung eines *Nonsense-Codons* den *Abbruch* der *Polypeptidsynthese* an dieser Stelle.

Im Falle von *Rastermutationen,* deren Folgen im allgemeinen schwerwiegender sind als Basensubstitutionen, wird der *Ablesungsrahmen* für die Nucleotidsequenz verschoben, die der Insertion oder der Deletion folgen, was zu tiefgreifenden Veränderungen in der Aminosäuresequenz des von diesem Gen codierten Proteins oder auch zu Nonsense-Mutationen führen kann (S. 154ff.).

Eine *Transition* entsteht, wenn eine bestimmte Base in einer, meist selteneren, tautomeren Form vorliegt und dies bei anschließender Replikation zu Änderungen in der Basenpaarung führt. Die Iminoform des Cytosins z. B. paart nicht mit Guanin, sondern mit Adenin, und die Enolform des Thymins nicht mit Adenin, sondern mit Guanin.

Ein wirksames, experimentell häufig angewandtes *Mutagen* ist das *5-Bromuracil,* das als ein Strukturanalogon des Thymins aufgefaßt werden muß. Die Enolform dieses Mutagens hat die Paarungseigenschaften des Cytosins, paart sich also mit Guanin, während die Ketoform sich mit dem Adenin paart. Wenn also bei der DNS-Synthese 5-Bromuracil anstelle von Thymin eingebaut wird, so paart sich dieses entweder mit Adenin oder mit Guanin. Guanin paart sich bei der nächsten Replikation mit Cytosin. Die Folge ist eine Transition von AT nach GC. Man erkennt, daß solche basenanaloge Verbindungen nur auf replizierende DNS mutagen wirken.

Eine *Transversion* kann entstehen, wenn bei Replikation der DNS infolge inkorrekt arbeitender DNS-Polymerase ein Purin-Pyrimidin-Austausch erfolgt.

Rastermutationen entstehen durch Mutagene (z. B. Acridinfarbstoffe), die in die DNS-Struktur zwischen zwei benachbarten Basen eingeschoben („interkaliert") werden, wodurch die Polynucleotidkette eine Deformation erleidet. Diese Deformation der Matrize führt dazu, daß Basen bei der Replikation entweder übersprungen oder zusätzliche Basenpaare eingebaut werden. Man nimmt an, daß bestimmte krebserzeugende Stoffe, soweit sich ihre Wirkung auf mutagene Einflüsse zurückführen lassen, Rastermutationen hervorrufen.

Die Mutation kann durch eine *Rückmutation* (*Reversion*) wieder in die ursprüngliche Form (Wildtypform) zurückverwandelt oder durch eine Suppressormutation (S. 147f.) unterdrückt werden. Das durch Reversion entstehende Individuum bezeichnet man als *Revertante*.

Als *Reparatur* bezeichnet man die *gezielte Eliminierung* der in der DNS durch mutagene Einflüsse gesetzten Schäden, z. B. die Entfernung eines durch UV-Bestrahlung entstandenen Thymindimers oder von alkylierten Basen aus der DNS. Der Mechanismus der Reparatur wurde auf S. 69ff. ausführlich besprochen.

Die Reparaturmechanismen schützen den Organismus vor den Folgen der in der DNS entstandenen Veränderungen. Durch sie können deren schädigende oder gar tödliche Wirkungen verhindert werden.

Beim Menschen gibt es eine relativ seltene, bösartig verlaufende, vererbbare und frühzeitig zum Tode führende Hauterkrankung, die auf einer *Störung im DNS-Reparatursystem* beruht, das *Xeroderma pigmentosum*. Bei ihr entstehen an den der Sonnenstrahlung ausgesetzten Hautpartien Entzündungen, die sich zu bösartigen Geschwülsten entwickeln. Die Ursache dieser Erkrankung ist das Fehlen einer aktiven Reparatur-DNS-Endonuclease. Dadurch können Schäden an der DNS, die durch UV-Strahlen entstehen, nicht beseitigt werden.

Kehren wir in unseren Betrachtungen zu den *Punktmutationen* zurück. Eine solche Mutation wird durch Replikation weitervererbt und äußert sich phänotypisch nach Transcription und Translation in der Synthese eines veränderten Proteins. In diesem kann entweder eine Aminosäure durch eine andere ersetzt oder ein mehr oder weniger langer Abschnitt der Polypeptidkette infolge Rasterverschiebung falsch übersetzt worden sein. Es kann auch wie bei Nonsense-Mutationen zum Auftreten kurzer, unfertiger Poly- bzw. Oligopeptidketten eines bestimmten Proteins infolge vorzeitigen Aufhörens seiner Synthese kommen.

Wie bereits erwähnt, haben vor allem *Raster-* und *Nonsense-Mutationen schwerwiegende Folgen.*

Infolge der Degeneriertheit des Codes muß jedoch nicht jede Basensubstitution zu einem Aminosäureaustausch führen. Wenn aber eine Aminosäure gegen eine andere ausgetauscht wird, so kann das betreffende Protein entweder in seiner Funktion verändert oder nicht verändert werden, je nachdem welche Rolle die Aminosäure für die Strukturstabilität oder die Funktion des jeweiligen Proteins spielt.

Wenn eine Aminosäure im aktiven Zentrum eines Enzyms gegen eine andere ausgetauscht wurde, dann lassen sich Änderungen in der katalytischen Aktivität dieses Enzyms erwarten. Raster- oder Nonsensemutationen können zur Synthese völlig inaktiver oder unfertiger Enzyme führen.

Durch diese Überlegungen lassen sich vererbbare Stoffwechseldefekte, die durch das Fehlen bestimmter Enzyme (z. B. Galaktosämie, Phenylketonurie, die verschiedenen Typen der Glykogenspeicherkrankheit usw.) möglicherweise auf Genmutationen verschiedener Arten zurückführen. Die Komplexheit des Geschehens beim hochentwickelten Organismus und insbesondere beim Menschen macht es jedoch gegenwärtig sehr schwer, Stoffwechseldefekte dieser Art eindeutig der einen oder anderen Mutationsform zuzuschreiben (vgl. Lehrbücher der Humangenetik).

Beim Menschen liefert die große Zahl von *Hämoglobinmutanten* eindrucksvolle Beispiele für die Wirkung von Mutationen auf die Struktur von Proteinen und die dabei eintretenden Änderungen in ihren Eigenschaften und Funktionen (Teil I). Eine große Zahl dieser Mutationen sind auf Basensubstitution in den Globingenen, vor allem dem β-Ketten-Gen, zurückzuführen.

Als klassisch gewordenes Beispiel sei an dieser Stelle das *Sichelzellhämoglobin* (HbS) besprochen. Dieses ist vom normalen Hämoglobin des erwachsenen Menschen (HbA) durch *einen einzigen Aminosäureaustausch* in *Position 6* seiner beiden *β-Ketten* unterschieden, indem an diesem Ort die normalerweise vorkommende *Glutaminsäure* durch *Valin* ersetzt ist. An keiner anderen Stelle unterscheidet sich das Globin des HbS von dem des HbA. Dieser Austausch ist aller Wahrscheinlichkeit nach auf einen einzigen

Basenaustausch in Form einer Transversion im Gen der β-Kette zurückzuführen, der folgendermaßen aussieht:

DNS	–CTC–	–CAC–
m-RNS	–GAG–	–GUG–
Protein	–Glu–	–Val–
	HbA	HbS

Dieser Basenaustausch verursacht ein vielfältiges Wirkungsspektrum (*Pleiotropismus*) bei einem von dieser Erkrankung betroffenen Menschen: infolge des durch den Aminosäureaustausch veränderten isoelektrischen Punktes fällt das HbS leichter aus als HbA, was zu einer Strukturveränderung (*Sichelung*) der roten Blutkörperchen, zu ihrer *Verklumpung* und dadurch zu einer *Hemmung* der *Zirkulation* führt. Dies führt zu einer *Anämie* und zu einer *mangelhaften Blutversorgung* einzelner Organe sowie zu einer *Zerstörung* der *Milz*.

Von Bedeutung ist, daß heterozygote Sichelzellträger eine *höhere Resistenz* gegen *Malaria tropica* haben als gesunde Menschen, so daß diese Erkrankung möglicherweise in stark malariagefährdeten Gebieten des Erdballs von einem gewissen *Selektionsvorteil* war und sich das mutierte Gen aus diesem Grunde dort auch erhalten hat und verbreitet ist.

4.13. Biochemische Grundlagen der genetischen Defekte

Von besonderem Interesse sind solche Veränderungen im genetischen System, die zu *Enzymdefekten* oder zu *Strukturanomalien* anderer Proteine, z. B. des Hämoglobins, führen.

Basenmutationen im Strukturgen eines Enzymproteins und damit verbundene Änderungen im Informationsgehalt eines Codons können folgende Wirkungen haben:

1. Es wird ein aktives Enzym mit normaler Geschwindigkeit synthetisiert; der Träger dieser Mutation weist keinerlei Schädigung auf, er ist phänotypisch gesund. In diesem Falle hat die Mutation entweder eine Aminosäure betroffen, die für die Struktur und Funktion des Enzyms von untergeordneter Bedeutung ist oder es ist eine Aminosäure gegen eine sehr ähnliche ausgetauscht worden (*Sense-Mutation*).

2. Es wird ein inaktives Enzym mit normaler Geschwindigkeit synthetisiert. Die Mutation könnte dann ein Codon betroffen haben, das z. B. eine im aktiven Zentrum des Enzyms sitzende Aminosäure codiert, wodurch das Enzym seine katalytische Fähigkeit verliert (*Missense-Mutation*). Immunologisch unterscheidet sich jedoch das veränderte Enzymprotein vom normalen Enzymprotein nicht, d. h. es ist durch dessen Antikörper präzipitierbar. Wenn man als „immunologische spezifische Aktivität" den Quotienten Enzymaktivität/Antigenkonzentration definiert, so sinkt diese gegenüber der Norm ab. Hierzu gehören Enzymdefekte der Pyruvatkinase, Glucose-6-phosphat-Dehydrogenase, Phosphoglyceratkinase und Diaphorase.
3. Es wird überhaupt kein Enzymprotein synthetisiert, d. h. das Enzymprotein ist auch immunologisch nicht nachweisbar. Ursachen dieses Defektes könnte eine *Nonsense-Mutation* bzw. eine *Gendeletion* (Genverlust) sein. Dieser Fall wurde als Ursache der β°-Thalassämie (FB 1), des Xeroderma pigmentosum und der Glykogenose Typ II (Pompe) (DB III) nachgewiesen.
4. Es wird ein völlig falsches Protein anstelle des Enzymproteins synthetisiert, das keinerlei Aktivität besitzt und auch keinerlei Ähnlichkeit mit dem normalen Enzym aufweist. Einem solchen Defekt liegt eine *Rastermutation* zugrunde, wodurch das Strukturgen einen völlig anderen Informationsinhalt erhält. Die unter 3. und 4. genannten Beispiele lassen sich immunologisch nicht voneinander unterscheiden.
5. Es wird ein instabiles Enzym mit normaler katalytischer Aktivität synthetisiert (*Sense-Mutation*). Dieses Beispiel ähnelt Punkt 1; die Mutation hat hier aber eine Aminosäure betroffen, die für die Strukturstabilität des Enzymproteins von Bedeutung ist. In solch einem Falle findet man in jungen Zellen eine normale Enzymaktivität, in älteren Zellen aber eine erniedrigte. Manche Formen eines Pyruvatkinase-, Phosphofructokinase-, Triosephosphatisomerase und Glucose-6-phosphat-Dehydrogenase-Mangels lassen sich auf solch eine Mutation zurückführen.
6. Es wird ein aktives Enzym oder ein normales Protein mit geringerer Geschwindigkeit als beim Gesunden synthetisiert, ohne daß sich die „immunologische spezifische Aktivität" dabei verändert. Man hat dies bei der β^{+}-Thalassämie (FB 1) nachgewiesen und als Ursache eine *falsche Spleißung* des primären Transcriptionsproduktes des β-Gens gefunden (s. u.) (Abb. 50).

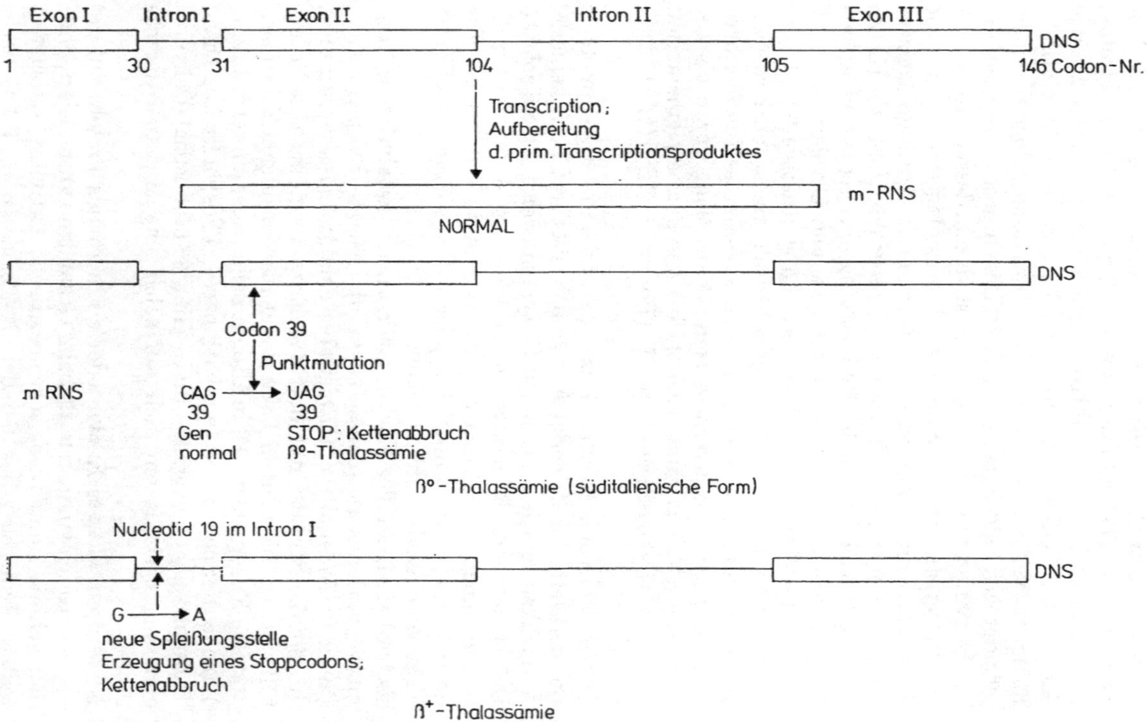

Abb. 50. Die molekularen Ursachen der β°- und β^{+}-Thalassämie im Vergleich zur normalen Aufbereitung der β-Kette des Hämoglobins

Obwohl man im Einzelfalle sehr wenig über die molekularbiologischen Ursachen eines Enzymdefektes weiß, kann wahrscheinlich ihre Mehrheit einen der sechs vorstehenden genannten Mechanismen zugeordnet werden. Das gilt auch für kompliziertere Situationen, bei denen z. B. Anomalien im Aktivierungssystem einer Reaktionskaskade, z. B. im Glykogenstoffwechsel, im Blutgerinnungssystem oder im Komplementsystem vorliegen. Ursachen in solchen Fällen können Enzymdefekte (z. B. in der Phosphorylasekinase) oder aber Mutationen in den Proteinsubstraten sein (z. B. das Auftreten von Prothrombinvarianten, die nicht oder nur ungenügend zu Thrombin gespalten und damit aktiviert werden können).

Auch die sog. *multiplen Enzymdefekte* sind hier zu nennen. Man versteht darunter, daß ein und dieselbe Mutation mehrere Enzyme gleichzeitig betrifft. Beispiele hierfür sind der Neuraminidasedefekt und die Hexosaminidase A- und B-Defekte. Ein Neuraminidasemangel führt zum Krankheitsbild der *Mucolipidosen* (*Sialidosen*), bei denen in Fibroblasten ein *Mangel* an *Neuraminidase* und eine verminderte lysosomale Hydrolaseaktivität besteht, im Plasma aber die Hydrolaseaktivität erhöht ist. Gleichzeitig häufen sich salinsäurehaltige Oligosaccharide an. Der *Neuraminidasemangel* wird zur Ursache *multipler lysosomaler Enzymanomalien.* Sie kommen auf folgende Weise zustande: Lysosomale Enzyme sind Glykoproteine. Nach ihrer Synthese an den Ribosomen (S. 123ff.) und der Fertigstellung ihrer Glykoproteinstruktur im Golgi-Komplex müssen diese Enzyme in die Lysosomen gelangen. Zum Durchtritt durch die Lysosomenmembran und zu ihrer Aufbewahrung in den Lysosomen müssen ihre Oligosaccharidanteile freie Galactosyl- und Mannosylreste aufweisen, sie dürfen keine Neuraminsäurereste an ihren Enden tragen. Normalerweise wird die Neuraminsäure von diesen Glykoproteinen durch die Neuraminidase abgespalten, so daß sie ihren Weg in die Lysosomen nehmen können. Beim Fehlen der Neuraminidase ist die Aufnahme dieser Enzyme in die Lysosomen verhindert und die Folge ist ihre mangelhafte Wirksamkeit gegenüber den sialinsäurehaltigen Oligosacchariden, die sich folglich anhäufen, teilweise auch vermehrt ausgeschieden werden. Bei dem zwei Enzyme betreffenden Hexosaminidase A- und B-Defekt (Sandhoff-Krankheit) kommt es ähnlich wie bei der Tay-Sachs-Krankheit (Fehlen der Hexosaminidase A = Gangliosid-β-Acetylgalactosaminidase, DB III) zu einer Gangliosidanhäufung. Zusätzlich zu dem Tay-Sachs-spezifischen Gangliosid tritt aber noch eine andere Oligosaccharid-Ceramid-Verbindung vermehrt auf, die auf den Mangel an Hexosaminidase B zurückgeht. Die Ursache ist auch hier ein einziger Gendefekt, der deshalb beide Enzyme betrifft, da sie eine Untereinheit gemeinsam haben und diese durch den Defekt betroffen ist.

Tiefe Einsichten in die biochemischen und molekularbiologischen Ursachen wurden bei den *Molekularkrankheiten* des *Hämoglobins* gewonnen. Bei ihnen wurden Aminosäuresubstitutionen, Kettenverlängerungen, Kettenverkürzungen und verschiedene Typen von Kettenmangelformen (Thalassämien) nachgewiesen. Die WHO schätzt, daß es auf der Welt über 200 Millionen von Hämoglobinanomalieträgern gibt und jährlich 200000 bis 300000 ernsthaft erkrankte Homozygote oder Heterozygote geboren werden.

Aminosäuresubstitutionen im Hämoglobin sind meist auf Punktmutationen vom *Missense-Typ* zurückzuführen, bei denen sich der Informationsgehalt eines Codons verändert, z. B. im Falle des Sichelzellhämoglobins in der β-Kette (S. 153f.), und es so zum Einbau einer anderen Aminosäure kommt.

Mutationen, die zu *Kettenverlängerungen* führten, werden sowohl bei den α- als auch bei den β-Ketten gefunden. Einige von ihnen sind auf Mutationen in einem *Terminatorcodon* zurückzuführen, meist im UAA, so daß dieses zu einem Aminosäurecodewort wird, die Synthese der Polypeptidkette an dieser Stelle folglich nicht abbricht, sondern solange weitergeführt wird, bis ein weiteres Terminatorcodon auftritt (Hämoglobin Constant Spring-1, Hämoglobin Seal Rock). Auch Rastermutationen wurden als Ursachen von Kettenverlängerungen gefunden (Hämoglobin Wayne-1).

Mutationen mit *Verkürzungen* eines Typs von *Polypeptidketten* (meist sind die β-Ketten betroffen) sind auf *Deletionen* bestimmter Codons oder von Codonsequenzen zurückgeführt worden. Ursachen hierfür sind entweder ein ungleiches *Crossing-Over* zwischen den β-Kettengenen (Hämoglobin Leiden, Hämoglobin Freiburg) oder, ebenfalls in einigen Fällen nachgewiesen, *Nonsense-Mutationen*, die zur Bildung eines *Terminationscodons* aus einem Aminosäurecodewort führen und dadurch zu einem vorzeitigen Abbruch der Kettensynthese Anlaß geben.

Als *Thalassämien* wird eine Gruppe von Krankheiten bezeichnet, bei denen die Synthese der α-, β-, γ- oder δ-Ketten entweder reduziert ist oder vollständig fehlt. Sie haben einen verminderten Hämoglobingehalt und Veränderungen in der Struktur der Erythrozyten zur Folge, wodurch es zu deren vorzeitigen Zerstörung im Knochenmark oder im Kreislauf kommt. Die veränderte Erythrozytenform wird durch eine anomale Aggregation derjenigen Ketten verursacht die relativ oder absolut im Überschuß synthetisiert werden. Da diese ihren Partnerkettentyp nicht finden, fallen sie aus und verändern dadurch die äußere Form und Lebensdauer der Erythrozyten.

Thalassämien kommen vermehrt im Mittelmeergebiet und in Südostasien vor. Sie können auf verschiedenen Ursachen beruhen, z. B. auf Deletionen im Strukturgen einer der vier genannten Globinketten (verschiedene Typen von α-Thalassämien), auf vorzeitigen Kettenabbruch infolge der Mutation eines Aminosäurecodons zu einem Terminationscodon. In Süditalien und Sardinien ist die *β°-Thalassämie* auf einem einzigen *Basenaustausch* im Codon 39 der β-Kette zurückzuführen, wodurch an dieser Stelle ein *Stoppcodon* entsteht und dadurch die vollständige Synthese der β-Kette unterbleibt. In China konnte die β°-Thalassämie auf eine solche Mutation im Codon 17 zurückgeführt werden (Abb. 50).

Während bei der β°-Thalassämie überhaupt keine β-Ketten nachweisbar sind, werden bei der *β^+-Thalassämie* kleine Mengen an normalen β-Ketten synthetisiert.

Mit Hilfe der Gentechnik konnte auch die *molekulare Ursache* der *β^+-Thalassämie* aufgeklärt werden. Sie beruht auf der mutativen Entstehung einer neuen *Spleißungsstelle* im primären Transcriptionsprodukt des β-Globingens. Das β-Globingen besitzt zwei Introns, ein kleines und ein großes Intron, deren transcribierte Sequenzen bei der Reifung des primären Transcriptionsproduktes des β-Globingens zur β-m-RNS durch Spleißung entfernt werden müssen (S. 77ff.). Bei der β^+-Thalassämie tritt die neue Spleißungsstelle im *kleinen Intron* auf, so daß 95% der β-Globin m-RNS nicht richtig gespleißt werden und eine veränderte m-RNS entsteht, die gegenüber der normalen β-m-RNS 19 Nucleotide zusätzlich enthält. Diese stammen aus dem kleinen Intron des β-Gens. Da 19 nicht ein mehrfaches von 3 ist, führt diese Nucleotidinsertion zu einer *Veränderung* des *Ablesungsrahmens*, so daß fünf Aminosäuren nach der Spleißungsstelle ein Terminationscodon auftritt, das zu einem vorzeitigen *Kettenabbruch* führt.

4.14. *Die Gentechnik*

4.14.1. *Allgemeines*

Im letzten Jahrzehnt hat sich als neue Arbeits- und Forschungsrichtung von Biochemie, Molekularbiologie und Genetik die sog. *Gentechnik* stürmisch entwickelt. Sie findet eine vielfältige *An-*

wendung bei der *Erforschung* der *molekularen Grundlagen* der *Vererbung* und der *Genexpression*, hat Methoden zur *Übertragung* von Genen eines Organismus in einen anderen entwickelt (*Gentransplantation* oder *Gentransfer*) und hat die Ursachenforschung und die Diagnostik genetisch bedingter Erkrankungen sehr gefördert. Die *Hauptanwendungsgebiete* der Gentechnik sind die *Medizin*, die *industrielle Mikrobiologie*, die *Tier-* und *Pflanzenzucht* und die *Lebensmitteltechnologie*. In der Medizin hat die Gentechnik eine führende Rolle bei der Aufklärung der Ursachen vererbbarer Erkrankungen und ihrer Diagnostik, bei der kausalen Erforschung der Krebsentstehung sowie bei der Herstellung neuer Impfstoffe, bestimmter Hormone, von Interferon und anderer Wachstumsregulatoren übernommen.

4.14.2. Die Gentransplantation

Aus dem Wissenschaftsgebiet der Humangenetik geht mit großer Klarheit hervor, welche Bedeutung genetische Defekte beim Menschen haben. Daraus erwächst eines der *wichtigsten Motive* für die Erforschung auf dem Gebiet der Gentransplantation, das darin besteht, dereinst beim Menschen fehlende oder defekte Gene durch normale zu ersetzen und dadurch genetisch verursachte Erkrankungen kausal zu bekämpfen. *Jedoch ist bis dahin noch sehr viel zu tun.*

Ein *Gentransfer* ist sinnvoll für die *gezielte Entwicklung vererbbarer Eigenschaften* bei solchen Organismen, die für den Menschen als *Nahrungsquellen* oder aus anderen Gründen nützlich sind, z. B. bei Tieren, Pflanzen und Mikroorganismen sowie für die „Herstellung" von *Mikroorganismen*, die *medizinisch wichtige Substanzen* (Hormone, Enzyme usw.) liefern.

Wie ist der Stand auf diesem Gebiet und welche Möglichkeiten zur Lösung solcher Probleme deuten sich an?

Zunächst sei ein Experiment als Beispiel besprochen, das als Meilenstein in dieser Entwicklung gilt, weil es den Weg des Herangehens grundsätzlich aufzeigt.

Es ist gelungen, in die Zellen einer Fibroblastenkultur, die von einem Patienten stammten, der an *Galaktosämie* litt, das Gen für die *Uridindiphosphatglucosidtransferase* (dessen Fehlen die Ursache der Galaktosämie ist, s. DB III) zu transplantieren und damit diesen Zellen die Information für die Synthese des Enzyms einzupflanzen. In den Zellen wurde dieses Gen transcribiert und translatiert, so daß das vorher fehlende Enzym jetzt in den Zellen nachweisbar wurde. Das übertragene Gen wurde, da es offenbar in das Wirtsgenom eingebaut wurde, auch auf die Nachkommen der Empfängerzellen weiter vererbt.

Als *Spender* dieses *Gens* wählte man *E. coli* und als *Genüberträger* den *temperenten Bakteriophagen λ* (vgl. mit S. 105ff.). Dieser Phage inkorporierte in sein Genom ein Teil des Galaktose-Operons der *E. coli*-Zelle und übertrug dieses auf die defekten Fibroblasten, wodurch den Zellen die gewünschte Eigenschaft verliehen wurde.

Aus diesem Experiment kann man ableiten, daß die *folgenden Schritte* bewältigt werden müssen, um einen *Gentransfer* erfolgreich durchführen zu können:

1. „sauberes“ Herausschneiden eines bestimmten Gens oder einer Gensequenz aus dem Genom des *Genspenders* (*Donator-Zelle*);
2. Auffindung eines geeigneten *Genüberträgers* bzw. *Vektors*, in dem das Material verpackt und durch den es in die Empfängerzelle hineingebracht werden kann;
3. das genaue *Einfügen* des *übertragenen genetischen Materials* in das *Genom* der *Empfängerzelle*, so daß es integriert wird und dann als Bestandteil des Wirtsgenoms repliziert, transcribiert und translatiert wird.

Es ist der Biochemie und Molekularbiologie gelungen, das erforderliche *methodische Rüstzeug* für die Gentransplantation zu entwickeln. Dieses besteht a) aus einer Gruppe von Enzymen, den sog. *Restriktionsendonucleasen*, die das Ausschneiden der Gene aus dem Spendergenom übernehmen, b) aus verschiedenen Typen von Genüberträgern (*Vektoren*), bei denen die *Plasmide* und die *Bakteriophagen* (vor allem der Phage λ) im Vordergrund stehen und c) aus anderen Enzymen, die die kovalente Verknüpfung der einzelnen DNS-Abschnitte übernehmen; sie bezeichnet man als *Ligasen*.

4.14.3. Die Werkzeuge der Gentransplantation

4.14.3.1. Die Restriktionsendonucleasen

Restriktionsendonucleasen sind *bakterielle Enzyme*, die in der Lage sind, DNS im Innern ihrer Moleküle zu spalten, d. h. sie in kleinere Fragmente zu zerlegen. Die *Restriktionsendonucleasen* unterscheiden sich von den übrigen Endonucleasen dadurch, daß sie die DNS nur an bestimmten Stellen, also *ortsspezifisch*, spalten und dabei das als Substrat dienende DNS-Molekül reproduzierbar in Populationen von Fragmenten spezifischer Längen zerlegen; die endständigen Nucleotide eines jeden Fragments werden durch den spezifischen Spaltungsort des Enzyms bestimmt.

Die *gewöhnlichen Endonucleasen* spalten *nicht ortsspezifisch*, sondern bewirken im Gegensatz dazu eine weitgehende Spaltung der DNS unter Bildung eines Nucleotidgemisches, dessen Zusammensetzung weitgehend von der Einwirkungszeit des Enzyms abhängt.

Alle *Restriktionsendonucleasen* sind in ihrer Spaltungsreaktion abhängig von einer *spezifischen Erkennungsregion* im *DNS-Molekül*. Zwei Typen von Restriktionsendonucleasen lassen sich voneinander unterscheiden: 1. Enzyme, die die DNS am Erkennungsort selbst spalten und 2. Restriktionsendonucleasen, deren Spaltungsort mehr oder weniger weit vom Erkennungsort entfernt ist.

Warum heißen diese Enzyme „Restriktionsendonucleasen"? In der Virologie bezeichnet man unter *Restriktion* ein eingeschränktes Wachstum von DNS-Phagen in Bakterienzellen, die auf eine Spaltung, d. h. auf eine *Zerstörung* der *Virus-DNS* durch *bakterielle Enzyme* zurückführbar ist. Bei der Restriktion zerstört die Wirtszelle das fremde genetische Material. Dies ist das Werk der Restriktionsendonucleasen.

Warum spalten Restriktionsendonucleasen in vivo die fremde und nicht die bakterieneigene DNS? Die Antwort darauf ist, daß sich beide in ihrem *Methylierungsmuster* unterscheiden oder, wie es allgemeiner ausgedrückt wird, beide unterschiedlich modifiziert sind.

Die bakterieneigene DNS ist deshalb vor der Spaltung durch ihre eigenen Restriktionsenzyme geschützt, weil sie ein bestimmtes Methylierungsmuster aufweist, das sie unangreifbar macht. Die Methylierung bestimmter Basen, z. B. von Adenin zu 6-Methylaminopurin oder von Cytosin zu 6-Methylcytosin stellt eine postsynthetische Modifizierung der DNS dar.

Die Restriktion ist nicht auf virale DNS beschränkt, sondern kann auch bakterielle DNS betreffen, z. B. solche, die bei der Konjugation, also beim Austausch von Genen zwischen zwei Bakterienstämmen, in ein Bakterium gelangt.

Die Restriktion stellt eine Art „primitives Immunitätssystem" dar, das seine Wirkung direkt auf das genetische Material richtet.

Die Restriktionsenzyme sind relativ große Enzyme mit Molekulargewichten von etwa 450000. Sie können nicht nur DNS spalten, sondern diese auch an bestimmten Stellen methylieren.

Dabei wird die Methylgruppe an eine Base der Erkennungssequenz im DNS-Molekül angehängt.

Bisher wurden mehr als 200 verschiedene bakterielle, ortsspezifisch wirkende Restriktionsendonucleasen beschrieben.

Für die *Technik* der *Gentransplantation* ist eine *Restriktionsendonuclease* von *E. coli* besonders wichtig geworden, nämlich die *E. coli Restriktionsendonuclease I* (*Eco R I*). Diese spaltet die DNS-Doppelhelix an einer Stelle im Molekül, die eine bestimmte Basensequenz in einer *rotationssymmetrischen Anordnung* besitzt. Diese ist durch eine *palindromartige Aneinanderreihung* von Nucleotiden auf beiden Strängen des DNS-Doppelmoleküls charakterisiert (unter einem „*Palindrom*" versteht man eine Folge von Buchstaben oder Wörtern, die vor- und rückwärts gelesen den gleichen Sinn ergeben). Das Eco R I-Enzym spaltet die Stellen in der DNS-Doppelhelix, die folgende Nucleotidsequenzen auf den beiden DNS-Strängen haben:

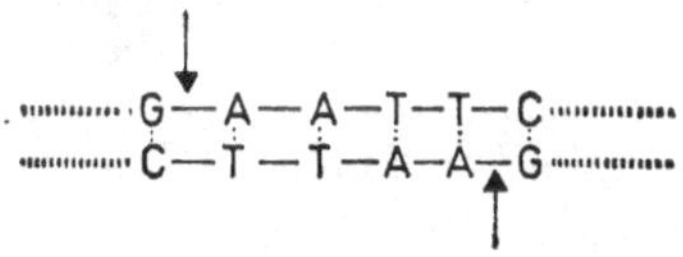

Die Spaltungsorte sind jeweils durch Pfeile angegeben.

Eine andere Restriktionsendonuclease (die aus Haemophilus influenzae isolierte sog. *Hind III*) spaltet an folgenden Stellen:

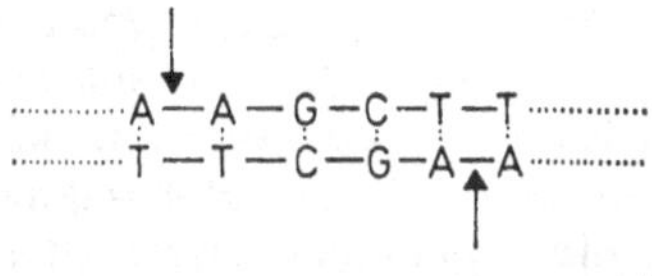

Mit solchen *ortsspezifisch spaltenden Restriktionsendonucleasen,* die in der DNS-Doppelhelix versetzte Brüche verursachen, hat die Natur dem Biochemiker und Molekularbiologen *Werkzeuge* in die Hand gegeben, die keine zufälligen Spaltungen in der DNS bewirken, sondern in spezifischer und reproduzierbarer Weise Fragmente liefern, die charakteristische endständige Nucleotidgruppierungen aufweisen (Abb. 51).

Es ist erkennbar, daß nach Einwirkung einer bestimmten Restriktionsendonuclease die beiden Stränge jeweils *verlängerte,* d. h. „überstehende" *identische* Enden haben, die infolge ihrer *Komplementarität kohäsive Eigenschaften* besitzen. Durch ihre *Kohäsivität* haben die Enden solcher Fragmente das Bestreben, sich entweder untereinander oder mit anderen DNS-Molekülen zu vereinigen, die infolge ihrer Spaltung durch das *gleiche Restriktionsenzym* die *gleichen Nucleotidsequenzen* an ihren Enden tragen. Eine *Polynucleotidligase* kann dann die aneinander haftenden Enden kovalent wieder verbinden. Durch Anwendung von Restriktionsendonucleasen und Ligasen können also DNS-Moleküle unterschiedlicher Herkunft miteinander verbunden werden, was für unser Problem des Gentransfers von großer Bedeutung ist (*DNS-Rekombination*).

Diese *rekombinierten DNS-Moleküle*, in denen also Erbanlagen aus zwei verschiedenen Zellen oder Organismen vereinigt sind, müssen in die *Empfängerzellen*, z. B. in Bakterienzellen, eingeschleust und dort repliziert werden. Hierzu wird die *DNS-Rekombinante* mit einem geeigneten Genüberträger, einem *Vektor*, verbunden. Dieser Vektor wird von den Empfängerbakterien aufgenommen. In den Empfängerzellen, die nach dem Eindringen des Vektors identische Kopien der neukonstruierten DNS-Sequenz enthalten, d. h. in den transformierten Bakterien, müssen die Rekombinanten vermehrt werden. Man bezeichnet diesen Schritt als *Klonierung*. In geeigneten Kulturen werden dann die Bakterien in großen Mengen hergestellt.

4.14.3.2. Plasmide und Viren als Vektoren

An die *Vektoren* von genetischem Material müssen die folgenden *Bedingungen* gestellt werden: sie müssen klein, leicht gewinnbar und zur *autonomen Replikation* in einem *Empfängerbakterium* befähigt sein. Der Vektor sollte möglichst *nur einen Angriffspunkt* für diejenige Restriktionsendonuclease haben, die zur Herstellung der zu klonierenden DNS-Fragmente verwendet wird. Die wichtigsten und in Gentransplantationsexperimenten am meisten benutzten Vektoren sind die Bakterienplasmide (vgl. mit S. 14) und der Bakteriophage λ (s. S. 100).

Abb. 51. Erkennungs- und Spaltregionen der Restriktionsendonuclease Eco RI und Erzeugung von Spaltstücken mit überstehenden Enden (die Pfeile geben die Spaltstellen an).

A: Erzeugung von zwei versetzten Brüchen in einer langgestreckten DNS-Doppelhelix

B: Erzeugung eines versetzten Bruches in einem Plasmid, z. B. in dem Plasmid pSC 101, das nur über einen Angriffspunkt für Eco RI verfügt

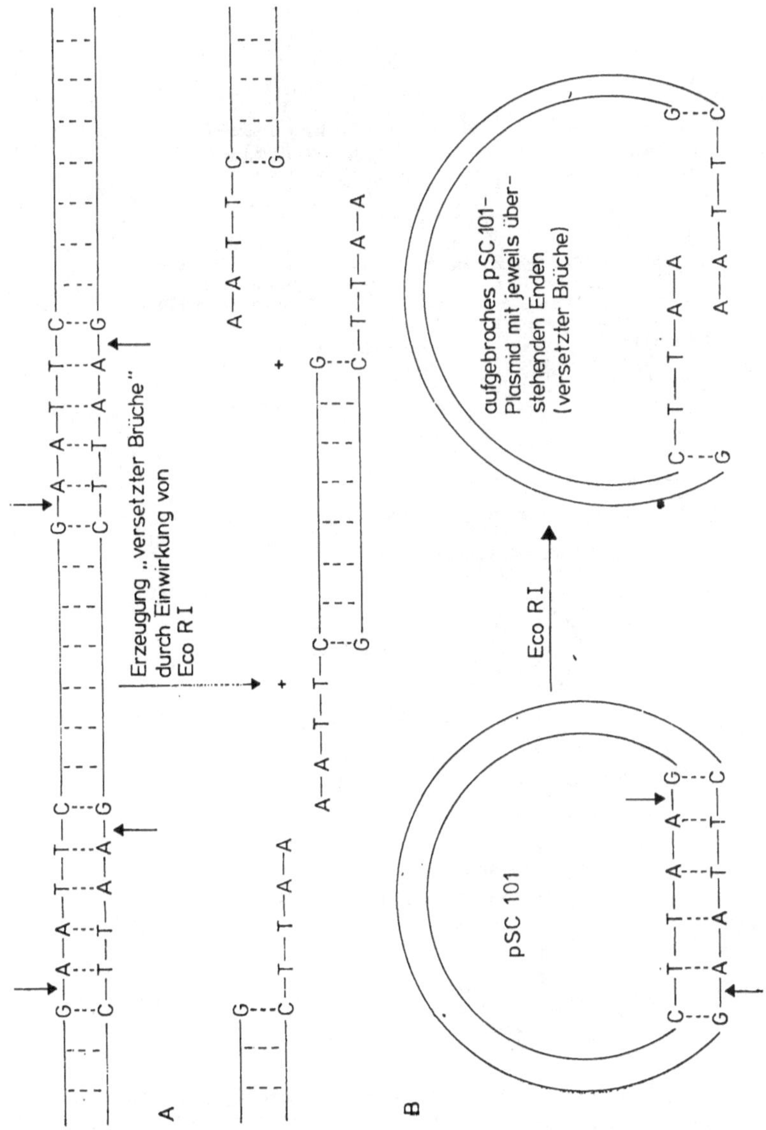
A
Erzeugung „versetzter Brüche“
durch Einwirkung von
Eco R I
B
pSC 101
Eco R I
aufgebroches pSC 101-
Plasmid mit jeweils über-
stehenden Enden
(versetzter Brüche)

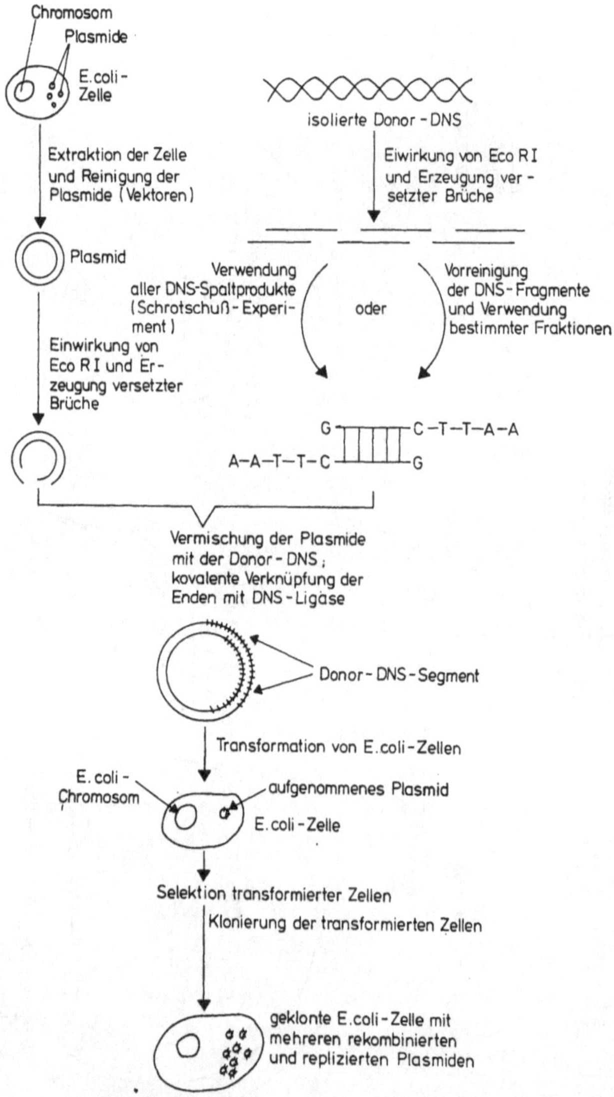

Abb. 52. Schematische Darstellung eines Experimentes zur Gentransplantation (Gewinnung der Donor-DNS und Spaltung durch Restriktionsendonuclease, Rekombination mit einem Plasmid, Transformation der Empfängerzelle, Vermehrung, Selektion und Klonierung)

Es sind Plasmide für *E. coli* gewonnen worden, welche nur einen einzigen Angriffspunkt für solche Restriktionsendonucleasen haben, die versetzte Brüche in dem DNS-Doppelstrang erzeugen. Hierzu gehört das *Plasmid pSC 101*, das der *E. coli*-Zelle die Fähigkeit zur *Tetracyclinresistenz* vermittelt, also ihr die Eigenschaft verleiht, gegenüber einem bestimmten Antibiotikum resistent zu sein (vgl. mit Angaben auf S. 14) (Abb. 51). Nachdem dieses Plasmid mit einem DNS-Fragment fremder Herkunft vereinigt und von einer *E. coli*-Zelle aufgenommen wurde, verleiht es dieser Zelle die Eigenschaft der Tetracyclinresistenz. In einem tetracyclinhaltigen Medium vermehren sich demzufolge nur solche Zellen, die dieses Plasmid enthalten, so daß auf dieser Eigenschaft ein einfaches *biologisches Prüf-* und *Selektionsverfahren* aufgebaut werden kann. In diesen Zellen vermehrt sich das Plasmid autonom (*Klonierung der Rekombinante*).

In Abb. 52 ist schematisch das Prinzip eines Experimentes zur Transplantation eines Gens wiedergegeben:

1. Gewinnung der DNS aus einer *Donorzelle*;
2. *Spaltung* dieser DNS mit einer *Restriktionsendonuclease*, die versetzte Brüche erzeugt (z. B. Eco R I);
3. Erzeugung eines versetzten Bruches in einem Vektor, z. B. in dem Plasmid pSC 101;
4. *Rekombination* der DNS-Fragmente mit dem aufgebrochenen Plasmid und anschließende kovalente „Versiegelung“ der Enden durch die *Polynucleotidligase*; dadurch wird die geschlossene Struktur des Plasmids wiederhergestellt; dieses Plasmid ist also ein „molekulares Hybrid“;
5. *Transformation* des *Empfängerbakteriums* durch Aufnahme des hybridisierten Plasmids und dessen *Klonierung*;
6. *Vermehrung* und *Selektion* der Zellen in entsprechenden Kulturen;
7. Nachweis, daß das transplantierte Gen in der Empfängerzelle nicht nur repliziert (kloniert), sondern auch transcribiert und translatiert wird.

4.14.3.3. Die Gewinnung und Klonierung eines bestimmten Gens

Wenn man eine Bakterienkultur durch eine Mischung von Plasmiden transformiert, die mit DNS-Fragmenten aus chromosomaler DNS von *Drosophila melanogaster* unter Verwendung von Eco R I hybridisiert wurden, so entstehen nach der Vermehrung der einzelnen Zellen etwa 16000 verschiedene Bakterienklone. Diese Zahl ergibt sich aus der Zahl der Angriffspunkte von Eco R I in der *Drosophila*-DNS, d. h. aus der Zahl der verschiedenen DNS-Fragmente, die nach Einwirkung dieser Restriktionsendonuclease auf das *Drosophila*-Genom entstehen. Es ist eine kaum zu bewältigende Aufgabe, aus einem solchen „Schrotschuß"-Experiment eine Rekombinante zu selektieren und zu klonieren, die ein bestimmtes *Drosophila*-Gen enthält. Es bedarf zahlreicher Kunstgriffe, ein derartiges Problem erfolgreich zu lösen.

Wenn das zu transplantierende und zu klonierende Gen ein Enzym codiert, so könnte man auf oben angegebene Weise eine Bakterienmutante transformieren, die einen Mangel an diesem Enzym hat. Der Transplantationserfolg ließe sich dann an der Neusynthese dieses Enzyms nachweisen. Dies setzt die Transcription und die Translation des transplantierten Gens voraus.

Während die *Transcription* und die *Translation* eines Gens nach dessen Übertragung von einem Prokaryonten auf einen anderen Prokaryonten im allgemeinen nicht schwierig zu erreichen ist, stößt die Expression von Genen aus Eukaryonten in Prokaryonten auf große Schwierigkeiten. Zwar beobachtet man dann häufig eine Transcription des transplantierten Gens, d. h. die Synthese von Prä-m-RNS-Segmenten, jedoch nicht die Synthese des codierten Proteins. Die wesentlichen Ursachen hierfür sind, daß *Eukaryontengene* durch die sog. *Introns* unterbrochen sind und ihre *primären Transcriptionsprodukte* einer besonderen Aufbereitung (*Reifung* oder *Processing*) bedürfen, bei der die *Spleißung* ein wichtiger Schritt ist. Dieser Prozeß ist *eukaryontenspezifisch*, Prokaryonten verfügen nicht über entsprechende Mechanismen.

Deshalb sind in neuerer Zeit verschiedene Verfahren zur Anreicherung und Reinigung von Genen aus Eukaryonten vor der Rekombination und Klonierung ausgearbeitet worden, die bis zu ihrer enzymatischen oder chemischen Synthese reichen.

Folgende Wege werden beschritten, um zu sauberen Genen zu gelangen.

Die m-RNS für die Globinketten des Hämoglobins kann aus Erythrozytenvorstufen leicht gereinigt werden. Mit Hilfe einer *Revertase*, die eine umgekehrte Transcription katalysiert, läßt sich an dieser m-RNS die komplementäre DNS herstellen, die die Globinstruktur codiert (Globin-cDNS). Der zunächst entstehende DNS-Einzelstrang wird durch DNS-Polymerase verdoppelt und kann dann mit E. coli-Plasmiden rekombiniert und kloniert werden (Abb. 53).

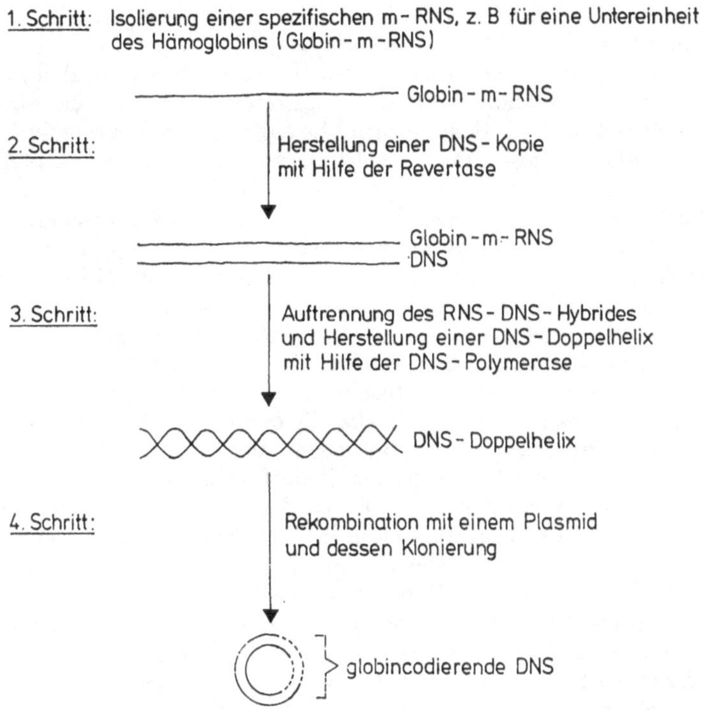

Abb. 53. Herstellung und Klonierung eines bestimmten Gens, z. B. des globincodierenden Gens

Neben der enzymatischen Gensynthese stehen chemische Verfahren zur Synthese eines bestimmten Gens. Bei bekannter Aminosäuresequenz eines Polypeptides läßt sich auf Grund des Aminosäurecodes dessen Genstruktur rekonstruieren und die entsprechende DNS-Kette gewissermaßen „nach Plan" synthetisieren. Dies gelang für das DNS-Molekül, das das Hormon *Somatostatin* codiert und für zwei DNS-Segmente, von denen die eine die Information für die *A-Kette,* die andere die für die *B-Kette* des *Insulins* des Menschen enthält.

Somatostatin ist ein Peptidhormon des Hypothalamus, das aus 14 Aminosäuren besteht (ausführliche Angaben über das Hormon werden in DB I und FB 2 gemacht).

Hierzu wurde das Strukturgen für Somatostatin chemisch synthetisiert, danach mit dem Gen für β-Galaktosidase in einem *E. coli*-Plasmid fusioniert und dieses Hybridplasmid in *E. coli* kloniert.

Die transformierten Zellen synthetisierten in der Zellkultur kovalent untereinander verbundene „Proteinchimären", die aus β-Galaktosidase und Somatostatin bestanden. Nach proteolytischer Spaltung dieses Doppelmoleküls wurde biologisch aktives Somatostatin in reiner Form gewonnen. Die Kopplung mit der β-Galaktosidase wurde gewählt, um die intrazelluläre Proteolyse des gebildeten Somatostatins als relativ kleinem Peptid durch bakterieneigene Proteasen zu verhindern, da sonst der Erfolg der Gentransplantation sowie der Transcription und Translation des Somatostatin-Gens wieder zunichte gemacht worden wäre.

Es wurde intensiv daran gearbeitet, die Bakterienzellen auch zur Synthese von menschlichem Insulin zu veranlassen, denn damit könnte eine völlig neuartige Quelle für die Insulingewinnung erschlossen werden, die es erlauben würde, tierisches Insulin zu ersetzen und den ständig steigenden Bedarf an diesem Hormon zu Therapiezwecken auch in Zukunft zu decken. Bisher wurde die Erreichung dieses Zieles durch den in Prokaryonten und Eukaryonten unterschiedlichen Genaufbau und die unterschiedlichen Mechanismen der m-RNS-Reifung verhindert.

Die bakterielle Klonierung der DNS-Sequenzen für das Präproinsulin oder das Proinsulin (FB 2) des Menschen brächte nicht den erwünschten Erfolg, da die Bakterienzelle nicht in der Lage wäre, diese beiden Proteine in das aktive Humaninsulin überzuführen. Deshalb beschritt man den Weg über die chemische Synthese der beiden, die A- und die B-Kette des Insulins codierenden DNS-Abschnitte, rekombinierte sie mit je einem Plasmid und klonierte sie in zwei Bakterienstämmen. Diese produzierten dann jeweils die A- und B-Kette des Humaninsulins, die dann nach entsprechender Reinigung zum *aktiven Insulin* zusammengefügt wurden.

4.14.4. Einsatzgebiete der Gentechnik

Es ist auf Grund der bisherigen Erfolge vorhersehbar, daß die *Gentransplantation* auch in den nächsten Jahren für folgende Gebiete von zunehmender Bedeutung sein wird: 1. für die Herstellung *medizinisch wichtiger Produkte*, z. B. von Hormonen, Enzymen und anderen biologisch aktiven Stoffen. Hierzu wird man sich der Konstruktion von hybridisierten Plasmiden bedienen, die in

Bakterien kloniert werden und dort die Bildung der betreffenden Substanzen veranlassen; 2. für die Verbesserung der *Fermentationstechnologien* von Mikroorganismen, z. B. zur Gewinnung von Aminosäuren, Citronensäure u. a. sowie zur Umwandlung von Erdöldestillaten in mikrobielles Eiweiß; 3. für die genetische Veränderung bestimmter Kulturpflanzen zur Erzielung besonders erwünschter Eigenschaften (z. B. Erhöhung des Gehaltes an essentiellen Aminosäuren, rasches Wachstum, Ausnutzung des Luftstickstoffs zur Eiweißsynthese ähnlich wie durch die Knöllchenbakterien von Leguminosen usw.).

Ein *Fernziel* ist natürlich, die Gentransplantation zur Substitution fehlender oder defekter Gene beim Menschen einzusetzen und damit eine gezielte und kausal orientierte Therapie genetisch verursachter Erkrankungen zu erreichen.

Beträchtliche Fortschritte wurden auf folgenden Gebieten erzielt:

1. Mikrobielle Herstellung von *Wachstumsregulatoren*, z. B. von *Wachstumshormonen*, *Interferon* (S. 111f.) u. a. sowie von *Impfstoffen* gegen verschiedene Erkrankungen, z. B. gegen Grippe, Hepatitis, Maul- und Klauenseuche, Cholera u. a.
2. Erforschung der *Ursachen* von *vererbbaren Enzymdefekten* und anderer genetisch bedingter Erkrankungen (z. B. von *Hämoglobinanomalien*). Die Gentechnik lieferte die Basis zum Verständnis der molekularen Ursachen verschiedener Thalassämieformen (S. 155ff.) und anomaler Strukturen der α- und β-Ketten des Hämoglobins. Hand in Hand damit geht die Entwicklung neuartiger diagnostischer Verfahren zur Früherkennung von Gendefekten. Damit wird die *pränatale Diagnostik* solcher Erkrankungen auf eine völlig neue Basis gestellt. Prinzipielle Arbeitsschritte sind dabei: a) Herstellung eines DNS-Moleküls, das die Struktur des zu untersuchenden Enzyms codiert und dessen bakterielle Klonierung mit dem Ziel, diese DNS-Sequenz als diagnostische Sonde zu benutzen, b) Einsatz dieser Sonde zum Nachweis des zu untersuchenden Gens (Hybridisierung auf Grund des Komplementaritätsprinzips) in den Zellen eines Patienten; c) erfolgt keine Hybridisierung, so läßt sich daraus auf die Abwesenheit des betreffenden Gens schließen (Gendeletion); ist hingegen die Hybridisierung erfolgreich, so ist entweder das unveränderte Gen in normaler Ausführung vorhanden (d. h. es liegt kein Gendefekt vor) oder es liegt ein teilweise verändertes Gen bzw. es liegen bestimmte Genabschnitte vor, die

zwar mit der Sonde hybridisieren, sich in ihrer Struktur aber vom normalen Gen unterscheiden; d) zur Unterscheidung eines normalen („gesunden“) Gens von einem mutierten Gen bedient man sich verschiedener Restriktionsendonucleasen, die das mit der Sonde isolierte Gen in unterschiedliche Bruchstücke spalten; e) das entstehende Bruchstückmuster wird mit dem des normalen Gens verglichen und auf diese Weise die Art der Mutation und ihre Lokalisierung in dem betreffenden Gen festgestellt.
Mit Hilfe dieser Technik wurde festgestellt, daß bei der *Phenylketonurie* das Gen der *Phenylalaninhydroxylase* zwar vorhanden ist, also keine Gendeletion vorliegt, daß dieses aber ein anderes Bruchstückmuster nach Einwirkung verschiedener Restriktionsendonucleasen liefert als das Phenylalaninhydroxylasegen von gesunden Personen. Dies deutet darauf hin, daß die klassische Phenylketonurie auf eine Mutation im Phenylhydroxylasegen zurückführbar ist. Das durch Endonucleaseeinwirkung aus diesem DNS-Abschnitt entstehende Fragmentierungsmuster wurde zur Grundlage einer pränatalen Diagnostik für diesen Enzymdefekt gemacht.
3. Kausalanalyse der Krebsentstehung (S. 211 f.).

4.14.5. Verantwortung des Wissenschaftlers bei der Planung und Durchführung von Versuchen zur Gentransplantation

Die Entwicklung des molekularbiologischen Instrumentariums zur Gentransplantation und die bei seiner Anwendung gewonnenen Erkenntnisse eröffnen eine Vielzahl von Möglichkeiten zur genetischen Veränderung von Lebewesen, die heute noch unübersehbar sind. Sie liefern möglicherweise den Schlüssel zur Lösung des Krebsproblems ebenso wie die Grundlagen zur gezielten Therapie von Erbkrankheiten beim Menschen. Die Gentransplantation erlaubt auch die Entwicklung von Organismen „nach Wunsch“ deren Genom auf Grund eines bestimmten Planes „konstruiert“, wird und die auf diese Weise für den Menschen besonders nützliche Eigenschaften erhalten, z. B. die kontinuierliche Produktion von Nahrungsprotein.

Die Möglichkeit der Anwendung der Gentransplantation beschwört aber auch ernstzunehmende Gefahren herauf, die auf zwei voneinander scharf zu unterscheidenden Gebieten zu suchen sind.

Es sind dies einmal das *Risiko* und zum anderen der *Mißbrauch*. Die *Verantwortung* der *Wissenschaftler* besteht darin, jedes *Risiko auszuschließen* und jeden nur denkbaren *Mißbrauch* zu *verhindern*.

Das *Risiko* bei der Durchführung von Gentransplantationen besteht darin, daß experimentell zusammengefügte Genabschnitte die aus verschiedenen biologischen Quellen stammen, so rekombinieren können, daß deren *Produkte* eine *Gefahr* für den *Menschen* und seine *Umwelt* darstellen. Schon jetzt weiß man, daß bestimmte Arten von Experimenten gefährliche, zumindest aber gegenwärtig noch nicht absehbare Folgen haben können.

Eine *Gefahr* kann beispielsweise dadurch auftreten, wenn experimentell in pathogenen Bakterien solche Plasmide erzeugt werden, die genetische Determinanten für die Erlangung von Resistenz gegen klinisch verwendete Antibiotika tragen. Dadurch könnte eine ungehinderte Verbreitung dieser Bakterien eintreten. Da das wichtigste bakterielle Versuchsobjekt der Molekularbiologie, *E. coli*, zu den normalen Darmbewohnern des Menschen gehört und dieses Bakterium mit pathogenen Bakterienarten genetische Informationen austauscht, könnte dadurch eine unmittelbare Gefahr für den Menschen erwachsen.

Es läßt sich auch denken, daß solche Versuche Gefahren in sich bergen, in denen die DNS von onkogenen Viren mit Plasmid-DNS von Bakterien kombiniert wird. Infolge der autonomen Vermehrung der Plasmide könnten diese Bakterien sehr schnell bei Mensch und Tier verbreitet werden, wodurch ein erhöhtes Krebsrisiko entstehen würde.

Eine Gruppe verantwortungsbewußter amerikanischer Forscher unter Leitung von P. Berg hat 1974 auf die Gefahren und auf das hohe Risiko solcher und ähnlicher Versuche hingewiesen und in einem Moratorium gefordert, Versuche von der Art, wie sie eben geschildert wurden, bis zur Klärung der offenen Fragen einzustellen.

Diese Initiative löste eine weltweite Aktivität der Biologen aus, in denen um eine Präzisierung der Probleme und um eine Eingrenzung bzw. um die Verhinderung der Gefahren gerungen wurde. Es fanden zahlreiche internationale Konferenzen zu diesem Thema statt, und viele nationale und internationale Gremien, darunter auch die Akademie der Wissenschaften der DDR, bezogen Stellung. In vielen Ländern wurden Richtlinien zur Verhütung von Gefahren bei der Gentransplantation und zur Gewährleistung der Sicherheit in den entsprechenden Laboratorien erlassen.

Klarheit sollte jedoch darüber herrschen, daß Richtlinien solcher Art nicht dazu dienen können, den *Mißbrauch* der *Gentransplantation zu verhindern.*

Zur Verhinderung des Mißbrauches der Ergebnisse der Gentransplantation für menschenfeindliche Zwecke ist der gemeinsame Kampf der Wissenschaftler mit allen verantwortungsbewußten gesellschaftlichen Kräften notwendig.

5. Regulation der Genaktivität und Differenzierung

5.1. Regulation der Genaktivität bei Prokaryonten: Induktion und Repression

Wenn man Bakterien aus einem Nährmedium in ein anderes bringt, z. B. Zellen von *E. coli* aus einem Medium, das Glucose als Kohlenstoffquelle enthält, in eine Lösung mit Laktose überführt, so beobachtet man, daß zunächst die Zellen mit der Laktose nichts anfangen können. Der Grund hierfür ist, daß in ihnen die zur Verwertung der Laktose erforderlichen Enzyme fehlen. Nach Ablauf einer gewissen *Verzögerungsphase* beginnen die Zellen jedoch, Laktose abzubauen und sich unter Benutzung der Laktose als Kohlenstoffquelle auch zu vermehren. In den Zellen lassen sich dann die zur Verwertung der Laktose erforderlichen Enzyme nachweisen. Offenbar stimuliert also der neue Nährstoff Laktose die Synthese der entsprechenden Enzyme.

Man bezeichnet diesen Vorgang als *Enzyminduktion.* Es hat sich herausgestellt, daß für die Induktion des Enzymsystems für den Laktoseabbau nicht nur Laktose geeignet ist, sondern auch andere β-Galaktoside, darunter auch solche, die selber nicht durch die von ihnen induzierten Enzyme abgebaut werden und folglich auch nicht als Kohlenstoffquelle für die Zellvermehrung dienen können. Man bezeichnet solche Substanzen als *Induktoren.*

Es gibt eine ungeheuere Vielfalt hinsichtlich der Induzierbarkeit von Stoffwechselwegen in Bakterien und den hierfür verantwortlichen Induktoren.

Das klassische Beispiel ist das eben erwähnte *Laktoseverwertungssystem* von *E. coli,* das von MONOD einer ausführlichen genetischen und biochemischen Analyse unterzogen wurde. An diesem Laktosesystem konnten die *Prinzipien der Regulation der Genaktivität* aufgeklärt werden.

Dieses Laktosesystem besteht aus den folgenden drei Enzymen, die bei der Induktion in gleichem Takt und gleichem Ausmaß gebildet werden:

1. eine *β-Galaktosid-Permease,* die für den Eintritt der Laktose in die Zellen verantwortlich ist (S. 30ff.),

2. eine *β-Galaktosidase*, die Laktose in Galaktose und Glucose spaltet (Teil III),
3. eine *Transacetylase*, deren Funktion unbekannt ist.

Wenn die Bakterien in einem Milieu *ohne Induktor* wachsen, sind diese *Enzyme kaum nachweisbar* (durchschnittlich wird ein Molekül von ihnen im Verlauf von fünf Generationen hergestellt). Zwei Minuten nach Zugabe des Induktors erhöht sich die Geschwindigkeit mit der diese Enzyme synthetisiert werden um den Faktor 1000 und bleibt auf diesem Wert, solange der Induktor vorhanden ist. Nach seiner *Entfernung fällt* die *Syntheserate* innerhalb weniger Minuten auf den *Ausgangswert zurück*.

Das *Gegenstück* zur *Induktion* ist die *Repression*. Sie ist dadurch gekennzeichnet, daß bestimmte Substanzen, die man als *Repressoren* bezeichnet, die Synthesegeschwindigkeit von Enzymen herabsetzen. Setzt man beispielsweise dem Kulturmedium eines Bakteriums die Aminosäure *Tryptophan* zu, so wird dadurch die Synthese aller derjenigen Enzyme unterdrückt, die die Bildung von Tryptophan aus seinen Vorstufen katalysieren. Bei Abwesenheit von Tryptophan im Medium sind die Bakterien vollständig auf die Eigensynthese dieser Aminosäure angewiesen. Das erfordert die Anwesenheit der hierfür verantwortlichen Enzymsysteme. Sind sie nicht notwendig, da die Zellen im Medium genügend Tryptophan vorfinden, wird die Synthese der tryptophanbildenden Enzyme reprimiert.

Beide Phänomene, die *Induktion* und *Repression*, machen deutlich, daß der Stoffwechsel von Bakterien den jeweiligen Anforderungen immer wieder neu angepaßt werden kann. *Induktion* und *Repression* sind gegensätzliche, jedoch in ihrem Mechanismus eng miteinander vergesellschaftete Vorgänge.

Die *Induktion* wird vorwiegend bei *katabolisch*, die *Repression* vorwiegend bei *anabolisch* wirkenden Enzymen bzw. Enzymsystemen beobachtet. Betrachten wir im folgenden etwas ausführlicher die Induktion des Laktosesystems bei *E. coli*.

Die drei oben genannten Enzyme werden durch *drei hintereinander angeordnete DNS-Abschnitte*, von denen jeder für eines der drei Enzyme verantwortlich ist, codiert. Man bezeichnet diese DNS-Abschnitte als *Cistrons* (Abb. 54). Dabei bedeutet z das Gen für die β-Galaktosidase, y das Gen für die Permease und a das Gen für die Transacetylase. Da diese drei Gene die Struktur von Proteinmolekülen festlegen, bezeichnet man sie als Strukturgene.

Diese Genfolge ist mit einem DNS-Abschnitt verbunden, der die

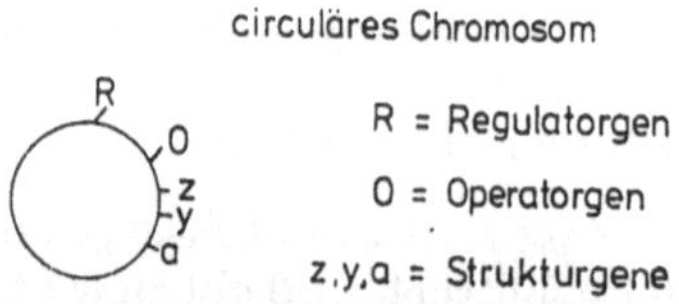

Abb. 54. Regulation der Transcription durch Induktion und Repression bei Prokaryonten.
Beispiele: Lactosesystem bei *E. coli* für Induktion; Tryptophan-Operon bei *E. coli* für Repression
Schema für circuläres Bakterienchromosom

Transcription der drei Gene kontrolliert und koordiniert und als *Operatorgen* o bezeichnet wird. Dem Operatorgen vorangestellt ist ein weiterer DNS-Abschnitt, den man als *Promotor* p bezeichnet und der die Funktion eines *Transcriptionsstarters* hat.

Diese fünf genannten DNS-Abschnitte p, o, z, y und a bilden eine Funktionseinheit, die man als *Operon* bezeichnet. Ist das Operon aktiv, dann werden die Cistrons z, y und a transcribiert und im Anschluß daran die drei Enzyme synthetisiert; ist das Operon nicht aktiv, dann erfolgt keine Transcription und folglich auch keine Enzymsynthese.

Der Mechanismus hierfür liegt in der *Blockade des Operators* und in deren *Aufhebung*. Theoretisch gesehen, kann diese Blockade entweder verursacht werden durch eine Hemmung der RNS-Polymerase oder durch eine Maskierung der DNS-Matrize. Es erwies sich, daß die zweite Möglichkeit für das Laktose-Operon zutrifft.

Wodurch wird diese *Blockade* verursacht? Hierfür ist ein spezifisches Protein verantwortlich, das den Operator als Teilstück des Operons erkennt und sich an diesen bindet. Wenn es diesen besetzt hat, dann ist die RNS-Polymerase, die an den Promotor gebunden ist, daran gehindert, die Strukturgene abzulesen. Dieses Protein bezeichnet man als *Repressor*. Es übt eine negative Kontrolle auf die Aktivität des Operons aus, indem es die Transcription hemmt.

Die Synthese des *Repressorproteins* hängt von einem weiteren Gen ab, das man als *Regulatorgen* bezeichnet.

Abbildung 55 zeigt das Zusammenwirken dieser drei Arten von Genen des Laktosesystems: das *Regulatorgen* bildet über eine entsprechende m-RNS den *Repressor*, dieser bindet sich an den *Operator* (*Lac-Operator*) und *blockiert* damit die *Transcription* der *Strukturgene*.

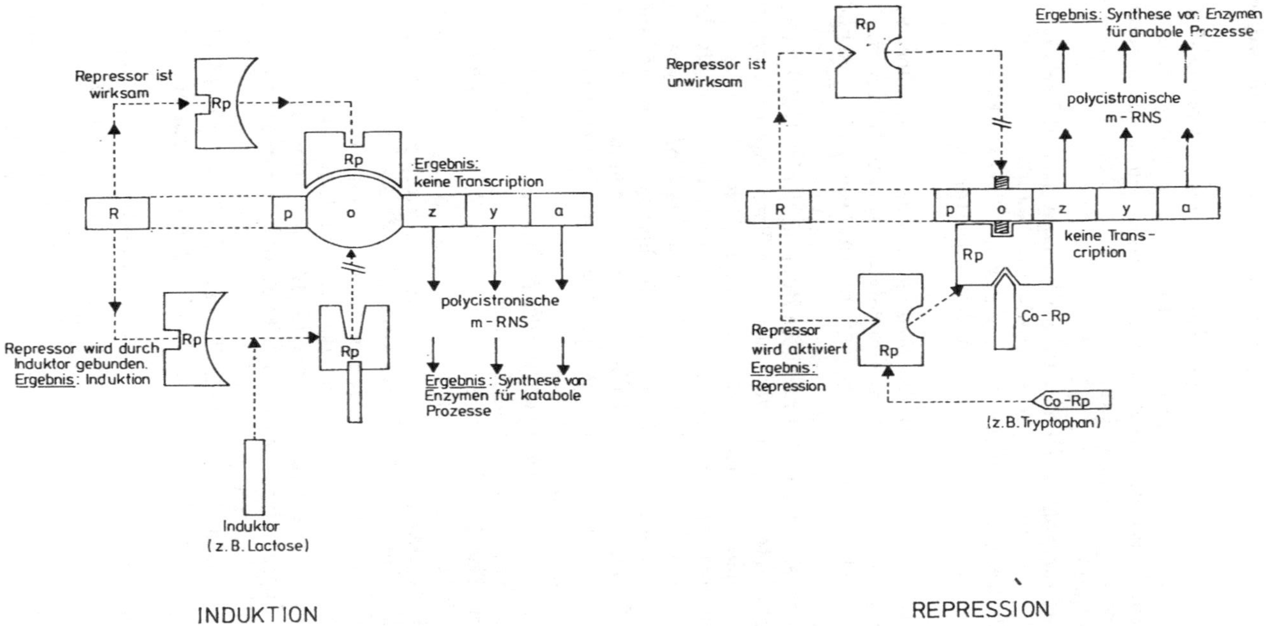

Abb. 55. Induktion und Repression als Beispiele negativer Kontrolle. Abkürzungen: Rp = Repressor (allosterisches Protein), Co-Rp = Corepressor (niedermolekulare Substanz), I = Induktor (niedermolekulare Substanz)

Welche Wirkung übt der *Induktor* in diesem System aus? Der *Induktor* besitzt eine *hohe Affinität* zum *Repressor* und bindet sich an diesen. Dadurch verliert der Repressor seine Affinität zum Operator und gibt diesen frei, was zu einer *Aufhebung* der *Operonblockade* führt.

Das hat zur Folge, daß nun die *RNS-Polymerase*, die schon vorher an den Promotor gebunden wurde, mit der Ablesung der DNS, d. h. mit der *Transcription*, beginnen kann. Diese geht vom Promotor aus und erstreckt sich über den Operator bis zu den Strukturgenen.

Charakteristisch ist, daß das *gesamte Operon* transcribiert wird und eine *polycistronische m-RNS* entsteht. Das Startcodon für das erste Protein (β-Galaktosidase) liegt erst an Position 39 der gebildeten m-RNS.

Der Repressor beeinflußt nicht die Bindung der RNS-Polymerase an den Promotor, sondern verhindert die Transcription vom Promotor her, indem er sich an den Operator bindet.

Das Repressorprotein des Laktosesystems, das man als *Lac-Repressor* bezeichnet, muß demzufolge *zwei verschiedene Typen* von *Erkennungsregionen* bzw. *Bindungsstellen* besitzen. Eine Bindungsstelle muß eine bestimmte *DNS-Sequenz* erkennen, nämlich die des Lac-Operators, die andere eine Spezifität für die Erkennung und Bindung des *Induktors* aufweisen.

Der *Lac-Repressor* ist ein *allosterisches Protein* (s. DB II). Er hat ein Molekulargewicht von 160000 und ist aus vier Untereinheiten aufgebaut. Der Lac-Repressor hat eine sehr hohe Affinität zum doppelsträngigen Lac-Operator, der aus 27 Nucleotidpaaren besteht. Bindet der Lac-Repressor einen Induktor, dann verändert sich seine Raumstruktur auf allosterische Weise und gleichzeitig vermindert sich seine Affinität zum Operator um mehrere Größenordnungen. Dadurch wird das Repressorprotein veranlaßt, den Operator zu verlassen und diesen für die Transcription freizugeben. Die Bindung des Induktors an den Repressor führt also zu dessen Inaktivierung (Abb. 55).

Wie ist nun die *reprimierende Wirkung* des *Tryptophans* auf die Synthese der für die Synthese dieser Aminosäure verantwortlichen Enzymkette zu erklären?

Auch in diesem System gibt es ein *Repressorprotein*, das von einem Regulatorgen gebildet wird. Im Unterschied zum vorher besprochenen Fall *erhöht* aber das *Tryptophan* die *Affinität* des *Repressorproteins* zum *Operator*, wodurch dieses stärker gebunden wird und die *Transcription* des Operons *verhindert* (Abb. 55).

Tryptophan hat demzufolge die Wirkung eines *Corepressors* mit gerade entgegengesetzter Wirkung auf das Repressorprotein als ein Induktor.

Bei Abwesenheit des Corepressors ist der Operator nicht durch das Repressorprotein blockiert, so daß das Operon ungehindert transcribiert und die Enzymkette der Tryptophansynthese gebildet werden kann (DB III).

Den eben besprochenen Regulationsmechanismen ist gemeinsam, daß sie auf einer *Negativ-Kontrolle* beruhen. Die RNS-Polymerase besitzt eine hohe Affinität zum Promotor und wird in ihrer Wirkung durch den Repressor mechanisch blockiert, indem dieser infolge seiner Bindung an eine bestimmte Stelle der DNS-Matrize die Transcription verhindert.

Bei *Prokaryonten* gibt es jedoch auch Fälle für eine *positive Kontrolle* der *Transcription*. Ein wichtiges Beispiel ist die sog. *Katabolitrepression*. Diese tritt auf, wenn Mikroorganismen als *Kohlenstoffquelle Glucose* oder bestimmte Stoffwechselprodukte der Glucose angeboten erhalten. Bei der Verwertung von Glucose werden alle überflüssigen Enzyme reprimiert, die für den Glucoseabbau nicht gebraucht werden. Auch in diesem Falle wird ein ökonomisches Prinzip sehr deutlich.

Der Name „Katabolitrepression" rührt daher, daß die Repression offenbar durch den Abbau von Glucose hervorgerufen wird. Man fand, daß die durch Glucose ausgelöste Katabolitrepression Zusammenhänge mit dem Gehalt der Zellen an cAMP aufweist. In *E. coli* unterdrückt Glucose die Bildung dieses Nucleotids, sein Spiegel in den Zellen nimmt mit abnehmender Glucosekonzentration im Medium zu.

Im Mittelpunkt des Geschehens der *Katabolitrepression* steht ein Protein, das man als *Katabolit-Gen-Aktivator-Protein* (*CAP*) bezeichnet und das die Eigenschaft hat, cAMP zu binden.

Dieses Protein wird dann an den Promotor fixiert, wenn es das Nucleotid gebunden hat. Dadurch wird die Affinität der RNS-Polymerase zum Promotor erhöht und die Katabolitrepression aufgehoben. Bei Anwesenheit von Glucose ist der cAMP -Spiegel in den Zellen niedrig, das CAP liegt in freier Form vor und besitzt nur eine niedrige Affinität zum Promotor. Dadurch kann der Promotor auch keine RNS-Polymerase binden, wodurch die Transcription solcher Gene unterbleibt, die Enzyme codieren, welche unter den gegebenen Bedingungen nicht gebraucht werden.

5.2. Die Differenzierung

Unter *Differenzierung* versteht man die *strukturelle* und *funktionelle Spezialisierung* einer bestimmten *Zelle* oder einer *Gruppe* von *Zellen.* Sie ist eine Eigenschaft der Eukaryonten und geht jeweils von einem bestimmten Zelltyp aus, den man oft als *Stammzelle* bezeichnet (z. B. die Bildung von Erythrozyten, Leukozyten, Lymphozyten und Thrombozyten). Solche *Stammzellen* haben häufig die Eigenschaft, sich in *verschiedene Richtungen* zu entwickeln.

Weitere einprägsame Beispiele bieten die drei Keimblätter *Ektoderm, Mesoderm* und *Entoderm,* aus denen sich jeweils ganz bestimmte Zellen, Gewebe und Organe entwickeln.

Diese Beispiele machen das Typische der Zelldifferenzierung deutlich. Es besteht darin, daß sich dabei jeweils eine in Struktur und Funktion spezialisierte somatische Zelle im Verlauf mehrerer Zellteilungen und unter Durchlaufen verschiedener Zwischenstadien aus einer undifferenzierten bzw. weniger differenzierten somatischen Vorläuferzelle entwickelt. Der Vorläuferzelle wohnt die Fähigkeit inne, auf verschiedene äußere oder innere Signale zu reagieren und je nach der Qualität dieser Signale verschiedene Entwicklungsrichtungen einzuschlagen. Die *Differenzierung* einer Zelle ist *irreversibel,* d. h. sie geht nur in einer Richtung vor sich. Die ausdifferenzierte Zelle kann also nicht wieder in den Ausgangszustand zurückgeführt werden.

Bei der Differenzierung laufen innerhalb der jeweiligen Zelle bestimmte Vorgänge ab, die zu strukturell und funktionell faßbaren Änderungen der differenzierten Zelle gegenüber der Ausgangs- oder Stammzelle führen.

Die Differenzierung ist ein grundlegender biologischer Vorgang, da er zu Zellen führt, die durch bestimmte und z. T. hochspezialisierte Funktionen gekennzeichnet sind, z. B. Erythrozyten, Lymphozyten, Nervenzellen, Muskelzellen, Leberzellen usw. Die Differenzierung ist Ausdruck einer Arbeitsteilung in einem vielzelligen Organismus, ohne die dessen Funktionstüchtigkeit undenkbar wäre.

Die Differenzierung ist also derjenige biologische Prozeß, der zur Bildung der großen zellulären Vielfalt eines Organismus führt und in dessen Verlauf die verschiedenen Gruppen von Zellen spezifische Eigenschaften und Funktionen erwerben.

Die *Embryologie* liefert zahlreiche Beispiele dafür, daß die

Differenzierung einer Zelle von einer bestimmten *Mikroumgebung* abhängt, die durch andere, sich ebenfalls im Prozeß der Differenzierung befindende Zellen, gewährleistet wird.

Alle somatischen Zellen in einem Organismus, d. h. Leber-, Muskel-, Nerven-, Nierenzellen usw. besitzen, ebenso wie die zugehörigen Stammzellen und die frühen embryonalen Zellen, jeweils die *gleichen Erbanlagen*, haben also *identische Genome*. Das bedeutet, daß in den unterschiedlich differenzierten Zellen die *phänotypische Ausprägung* der *genetischen Information verschieden* ist, in einer Nervenzelle also andere Teile des Genoms ausgeprägt sind wie in einem Lymphozyten. In den differenzierten Zellen gibt es demzufolge Gene, deren Informationsinhalte phänotypisch ausgedrückt werden und andere („stumme" Gene), die phänotypisch nicht ausgedrückt werden.

Die *phänotypische Ausprägung* der *genetischen Information* hängt in erster Linie von der *Transcription* ab. Damit werden die Vorgänge der *Differenzierung* vor allem zu einem Problem der *Steuerung* der *Transcription*.

Der jeweils an mehrere Zellteilungen gebundene Differenzierungsprozeß von Stammzellen bzw. von embryonalen Zellen zu den differenzierten Endformen läuft nach einem spezifischen Muster ab, das die Transcription bestimmter Gene erlaubt und fördert, die Transcription anderer Gene aber unterdrückt.

Während der Synthesephase des Zellcyclus wird in einer differenzierten somatischen Zelle grundsätzlich ihr gesamtes Genom repliziert, es wird aber ihrem Differenzierungsmuster entsprechend nur ein Teil ihres Genoms transcribiert und phänotypisch ausgedrückt. Man spricht von einer *differentiellen Genfunktion* oder *differentiellen Genexpression* als Grundlage der *Zelldifferenzierung*.

Das entscheidende Experiment, das die genetische Identität aller somatischen Zellen und die Übereinstimmung ihres Genoms mit dem der befruchteten Eizelle schlüssig beweist, stellt die *Kerntransplantation* dar (Gurdon). Darunter versteht man die Übertragung des Kernes einer Zelle in das Zytoplasma einer anderen, deren eigener Kern vorher entweder entfernt oder zerstört wurde. Besonders geeignet hierfür sind Eizellen und somatische Zellen von Amphibien, z. B. die des südafrikanischen Krallenfrosches *Xenopus laevis*. Wenn man einer *unbefruchteten Eizelle* dieser Species, nachdem ihr eigener *Kern* durch Ultraviolettbestrahlung komplett *zerstört* wurde, den isolierten Kern einer *somatischen differenzierten Zelle*, z. B. den einer Darmepithelzelle der Kaulquappe dieser Species einpflanzt, dann entwickelt sich aus der vorher entkernten

Eizelle eine vollständige und normale Kaulquappe und schließlich auch ein fortpflanzungsfähiges erwachsenes Tier (Abb. 56).

Bei derselben Tierspecies ist es auch gelungen, durch Verpflanzung von Lymphozytenzellkernen in entkernte Eizellen deren Entwicklung zu Kaulquappen zu erreichen.

Diese Experimente beweisen, daß der *Kern* einer *differenzierten Zelle* einen *vollständigen Satz* von *Genen*, d. h. dasselbe Genom wie die befruchtete Eizelle, enthält.

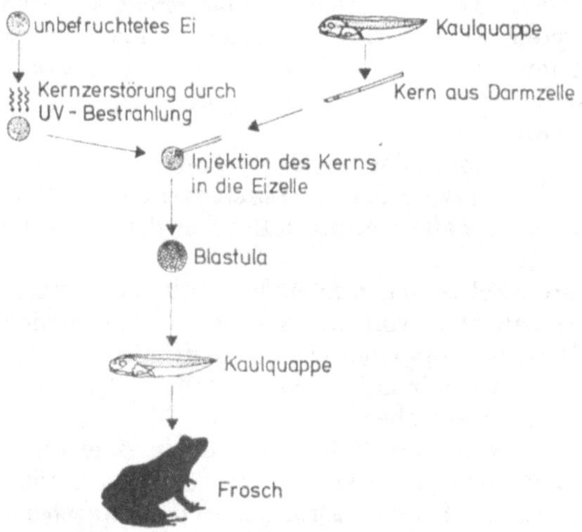

Abb. 56. **Transplantation des Kernes einer Darmzelle aus einer Kaulquappe in eine künstlich entkernte Froscheizelle mit anschließender Entwicklung zu einem Frosch**

Das Problem ist also, wie die Differenzierung ausgelöst und wodurch ihr Differenzierungszustand aufrechterhalten wird. Obwohl die Differenzierung einer Zelle, d. h. die Ausprägung bestimmter struktureller und funktioneller phänotypischer Merkmale irreversibel ist, geht ihr Zellkern, genauer gesagt das in ihm enthaltene Chromatin, im Verlauf der Differenzierung keine irreversiblen Veränderungen ein. Dies geht aus den Kerntransplantationsexperimenten klar hervor. Der Zellkern einer differenzierten Zelle besitzt also alle Potenzen des Zellkernes einer befruchteten Eizelle.

Die Differenzierung einer Zelle kann demzufolge nur erklärt

werden, wenn man annimmt, das in ihnen bestimmte Gene „aktiv" sind, d. h. transcribiert werden, andere wiederum „inaktiv" oder „still" sind, also nicht transcribiert werden.

5.3. Epigenetische Regulation bei Pro- und Eukaryonten

Aus den vorangegangenen Darlegungen folgt, daß der Schlüssel zur Enträtselung der *Zelldifferenzierung* von Eukaryonten in der Erforschung der *Regulation ihrer Genaktivität* liegt.

Das Verständnis der *Zelldifferenzierung* ist von großer Bedeutung für Biologie und Medizin, z. B. auch für die Ursache der Krebsentstehung und die gezielte Beeinflussung von Krebszellen. Deren Merkmale sind ungehinderte und unkontrollierte Vermehrung und die Unfähigkeit, sich zu differenzieren. Wenn man maligne Zellen zur normalen Differenzierung bringen könnte, würden sie aufhören, sich unkontrolliert zu teilen und würden ihre Bösartigkeit verlieren (S. 201ff.).

Es interessieren uns die Mechanismen, die die Genexpression in den Zellen von Eukaryonten regulieren. Man bezeichnet diese Ebene der biologischen Regulation als *epigenetische Regulation* (s. DB III).

Wir erinnern uns dabei daran, daß auch in Prokaryonten die Genaktivität einer Regulation unterliegt, so daß auch bei diesen nicht immer die gesamte genetische Information der Zelle phänotypisch ausgeprägt ist.

Bei den *Prokaryonten* kommt die *Adaptationsfähigkeit* besonders dadurch deutlich zum Ausdruck, daß das phänotypisch ausgeprägte Enzymprofil der Zelle von der Auswahl der angebotenen Substrate und anderer Milieubedingungen abhängt. Das Genom der Prokaryonten enthält also wie das der Eukaryontenzellen sehr viel mehr codierende Gene als das jeweilige Enzymmuster anzeigt, was unter bestimmten Bedingungen phänotypisch ausgeprägt wird.

Es ist die Feststellung erlaubt, daß die Regulationsmechanismen für die Genexpression in Prokaryonten und Eukaryonten vermutlich prinzipiell *gleichartig* sind. Die größere Komplexität des Eukaryontengenoms und seine vielfältigen Beeinflussungsmöglichkeiten durch eine große Zahl von Faktoren, die der höheren Organisationsstufe multizellulärer Organismen systemspezifisch innewohnen, sind die Ursachen dafür, daß die der epigenetischen Regulation der Zellen höherer Organismen zugrunde liegenden Gesetzmäßigkeiten schwerer zu erkennen und von wesentlich *komplizierterer Natur* sind als die der Prokaryonten.

Die bei Prokaryonten gewonnenen Einsichten stimulierten sehr die Erkenntnisse der epigenetischen Regulationsmechanismen bei Eukaryonten und veränderten fundamental die Denkweisen der *Entwicklungsbiologie.*

5.4. Die molekulare Basis der Differenzierung (Regulation der Genaktivität bei Eukaryonten)

Aus dem vorangegangenen Kapitel geht hervor, daß die Zelldifferenzierung auf eine differentielle Aktivierung des Genoms zurückzuführen ist, das Grundphänomen der *Differenzierung* folglich die Auslösung und Überwachung einer *selektiven Genexpression* in den verschiedenen Gruppen von differenzierten Zellen ist.

Die Überwachung der differentiellen Genaktivität kann auf den folgenden zwei Ebenen erfolgen, nämlich 1. auf der Ebene der *Transcription* und 2. auf der Ebene der *Posttranscriptionsereignisse* (RNS-Processing) (S. 77ff.).

Durch die *selektive Transcription* der DNS mittels DNS-Polymerase werden der Zelle verschiedene Populationen von m-RNS-Molekülen für die Synthese spezifischer Proteine zur Verfügung gestellt, z. B. die m-RNS für die Globinsynthese im erythroiden System oder die m-RNS-Typen für die Synthese von Myosin und Actin in Muskelzellen oder die erforderlichen m-RNS-Moleküle für die Synthese von Albumin und anderer Proteine des Blutplasmas in der Leber. Dies ist die *primäre Kontrollebene* der Differenzierung, die in frühen Stadien der Zelldifferenzierung vorherrscht.

Die *Kontrolle* auf der Ebene der *Posttranscriptionsereignisse* kann als *sekundäre Ebene* angesehen werden; sie wird in späteren Stadien der Zelldifferenzierung beobachtet und umfaßt die Regulation der Prä-m-RNS-Reifung, den Transport der m-RNS in Form von Ribonucleoproteinpartikeln aus dem Zellkern in das Zytoplasma und die m-RNS-Stabilität.

Die selektive Transcription der DNS in die Prä-m-RNS hängt von der Struktur des Chromatins an denjenigen Orten des Genoms ab, an denen die RNS-Polymerase ihre Wirkung entfalten soll. Im Genom einer differenzierten Zelle gibt es *transcriptionsaktives* und *transcriptionsinaktives Chromatin.* Auf S. 86ff. werden einige Ausführungen über unsere gegenwärtigen strukturellen Vorstellungen zu diesen beiden Zuständen des Chromatins gemacht.

Die DNS des transcriptionsaktiven Chromatins ist enzymatischen Einwirkungen stärker zugänglich als des transcriptionsinaktiven Chromatins. Man kann nachweisen, daß die transcriptionsaktiven Globingene in den Zellkernen von Vogelerythrozyten durch DNase gespalten werden können; die DNase vermag jedoch nicht die Globingene in den Zellkernen von Fibroblasten zu spalten, da diese hier im transcriptionsinaktiven Chromatin liegen.

Die DNS der *Nucleosomen* ist der RNS-Polymerase normalerweise nicht zugänglich, d. h. sie ist *transcriptionsinaktiv*. Die grundlegenden Aufgaben der Nucleosomhistone scheinen darin zu bestehen, die Transcription der DNS zu unterdrücken, indem sie die DNS für die RNS-Polymerase unzugänglich machen; gleichzeitig müssen aber die Histone die Replikation der DNS in den Nucleosomen gewährleisten.

Nichthistonproteine sind in der Lage, die räumliche Struktur der DNS und der Histonoctamere zu verändern und die Nucleosomen in einen transcriptionsaktiven Zustand zu überführen, in welchem die DNS der RNS-Polymerase zugänglich wird. Unter den Nichthistonproteinen gibt es zellspezifische Typen, die sich an bestimmte DNS-Sequenzen binden und dadurch deren Vereinigung mit Histonen verhindern.

Die *Nichthistonproteine* sind demzufolge als die *eigentlichen Regulatoren* der *Genaktivität* in *Eukaryontenzellen* aufzufassen.

Die Histone und die Nichthistonproteine haben also ganz unterschiedliche Funktionen in einer differenzierten Zelle. Infolge der Stabilisierung der Nucleosomstruktur durch die *Histone* kann man annehmen, daß die Histone für die *irreversible Blockierung* von Genen in einer differenzierten Zelle verantwortlich sind, d. h., daß sie für die Aufrechterhaltung des *differenzierten Endzustandes* sorgen.

Die *Nichthistonproteine* hingegen scheinen den tatsächlichen Aktivitätszustand der transcriptionsaktiven Teile des Genoms einer Zelle zu kontrollieren. Offenbar gehören zu den Nichthistontproteinen *positive Geneffektoren*, die die Transcriptionsfähigkeit bestimmter Teile des Chromatins steigern.

Histone und *Nichthistonproteine* können *sekundär*, d. h. nach ihrer Synthese, verschiedenen *kovalenten Modifikationen* unterliegen, wodurch ihre Lage und Affinität zueinander und zur DNS verändert wird; dies kann eine veränderte Transcriptionsfähigkeit der DNS zur Folge haben. Möglicherweise ist dies für das Wachstum, die Entwicklung und die Differenzierung von Zellen von Bedeutung. Die postsynthetischen Modifizierungen bestehen in *Phosphorylierung*, *Methylierung*, *Acetylierung* und dem *Anhängen* eines oder mehrerer *ADP-Ribosemoleküle* (S. 52ff.).

Die Vorstellung von der unterschiedlichen Wirkung der Histone und der Nichthistonproteine berücksichtigt die grundlegende biologische Tatsache, daß man zwischen *irreversibel* verlaufender *zellulärer Differenzierung* und *reversiblen Änderungen* des *funktionellen Zustandes* einer *differenzierten Zelle* unterscheiden muß.

Der Prozeß der *zellulären Differenzierung* ist *zellteilungsabhängig*. Eine Zellteilung kann entweder zur Bildung phänotypisch identischer Tochterzellen führen (z. B. die Teilung von ausdifferenzierten Leberzellen zu jeweils identischen Tochterzellen; man bezeichnet diese als *proliferative Zellteilung*) oder zu Tochterzellen, die phänotypisch mit ihrer Mutterzelle nicht übereinstimmen (z. B. die Bildung von Plasmazellen bei der Teilung von B-Lymphozyten oder die Entstehung von Zellen des erythroiden, myeloischen, lymphoiden, monozytären und thrombozytären Systems aus den pluripotenten Stammzellen des Knochenmarkes; man bezeichnet diese als „*gequantelte*" *Zellteilung*). Damit wird zum Ausdruck gebracht, daß der Endzustand der differenzierten Zelle nach mehreren Zellteilungen entsteht, bei denen *schrittweise* eine phänotypische Veränderung der jeweiligen Tochterzellen eintritt. Ihre Ursache ist die „gequantelte" irreversible Blockierung bzw. Inaktivierung bestimmter Chromatinregionen und die schrittweise Überführung anderer Chromatinregionen in den transcriptionsbereiten (transcriptionsfähigen) Zustand. Im Falle der B-Lymphozytendifferenzierung sind dies solche Genabschnitte, die einen bestimmten Immunglobulintyp codieren oder im Falle des erythroiden Systems sind es solche, die die Information für die Globin-m-RNS tragen.

Bei der *proliferativen Zellteilung* tritt *keine Zelldifferenzierung* ein, *wohl* aber bei der *gequantelten*.

Mit diesen Darlegungen sei die These erläutert, die *Zelldifferenzierung* sei *irreversibel* und *zellcyclusabhängig*. Ihr Resultat ist die Entstehung von Strukturänderungen im Chromatin. Eine differenzierte Zelle kann natürlich einer proliferativen Zellteilung unterliegen.

Von Bedeutung ist nun, daß der transcriptionsbereite oder transcriptionsfähige Teil des Chromatins in einer differenzierten Zelle nicht unbedingt transcribiert werden muß, d. h. nicht unbedingt transcriptionsaktiv sein muß. Dieser *funktionelle Teil* des *Genoms* kann *Aktivitätsänderungen* unterliegen, die *reversibel* und *zellcyclusunabhängig* sind.

Die *Reversibilität* wird gewährleistet durch die *reversible Bindung transcriptionsregulierender Substanzen* an die *transcriptionsbereiten* Teile des Chromatins. Solche Substanzen können ihre regulierenden

Wirkungen auf die Transcription auch in solchen Zellen entfalten, die sich nicht teilen.

In dem Gemisch der im transcriptionsfähigen Chromatin angereicherten Nichthistonproteine sind u. a. auch Receptorproteine für solche Substanzen enthalten, die von außerhalb der Zelle stammen, einen Einfluß auf die Transcriptionsaktivität haben und damit reversible Änderungen im funktionellen Zustand einer differenzierten Zelle bewirken. Zu solchen Substanzen gehören Hormone, z. B. Sexualhormone, Glucocorticoide, Erythropoietin, Schilddrüsenhormon, das Vitamin D u. a.

5.5. *Die Bedeutung der Zellfusionierung und der Zellkultivierung für das Studium der Differenzierung*

Entwicklung und Differenzierung gehören zu den faszinierendsten Phänomenen der Biologie. Von besonderer Bedeutung ist die Frage nach den differenzierungsauslösenden Agenzien und ihren Wirkungsweisen. Welche Faktoren bestimmen, daß aus den relativ einheitlichen Zellen des Ektoderms strukturell und funktionell so verschiedene Gebilde wie die Epithelzellen der Haut, die Nervenzellen, die Sinneszellen der Sinnesorgane, die Neurohypophyse und der Zahnschmelz entstehen? Weshalb bilden manche Mesodermzellen Glykoproteine und werden zu Knorpelzellen und weshalb synthetisieren andere Mesodermzellen Actin und Myosin und differenzieren sich zu Muskelzellen? Wodurch werden wieder andere dazu veranlaßt, sich zu Knochenzellen, Blutzellen, Blutgefäßzellen, Keimdrüsen u. a. zu entwickeln? Dieselben Fragen gelten auch für die Zellen des Entoderms, aus denen die Epithelzellen des Magen-Darm-Traktes, die Leber, das Pankreas, die Lungen u. a. Gewebe entstehen.

Wir haben in den vorangegangenen Kapiteln gesehen, daß diese Differenzierungsprozesse molekularbiologisch gesehen, Probleme der Regulation der Genaktivität darstellen; phänomenologisch bieten sie aber ein reiches, fast verwirrendes Bild verschiedener Erscheinungsformen. Daraus wird verständlich, daß die Verfahren zum Studium von Differenzierungsprozessen vielfältig sein müssen.

Wir wollen zusätzlich zu den biochemischen, molekularbiologischen und elektronenoptischen Verfahren sowie zur Kerntransplantation, die ein umfassendes Instrumentarium zur Analyse des Chromatins und der Erforschung seines Funktionszustandes lieferten und in den Kapiteln 1.6.4., 1.6.8. und 5.2. erörtert wurden, noch zwei weitere, sehr erfolgreiche Formen des Herangehens zur Untersuchung der Zelldifferenzierung kennenlernen, nämlich die *Zellfusion* und die *Zellkultur*.

Die *Zellfusion* oder *somatische Hybridisierung* besteht in der experimentellen Vereinigung von wenigstens zwei somatischen Zellen, die entweder untereinander gleich oder verschieden sind. Voraussetzung hierfür ist eine Auflockerung der Zellmembran, die experimentell durch Verwendung eines inaktivierten hämolytischen Virus, dem sog. Sendai-Virus oder durch Zugabe von Polyäthylenglykol, erreicht wird.

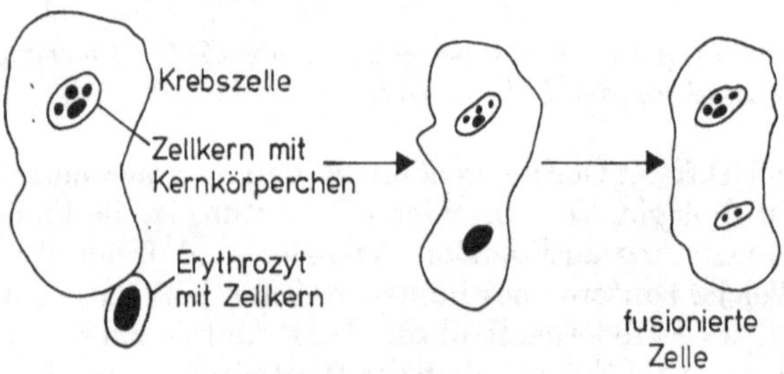

Abb. 57. Schema einer Zellfusion zwischen einer menschlichen Krebszelle und einem kernhaltigen Vogelerythrozyten

Als Beispiel sei die Vereinigung eines kernhaltigen *Vogelerythrozyten* mit einer menschlichen *Krebszelle* besprochen (Abb. 57). Vor der Fusion ist der Kern des Erythrozyten völlig inaktiv, er synthetisiert weder RNS noch DNS. Der Kern der Krebszelle hingegen synthetisiert DNS und RNS mit hoher Geschwindigkeit. In der fusionierten Zelle befinden sich die beiden Kerne in ein und demselben Zytoplasma. Man beobachtet, daß der Kern der Blutzelle sehr schnell reaktiviert wird, und DNS und RNS zu synthetisieren beginnt. Dabei werden Nucleoli sichtbar, die vorher nicht vorhanden waren. Auf der gemeinsamen Zellmembran werden *erythrozytenspezifische Membranantigene* nachweisbar, d. h. es treten Membranglykoproteine auf, die vorher nur auf dem Erythrozyten gefunden wurden. Das *Zytoplasma* der menschlichen Krebszelle übt folglich auf den vorher *inaktiven Erythrozytenkern* eine *positive, aktivierende* Wirkung aus. Dabei tritt keine Umprogrammierung des Chromatins des Erythrozytenzellkernes ein, sondern es werden offenbar die (reversibel) *transcriptionsfähigen*, nichthistonproteinreichen *Regionen* des *Chromatins* aktiviert.

Die Technik der Zellhybridisation hat breite Anwendung beim Studium der Differenzierung bekommen und lieferte zahlreiche neue Einblicke in ihre Gesetzmäßigkeiten.

Von besonders weitreichender Bedeutung erwies sich die Fusionierung von Lymphozyten mit Krebszellen, z. B. vom Typ der Myelomzellen. Die dabei entstehenden *Hybridome* haben in vitro die Fähigkeit eines unbegrenzten Lebens. Sie synthetisieren und sezernieren *Antikörper* mit *vorausbestimmter Spezifität*. Da die verwendeten Lymphozyten Abkömmlinge einer einzigen Zelle sind, d. h. einem gemeinsamen Zellklon angehören, sind die gebildeten Antikörpermoleküle untereinander identisch. Man bezeichnet sie als *monoklonale Antikörper*. Sie spielen eine zunehmende Rolle in den experimentellen Biowissenschaften und in der Medizin.

Die Rolle der durch die Zellmembran vermittelten Zell-Zell-Wechselwirkungen bei der Differenzierung und die damit verbundene Erkennung von Zellen durch andere Zellen, wie sie aus den schon lange bekannten *embryonalen Induktionsphänomenen* (s. Lehrbücher der Embryologie) abgeleitet werden können, wird gegenwärtig durch die Verwendung von *Zellkulturen* intensiv erforscht.

Es ist bekannt, daß die Differenzierung einer Zelle von ihrer Mikroumgebung abhängt, zumindest aber beeinflußt wird, die durch andere, sich ebenfalls differenzierende Zellen aus der Nachbarschaft geschaffen wird. Die molekularen Grundlagen dieser Phänomene sind noch sehr wenig erforscht.

Es gibt *embryonale Zellinien*, die die Fähigkeit behalten haben, sich in der *Zellkultur* zu *differenzieren*. Dadurch können die experimentellen Vorteile einer Zellkultur, nämlich die Homogenität der Zellpopulation und die Möglichkeit zur Erforschung der Effekte verschiedener, von außen zugesetzter Faktoren (Nährstoffe, Wachstumsfaktoren, Hormone usw.) auf die Differenzierung der kultivierten Zellen genutzt werden. So wurden bestimmte Zelllinien des *Neuroblastoms* der Maus, eines Tumors des Nervengewebes, dessen Zellen sich in einem sehr unreifen Differenzierungszustand befinden, in vitro kultiviert und die Kulturen zum Studium der Differenzierung von Nervenzellen benutzt.

Bei der *Differenzierung* eines *Neurons* ist die *Herausbildung* von *Synapsen* und damit die Möglichkeit zur Entwicklung von Zwischenzellkontakten ein wichtiges Ereignis (vgl. mit S. 229 f.). In Kulturen solcher Neuroblastomzellen beobachtet man die Bildung von Neuriten und die Fähigkeit zur Bildung von Aktionspotentialen, jedoch nicht die Entstehung ausgebildeter Synapsen. In gemischten

Kulturen, in denen sich zusätzlich Muskelfasern befinden, lassen sich Zell-Zell-Kontakte zwischen den Nerven- und den Muskelzellen nachweisen, jedoch werden auch hier keine voll funktionsfähigen Synapsen ausgebildet. Erst nach *Fusion* (s. o.) einer *Neuroblastom-* mit einer *Gliomzelle* (ein Gliom ist ein Tumor der Gliazellen, s. S. 231) erhält der entstehende *Zellhybride* die Fähigkeit, voll *funktionsfähige Synapsen* auszubilden.

Daraus läßt sich die äußerst interessante Schlußfolgerung ableiten, daß den Gliazellen offenbar eine Rolle beim Vorgang der Synapsenbildung, also bei der Differenzierung von Nervenzellen, zukommt.

Dieses Beispiel möge ausreichen, um die große Bedeutung der Zellkultivierungstechnik bei der Erforschung der Differenzierung zu unterstreichen.

5.6. *Entwicklungs- und differenzierungsauslösende Faktoren*

Die Verfahren der *Zellfusionierung* und der *Zellkultivierung* haben in Verbindung mit den anderen genannten Verfahren tiefe Einblicke in differenzierungsauslösende bzw. differenzierungskontrollierende Vorgänge und Agenzien gebracht.

Die *Differenzierungsfaktoren* können sehr vielfältiger Natur sein: Bestandteile des *Zytoplasmas*, die die Fähigkeit haben, die Genaktivität zu steigern oder zu unterdrücken; *Glykoproteine* der *Zellmembran* als Receptoren zur Erkennung von Zellen und zur Realisierung von Zell-Zell-Wechselwirkungen sowie zur Bindung von differenzierungsauslösenden bzw. differenzierungsfördernden Substanzen; weiterhin können andere *Proteine* sowie *Peptide, cAMP, embryonale Induktionsstoffe, Hormone* (Steroidhormone, Thyroxin, Erythropoietin), *Lectine* (S. 36 ff.), *Antigene* (FB 1) u. v. a. Substanzen Differenzierungsprozesse auslösen oder fördern. Die Ergebnisse der Kerntransplantation und der Zellfusionierung haben die wichtige Erkenntnis gebracht, daß das Zytoplasma von großer Bedeutung für die Entwicklung und Differenzierung einer Zelle ist.

Aus der *Embryologie* weiß man, daß in *frühen Entwicklungsstadien* (befruchtete Eizelle, Blastomeren usw.) bestimmte *Zytoplasmabestandteile ungleich* in den Zellen verteilt sind und sie auch bei der Zellteilung in spezifischer Weise, also nicht gleichmäßig und nicht zufallsbedingt, auf die Tochterzellen übergehen. Man spricht dann von einem *intrazellulären Gradienten* oder von einer

Zellpolarität. Es ist unbestritten, daß dieses Phänomen von großer Bedeutung für die Differenzierung der aus ihnen hervorgehenden Zellen ist. Bei Amphibien führt eine Veränderung dieser Polarität, z. B. durch Zentrifugation einer befruchteten Eizelle, zu einer Veränderung in der Lage bestimmter Zellen in späteren Stadien der Entwicklung und damit zu einer Schädigung des Embryos.

Jedoch kann eine unterschiedliche Verteilung von Zytoplasmabestandteilen in einer befruchteten Eizelle für die Differenzierung der nachfolgenden Zellstadien nicht allein verantwortlich sein. Man weiß, daß isolierte Seeigelblastomeren aus dem 2-Zellstadium, in einigen Fällen sogar aus dem 8-Zellstadium, völlig intakte Embryonen bilden können. Dies zeigt, daß in diesen *frühen Stadien* der *Entwicklung* noch eine *beträchtliche Regulationsbreite* existiert. Es wäre auch schwer vorstellbar, daß eine befruchtete Eizelle über eine so große Zahl genau lokalisierter Regionen in ihrem Zytoplasma verfügt wie es unterschiedliche Zelltypen in einem Embryo gibt.

Offenbar werden auf dieser frühen Stufe der ontogenetischen Entwicklung Unterschiede zwischen den Zellen durch die Polarität der befruchteten Eizelle eingeleitet, die dann durch Signale von außerhalb der Zellen (Zell-Zell-Wechselwirkungen, Stoffaustausch zwischen den Zellen) verstärkt und stabilisiert werden.

Ein wichtiger, jedoch noch nicht voll verstandener Prozeß ist die *embryonale Induktion.* Damit wird die morphogenetische Beeinflussung einer embryonalen Zellschicht durch eine andere bezeichnet. Sie läßt sich vom Stadium der *Gastrulation* an beobachten. Ein bekanntes Beispiel ist die Induktion der Neuralplatte auf dem Neurulastadium durch die Dorsallippe des Blastoporus, die sich später zur Chorda entwickelt (Chordoblast) (s. Lehrbücher der Embryologie).

Die Dorsallippe spielt die Rolle eines *Organisators,* indem sie den darüber liegenden *Ektoblast* zur Differenzierung in das *Nervensystem* veranlaßt. Fällt der Kontakt zwischen Chordoblast und Ektoblast weg, so entwickelt sich letzterer zum Ektoderm, d. h. zur Haut.

Allgemein gilt, daß für eine derartige Induktion zwei Gegebenheiten erfüllt sein müssen: ein induzierender Reiz, der vom Organisator ausgeht und die sog. „Kompetenz" des Zielgewebes. Unter *Kompetenz* versteht man die Fähigkeit eines Gewebes oder einer Zelle, auf einen differenzierungsfördernden oder differenzierungsauslösenden Stimulus zu reagieren.

Im Hinblick auf ihre Fähigkeit, auf einen bestimmten Induktor zu reagieren, kann man eine kompetente Zelle bereits als differenziert ansehen.

Trotz großer Anstrengungen konnte bisher noch keine endgültige Klarheit über die genaue Struktur der Stoffe herbeigeführt werden, welche diese Art von Induktion auslösen.

Auch die Bildung der Augenlinse, des Pankreas und anderer Gewebe erfolgt induktiv, also durch Wechselwirkungen zwischen zwei benachbarten embryonalen Zellschichten.

In den *folgenden Stadien* der *Embryogenese* treten *Hormone* als Faktoren für Entwicklung und Differenzierung immer stärker in den Vordergrund, vor allem das *Thyroxin* und die *Steroidhormone*, wie dies aus der *Metamorphose* von Amphibien, bei Säugetieren und dem Menschen vor allem aber aus der *Geschlechtsdifferenzierung* bekannt ist (s. Band 2).

Auch hier gilt das Prinzip der *Kompetenz*: Hormone können nur solche Zellen beeinflussen, die bereits so weit differenziert sind, daß sie den spezifischen Receptor für das jeweilige Hormon besitzen und adäquat auf das Hormon reagieren können.

Die Fähigkeit einer Zelle oder einer Zellschicht bzw. einer Ansammlung von Zellen, Faktoren zu produzieren, die differenzierungsfördernd oder differenzierungsauslösend wirken (z. B. embryonale Induktionsstoffe oder Hormone) ist vom Entwicklungsstadium abhängig. Gleiches gilt für den Erwerb der Kompetenz der Erfolgszelle.

Daraus folgt, daß die *Fähigkeit* zur *Signalaussendung* und zum *Signalempfang* von großer Bedeutung für die *zeitliche* und die *räumliche Organisation* der *Embryogenese sind.*

5.7. *Die Wirkungsweise der Steroidhormone bei der Morphogenese und der Differenzierung*

Die *Steroidhormone* gehören zu den bedeutendsten *morphogenetisch* wirkenden und *differenzierungsfördernden Hormonen.* (s. auch FB 2).

Die *Sexualhormone* bewirken die Morphogenese der Fortpflanzungsorgane, die Entwicklung der Keimzellen und der Brustdrüse sowie die geschlechtsspezifische Differenzierung des Sexualzentrums im Gehirn.

Die *Hormone* der *Nebennierenrinde* haben einen fördernden Einfluß auf die Entwicklung des fetalen Pankreas, auf die Differenzierung der Retina bei Hühnern sowie auf die fetale Entwicklung eines aus Lipoproteinen bestehenden, vorwiegend Dipalmityllecithin enthaltenden Oberflächenfilms der Lunge, der für die normale Lungenfunktion nach der Geburt von sehr großer Bedeutung ist (*Antiatelektasefaktor*).

Im *Hühnerovidukt*, der ein sehr geeignetes Objekt zum Studium der Differenzierung und der Proteinsynthese ist, übt *Östradiol* nacheinander erfolgende, genau festgelegte differenzierende Wirkungen aus. *Zunächst* bewirkt es die Entwicklung *tubulärer* und anderer spezifischer *Zellen*.

In den entstandenen *tubulären Zellen* des Oviduktes induzieren dann *später Östradiol* und andere Östrogene die *Synthese* bestimmter *Eiweiße* des Hühnereies, nämlich *Ovalbumin* und *Lysozym*. In einem anderen Zelltyp des Oviduktes, der sich ebenfalls unter dem Einfluß des Östradiols aus der Stammzelle herausdifferenziert hat, induziert zum selben Zeitpunkt das *Progesteron* die Synthese des Eiweißes *Avidin* (s. Band 2).

Wir halten fest, daß die *Steroide* in diesem Beispiel eine *Doppelfunktion* besitzen: die *stabile, irreversible Differenzierung* der Stammzellen zu spezifischen Zellen des Eileiters und die *reversible Induktion* eines bestimmten *Proteinsynthesemusters*. Fällt die induzierende Wirkung des Steroidhormons weg, nimmt die Synthesegeschwindigkeit der genannten Proteine ab.

In der *fetalen Leber* von Säugetieren sind Steroidhormone, in diesem Falle die *glucocorticoiden Hormone*, an der Herausbildung eines bestimmten *Enzymmusters* beteiligt. Auch hier sind Unterschiede in ihren Wirkungen im Hinblick auf *Irreversibilität* und *Reversibilität* in der fetalen Periode und in späteren Lebensabschnitten nachweisbar (vgl. mit Ausführungen auf S. 200).

Die *Hauptwirkungen* der *Steroidhormone* erstrecken sich auf Veränderungen des *Transcriptionsmusters* in ihren Erfolgsgeweben. Sie bewirken eine *Synthesesteigerung* von *r-RNS* und *t-RNS* sowie bestimmter *m-RNS-Arten*, deren anschließende *Translation* zur Ausbildung eines bestimmten *Enzymmusters* führt.

Steroidhormone besitzen *trophische Wirkungen* auf ihr Erfolgsorgan, d. h. sie bewirken *Zellwachstum* und *Zellvermehrung*, die sich in einem Anstieg des Organgewichtes äußern. Diese Wirkungen lassen sich vor allem auf eine *Transcriptionssteigerung* der *r-DNS* zurückführen, die eine *Zunahme der Ribosomen* und eine *Erhöhung der Eiweißsynthese* zur Folge haben.

Die durch *Östradiol* gesteigerte Proteinsynthese im *Uterus* konnte eindeutig auf eine Steigerung der Transcription zurückgeführt werden. Weiterhin konnte gezeigt werden, daß *Östradiol* in den tubulären Zellen des *Hühneroviduktes* die *m-RNS-Synthese* für *Eialbumin* auf das Vierzigfache erhöhen kann. Es konnte wahrscheinlich gemacht werden, daß Östradiol durch Auflockerung der Chromatinstruktur die Zahl der Angriffsstellen der RNS-Polymerase an der DNS um ein mehrfaches erhöht.

Es konnte weiterhin nachgewiesen werden, daß Östradiol auch den Transport der neugebildeten m-RNS in das Zytoplasma und das *Processing* der Vorläufer-r-RNS beschleunigt.

Eine gegenwärtig noch nicht zu beantwortende Frage ist die, auf welche Weise *Steroidhormone* die *Konformation* des *Chromatins* beeinflussen und so spezifische Änderungen im Verhältnis von transcriptionsinaktivem zu transcriptionsaktivem Chromatin herbeiführen können. Auf Grund ihrer *Doppelwirkung,* Einstellung einer *stabilen Differenzierung* und von *reversiblen Enzymmustern,* muß man bei ihnen irreversible und reversible Strukturveränderungen im Chromatin unterscheiden.

5.8. *Veränderungen des Enzymmusters während der Ontogenese*

Im Verlauf der *pränatalen* und frühen *postnatalen Entwicklung* erwerben die verschiedenen Organe und Gewebe ihre charakteristische *Enzymausstattung* (*Enzymmuster*). Dieser Prozeß wird als *enzymatische Differenzierung* bezeichnet.

Es ist erwiesen, daß die Entstehung eines bestimmten Enzymmusters vorwiegend auf einer *selektiven Aktivierung* von *Genen* beruht, die zu einer Steigerung der Synthese solcher m-RNS-Species führt, die das Enzymmuster eines bestimmten Gewebes prägen.

Man unterscheidet *zwei Gruppen* von Enzymen; vom *Konzeptionsalter abhängige, genetisch determiniert* auftretende *Enzyme* der embryonalen Periode und *geburtsabhängige,* durch *Adaptation* an die besonderen Lebensbedingungen nach der Geburt auftretende Enzyme der neonatalen Lebensperiode.

Nicht alle Enzyme eines Gewebes werden zur gleichen Zeit und mit gleicher Geschwindigkeit synthetisiert; auch erscheint ein und dasselbe Enzym nicht zur gleichen Zeit in den verschiedenen Geweben. Die *Enzymsynthese* erfolgt in der *Ontogenese mehrphasig.*

Wodurch wird die Enzymsynthese in den einzelnen Organen eines sich entwickelnden Organismus koordiniert? Gibt es für eine solche mehrphasig ablaufende Enzymsynthese einen *Zeitgeber*? Wir werden versuchen, auf diese Fragen im Verlauf dieser Darlegungen Antworten zu finden.

Typisch für die *enzymatische Differenzierung* der *Leber* ist, daß man *drei* verschiedene *Perioden* unterscheiden kann, die durch die Synthese bestimmter Gruppen von Enzymen gekennzeichnet sind. In der Rattenleber gibt es a) eine Gruppe von Enzymen, die in der *spätfetalen Periode* erscheint (*spätfetale Enzymgruppe*; 16. bis 22. Gestationstag; die Tragzeit der Ratte beträgt 22 Tage), b) eine zweite Gruppe, die am ersten Tag nach der Geburt synthetisiert wird (*neonatale Enzymgruppe*) und c) eine dritte Enzymgruppe, die in der dritten Woche nach der Geburt auftritt (*Enzymgruppe des Säuglings*).

Tabelle 6

Die wichtigsten Enzyme der spätfetalen, neonatalen und Säuglingsgruppe (nach O. GREENGARD)

1. Spätfetale Gruppe

Glykogensynthetase
Glykogenphosphorylase
Glucose-6-phosphatase
Arginase u. a. Enzyme des Harnstoffcyclus

2. Neonatale Gruppe

Phosphoenolpyruvatcarboxykinase
Tyrosinaminotransferase
L-Serindehydratase
UDP-Glucuronyltransferase

3. Säuglingsgruppe

Glucokinase
Alaninaminotransferase
Glutaminsynthetase
Pyruvatkinase
Tryptophanoxygenase

Die Tab. 6 gibt einige Beispiele von Enzymen aus jeder dieser drei Gruppen wieder. In der Abb. 58 sind die Aktivitätsveränderungen von jeweils einem typischen Enzym aus den drei Gruppen wiedergegeben.

Neben diesen drei Gruppen gibt es andere Enzyme, die bereits vor dem 16. Gestationstag in der Leber in hoher Aktivität vorhanden sind und im Verlauf der Entwicklung entweder gleichbleiben oder sogar abnehmen.

Ein Vergleich der enzymatischen Differenzierung der Leber der

Ratte und des Menschen lehrt, daß zwischen beiden, trotz unterschiedlicher Schwangerschaftsdauer, Ähnlichkeiten existieren.

Zwischen der *Enzymausstattung* eines Gewebes und dessen *Funktion* im Stoffwechsel besteht eine enge Beziehung. Während der Entwicklung auftretende Enzyme ermöglichen es dem betreffenden Organ oder Gewebe neue Funktionen entsprechend den physiologischen Bedürfnissen des wachsenden Organismus wahrzunehmen.

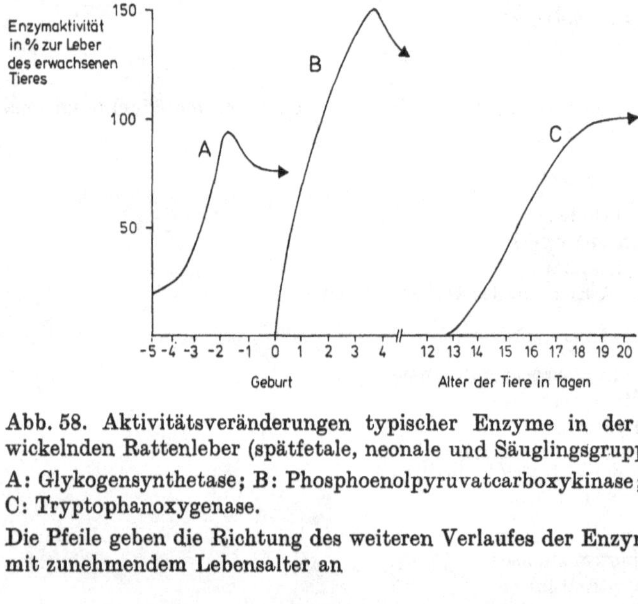

Abb. 58. Aktivitätsveränderungen typischer Enzyme in der sich entwickelnden Rattenleber (spätfetale, neonale und Säuglingsgruppe)
A: Glykogensynthetase; B: Phosphoenolpyruvatcarboxykinase; C: Tryptophanoxygenase.
Die Pfeile geben die Richtung des weiteren Verlaufes der Enzymaktivität mit zunehmendem Lebensalter an

Die *Geburt* und der *Übergang* von der *Ernährung* des Säuglings mit *Muttermilch* zur *gemischten Nahrung* (*Abstillen, Entwöhnung*) stellen *tiefgreifende Änderungen* im Leben eines Menschen oder eines Säugetieres dar. Man kann erwarten, daß es dabei auch zu Änderungen im *Enzymprofil*, z. B. in der Leber und in anderen Organen, kommt.

Wie wir gesehen haben, treten *perinatal* zwei verschiedene Enzymgruppen in Erscheinung, die *spätfetale* und *neonatale* Gruppe. Vor dem Entwöhnen tritt die dritte Gruppe auf.

Das legt den Gedanken nahe, daß die Enzyme der spätfetalen Gruppe für das Überleben des Neugeborenen unmittelbar nach der Geburt von ausschlaggebender Bedeutung sind, während andere

Enzyme Zeit haben, sich während des ersten Tages post partum zu entwickeln. So müssen alle Enzyme des *Harnstoffcyclus* (*spätfetale Gruppe*) zum Zeitpunkt der *Geburt* vorhanden sein, da dann das Neugeborene in der Lage sein muß, das bei dem Aminosäureabbau entstehende Ammoniak in *Harnstoff* umzuwandeln.

Als weiteres Beispiel sei die Notwendigkeit zur *Entfernung* des *Bilirubins* genannt, das im Verlauf des Hämoglobinabbaues entsteht (s. DB III). Vor der Geburt wird das im *Fetus* gebildete *Bilirubin* durch die Placenta an den Kreislauf der Mutter abgegeben und nach seiner Konjugation mit Glucuronsäure in der mütterlichen Leber mit der Galle ausgeschieden. Unmittelbar *nach der Geburt* ist es notwendig, daß das *Neugeborene* das entstehende *Bilirubin* selbst *konjugiert* und *ausscheidet*. Hierfür ist das Enzym *UDP-Glucuronyltransferase* erforderlich, welches zur *neonatalen Enzymgruppe* gehört. Ein verspätetes Auftreten dieses Enzyms ist häufig die Ursache für die *Gelbsucht* des Neugeborenen, die in schweren Fällen zu einer *Schädigung* des *Gehirnstammes* infolge Ablagerung von *Bilirubin* und zur Entstehung eines *Kernikterus* führen kann.

Die *Unterbrechung* der kontinuierlichen *Versorgung* des *Fetus* mit *Glucose* durch die Mutter gehört zu den einschneidendsten Ereignissen, die mit der Geburt verbunden sind. Von diesem Zeitpunkt an muß das Neugeborene sich selbst mit Glucose versorgen. Zunächst dient hierzu als *Quelle* das *Leberglykogen*. Die Enzyme der *Glykogensynthese* und die *Phosphorylase* gehören zur *spätfetalen Gruppe* (Tab. 6). Nach ihrem Auftreten bewirkt die *Glykogensynthetase* in den letzten Gestationstagen die Synthese einer beträchtlichen Menge von fetalem *Leberglykogen*. Die große Bedeutung dieses Glykogenvorrates für das Überleben des Neugeborenen geht daraus hervor, daß das Leberglykogen nach dem ersten Lebenstag völlig erschöpft ist. Trotz der Mobilisierung des Glykogens ist das Neugeborene hypoglykämisch, da der Verbrauch der Glucose in der Peripherie größer als deren Nachlieferung durch die Leber ist.

Woher bezieht das Neugeborene nach Erschöpfung des Leberglykogens die zu seinem Leben unbedingt erforderliche Glucose? Die als Nahrung dienende Milch ist arm an Kohlenhydraten, so daß eine *neue Quelle* für den *Glucosenachschub* erschlossen werden muß. Es ist dies die *Gluconeogenese*, die von den aus den Milchproteinen stammenden Aminosäuren und dem in der Muskulatur entstehenden Lactat gespeist wird (s. DB III). Die hierfür erforderlichen Enzyme werden unmittelbar nach der Geburt gebildet, gehören also zur *neonatalen Gruppe*. Die *Induktion* von *Enzymen* für die Verwertung *glucoplastischer Aminosäuren* und für die *Gluconeogenese* ist demzufolge nach dem Abbau der Glykogenreserve für die weitere Versorgung des Neugeborenenorganismus mit der lebenswichtigen Glucose von ausschlaggebender Bedeutung.

Das nächste *kritische Ereignis* im Leben eines Säugetieres und des Menschen ist die Periode des *Abstillens.* Im Unterschied zur Milch ist die dann aufgenommene feste Nahrung im allgemeinen reicher an Kohlenhydraten und ärmer an Eiweiß und Fett. Der Organismus braucht deshalb dann eine *reichhaltigere Enzymausstattung* auf dem Gebiet der gegenseitigen Umwandlung von Aminosäuren als der Säugling und außerdem auch das enzymatische Arsenal zur Lipidsynthese. Diese Enzyme gehören zur dritten Gruppe, nämlich zur Enzymgruppe der *Säuglingsperiode* (Tab. 6). Die zu dieser Gruppe ebenfalls gehörende *Glucokinase* sichert die Anpassung der Leber an die nahrungsabhängige, schubweise erfolgende Zufuhr von Glucose und dient der Homöostase des Blutzuckerspiegels (s. FB 2).

Nach diesen Darlegungen wollen wir uns der Frage zuwenden, wodurch die *zeitliche Aufeinanderfolge* der Synthese der drei Gruppen von Enzymen im Verlauf der ontogenetischen Entwicklung koordiniert und reguliert wird. Folgt dieser Ablauf einer „inneren Uhr“ des sich entwickelnden Organismus oder wird er durch die sich ändernden metabolischen Bedürfnisse bestimmt, z. B. bei dem Übergang vom intrauterinen zum extrauterinen Leben oder in der Periode der Entwöhnung? Im letzteren Falle würde es sich um einen Anpassungsprozeß an sich verändernde Lebensbedingungen handeln.

In zahlreichen Fällen konnte nachgewiesen werden, daß die Veränderungen im Enzymmuster tatsächlich eine *Anpassung* darstellen und an der Auslösung der Synthese bestimmter Enzyme gewisse *Hormone,* z. B. *Glukagon, Thyroxin* und *Glucocorticoide,* eine entscheidende Rolle spielen.

Zweifellos ist das Auftreten von Enzymen der *Gluconeogenese* am ersten Tag nach der Geburt eine Voraussetzung für das *Überleben des Neugeborenen,* da dessen Glykogenvorräte bereits am Ende dieses Tages erschöpft sind. Infolge der *postnatalen Hypoglykämie* steigt der *Glukagonspiegel* im Blut nach der Geburt an und der *Insulinspiegel* sinkt ab.

Es entsteht deshalb die Frage, ob das *Glukagon* außer seiner Wirkung auf die Glykogenmobilisierung auch eine Wirkung als natürlicher *Induktor* für die Enzyme der *Gluconeogenese* am ersten

Lebenstag entfaltet. Zu ihrer Beantwortung injizierte man Rattenfeten in utero in den letzten Tagen vor der Geburt Glukagon und prüfte, ob das Hormon schon zu dieser Zeit in der Lage ist, eine Synthesesteigerung eines wichtigen regulatorischen Enzyms der Gluconeogenese, nämlich der *Phosphoenolpyruvatcarboxykinase* (s. DB III), zu bewirken. Da dies tatsächlich der Fall ist und Glukagon

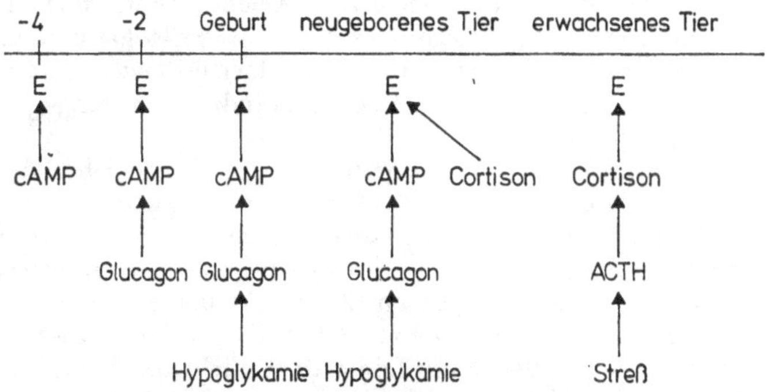

Abb. 59. Schrittweise Entwicklung der Kompetenz der Rattenleber gegenüber Glukagon und Cortison im Hinblick auf die Induktion der Tyrosinaminotransferase (Erklärung s. Text)

zu diesem Zeitpunkt auch andere Enzyme, z. B. die *Tyrosinaminotransferase* induzieren kann, lassen sich daraus mehrere Schlußfolgerungen ableiten:

1. die *Synthesesteigerung* der Enzyme der *Gluconeogenese* am 1. Tag nach der Geburt ist ein *Anpassungsvorgang* an die *Hypoglykämie*;
2. *Glukagon* ist der natürliche *Induktor*;
3. Leberzellen sind schon in der *späten fetalen Periode* fähig, auf *Glukagon* zu reagieren, sie sind demzufolge zu diesem Zeitpunkt bereits *glukagonkompetent.*

Am Beispiel der Synthesesteigerung der *Phosphoenolpyruvatcarboxykinase* und der *Tyrosinaminotransferase* durch *Glukagon* wurde nachgewiesen, daß diese Wirkung auf eine gesteigerte Synthese der jeweiligen *m-RNS* für diese beiden Enzyme zurückzuführen ist, d. h. das Glukagon eine selektive *Stimulierung* der *Transcription* bewirkt. Da bei dieser Induktion Glukagon durch *cAMP* ersetzt werden kann, kann man schlußfolgern, daß der eigentliche Induktor für diese beiden Enzyme das cAMP ist.

Für den Fall der *Tyrosinaminotransferase* hat man die Ansprechbarkeit der sich entwickelnden Leber gegenüber verschiedenen hormonalen Induktoren, d. h. deren *Hormonkompetenz,* im Verlauf der Ontogenese näher untersucht. Man fand, daß das Enzym in verschiedenen Entwicklungsperioden durch das *Glukagon* und durch die *glucocorticoiden Hormone* unterschiedlich induziert wird (Abb. 59). *Glukagon* vermag *nur pränatal* und in den *ersten Tagen* nach der Geburt, *Cortison* jedoch erst *nach einigen Lebenstagen* im Neugeborenen das Enzym zu induzieren, hingegen ist Cortison *pränatal wirkungslos.*

Eine genauere Untersuchung ergab, daß die Rattenleber die Kompetenz für Glukagon nicht früher als zwei Tage vor der Geburt, d. h. am 20. Gestationstag, erwirbt; injiziert man es drei Tage vor der Geburt, dann ist es wirkungslos. Interessanterweise läßt sich das Enzym aber zu diesem Zeitpunkt und schon einige Tage früher durch cAMP induzieren. Offenbar besitzt in diesem Entwicklungsabschnitt die fetale Leber noch nicht die Fähigkeit zur Realisierung der Glukagonwirkung, d. h. es mangelt ihr an der Fähigkeit, Glukagon infolge des noch nicht entwickelten Receptors zu binden und die cAMP-Synthese zu steigern (FB 2). Sie verfügt aber zu diesem Zeitpunkt bereits über den Mechanismus zur Realisierung der cAMP-Wirkung. Ein bis zwei Tage nach der Geburt wird die Leber im Hinblick auf die Synthese der Tyrosinaminotransferase kompetent für Cortison.

Dies ist ein interessantes Beispiel für die *schrittweise Entstehung* der *Kompetenz* eines sich entwickelnden Organs gegenüber verschiedenen *Induktoren*: zunächst ist die *Leberzelle nur kompetent* gegenüber *cAMP,* dann erwirbt sie die Kompetenz für *Glukagon* und erhält sie schließlich auch für *Cortison.*

Die *pränatale Induktion* der Tyrosinaminotransferase durch Injektion von Glukagon ist *reversibel,* d. h. das vorzeitig induzierte Enzym ist nach 20 Stunden wieder verschwunden. Wenn das Enzym am ersten Lebenstag des Neugeborenen zum richtigen Zeitpunkt induziert wird, verschwindet es nicht wieder, da die Leberzelle unmittelbar darauf kompetent für Cortison wird und dieses Hormon die Synthese des Enzyms aufrecht erhält: sie wird zu einer stabilen Eigenschaft der Leberzellen; Glukagon oder cAMP sind dann wirkungslos.

Auch die Synthese anderer Enzyme kann durch Hormoninjektionen zeitlich vorverlegt werden, z. B. die Enzyme der Glykogensynthese (spätfetale Gruppe) und die der Arginase und Asparaginase (Säuglingsgruppe) durch Cortisol sowie die der Glucose-6-phosphatase (spätfetale Gruppe) und Pyruvatkinase (Säuglingsgruppe) durch Thyroxin.

6. Biochemie des Krebses

6.1. Allgemeine Vorbemerkungen

Als *Krebs* (*maligne Geschwulst, Neoplasma, bösartiger Tumor*) wird eine Gruppe von Krankheiten bezeichnet, die durch *autonome Zellvermehrung, invasives Wachstum, ungeordnete Zell-Zell-Wechselwirkungen* und *metastatische Ausstreuung* von *Zellen* charakterisiert ist.

Unter *Autonomie* der Krebszellen wird verstanden, daß diese in ihrer Vermehrung und ihrem Wachstum durch biologische Kontrollmechanismen nicht wie normale Zellen beeinflußt werden. Krebszellen müssen sich nicht notwendigerweise schnell teilen; vielmehr gibt es ein breites Spektrum langsam und schnell wachsender bösartiger Tumoren. Dagegen ist ein *invasives Wachstum*, d. h. das Eindringen von Tumorzellen in normales Gewebe ein wichtiges Merkmal des Krebses. Das gleiche gilt für die *Metastasenbildung*, d. h. für die Wanderung von Krebszellen aus dem Primärtumor in andere Gebiete des Organismus und die Bildung von Sekundär- oder Tochtergeschwülsten.

Im Unterschied zu Normalzellen besitzt eine Krebszelle „bein"- oder „arm"-förmige Auswüchse ihrer Zelloberfläche, so daß ihr äußeres Erscheinungsbild einem Krebstier ähnelt und dadurch der Name der Erkrankung, der ihr ursprünglich intuitiv gegeben wurde, auch durch das mikroskopische Bild bekräftigt wird (Abb. 60).

Wenn *normale Zellen*, z. B. Fibroblasten, auf einer Glasplatte wachsen, dann bilden sie einen *Zellrasen*, der durch eine *einzellige Schicht* von Zellen charakterisiert ist. Normale Zellen unterliegen einer *Kontakthemmung*, die darin besteht, daß die wellenförmigen Bewegungen ihrer Zellmembran, durch die sich die Zellen auf der Glasplatte fortbewegen, dann aufhören, wenn zwei Zellen in Kontakt zueinander kommen. Diese Kontakthemmung bewirkt die Ausbildung des einschichtigen Zellrasens, der sich von der Stelle der Zellaussaat weg ausbreitet. Die Kontakthemmung verhindert eine Übereinanderstapelung von Zellschichten auf der Glasplatte.

Krebszellen zeigen diese *Kontakthemmung der Bewegung* bzw. *des*

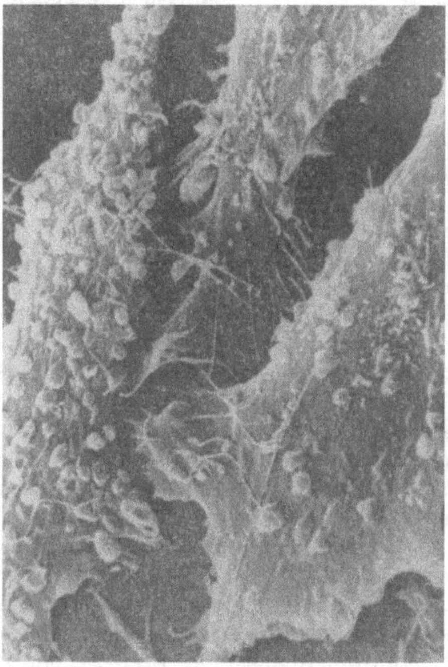

Abb. 60. Die Oberflächenstrukturierung einer Krebszelle (rasterelektronenmikroskopische Aufnahme) (aus E. Borek: The Sculpture of Life; Columbia Univ. Press 1973, New York)

Wachstums nicht, so daß sie sich unter den gleichen Bedingungen übereinander häufen und *unregelmäßige Zellkolonien* bilden. Es besteht eine Korrelation zwischen der Ausbreitungsgeschwindigkeit einer bösartigen Geschwulst in ihrem Wirtsorganismus und dem Verlust ihrer Kontakthemmung (S. 34f.).

Dies zeigt, daß die *Zellmembran* von Krebszellen andere Eigenschaften hat wie die von Normalzellen, was sich biochemisch durch unterschiedliche Bindung von Lectinen (S. 37f.) und immunologisch durch Charakterisierung der Membranantigene nachweisen läßt.

Krebszellen besitzen eine größere Zahl von *Lectinreceptoren* auf ihrer Zellmembran als Normalzellen und binden demzufolge größere Mengen Lectine. Dabei tritt eine *Verklumpung* der *Krebszellen* ein.

Krebszellen weisen auch in immunologischer Hinsicht Unterschiede zu Normalzellen auf. Bei Injektion von Membranfragmenten von Krebszellen in Kaninchen beobachtet man in diesen die Bildung von spezifischen Antikörpern. Krebszellen müssen demzufolge über bestimmte „Oberflächenantigene“ verfügen (vgl. mit S. 205f).

6.2. *Worin unterscheiden sich in biochemischer Hinsicht Krebszellen von Normalzellen?*

Die meisten Unterschiede zwischen Tumorzellen und Normalzellen sind *quantitativer*, jedoch *nicht qualitativer* oder gar absoluter Art. Charakteristisch für Tumorzellen ist ihre hohe *aerobe Glykolyse*, eine gegenüber den Normalzellen *gesteigerte Aufnahmegeschwindigkeit* von *Nährstoffen* (Monosacchariden, Aminosäuren), ein *verändertes Enzymmuster*, das nicht nur Glykolyseenzyme, sondern auch andere Enzyme betrifft, eine gegenüber Normalzellen erhöhte Bereitschaft zur Abgabe zytoplasmatischer Enzyme an die Umgebung und ein unterschiedlicher *Methylierungsgrad* ihrer t-RNS auf Grund einer jeweils spezifischen Ausstattung der betreffenden Krebszelle mit Methylasen (DB III).

Krebszellen besitzen eine *hohe Glykolyserate*, d. h. sie wandeln Glucose mit hoher Geschwindigkeit in Milchsäure um. Im Gegensatz zu den meisten anderen Zellen des Organismus, die bei Sauerstoffanwesenheit kein Lactat bilden, sondern die verbrauchte Glucose zu Kohlendioxid und Wasser oxidieren, weisen Krebszellen eine hohe aerobe Glykolyse auf. Diese ist eine der *auffallendsten biochemischen Eigentümlichkeiten der Tumorzelle*. Ihre Entdeckung geht auf die klassischen Arbeiten von Otto Warburg zurück, der gleichzeitig nachwies, daß Krebszellen einen beträchtlichen Pasteur-Effekt aufweisen, ihre anaerobe Glykolyse also wesentlich höher als ihre aerobe Glykolyse ist (DB III).

Die hohe aerobe Glykolyse ist eine der unumstößlichen Tatsachen auf dem Gebiet der Biochemie des Krebses. Warburg erklärte die hohe aerobe Glykolyse des Krebses irrtümlicherweise damit, daß die Atmung in diesen Zellen geschädigt und sie demzufolge unfähig sei, die Lactatbildung vollständig zu unterdrücken, wie sie dies bei den meisten normalen Zellen des Organismus vermag.

Bis zum heutigen Tag liegt noch kein vollständiges Verständnis der hohen aeroben Glykolyse von Tumorzellen vor; wir wissen aber, daß die Aktivitäten wichtiger regulatorischer Enzyme der

Glykolyse (Hexokinase, Phosphofructokinase und Pyruvatkinase) in Lebertumoren höher und die der Schlüsselenzyme der Gluconeogenese (G-6-Pase, FDPase, PEP-Carboxykinase und Pyruvatcarboxylase) niedriger als in Normalzellen sind. Es besteht eine *positive Korrelation* zwischen *Wachstumsgeschwindigkeit, Malignität, Größe* der *aeroben Glykolyse* und der Steigerung der Aktivität der oben genannten Enzyme in den jeweiligen Tumorzellen.

Bei der *Malignisierung* von Leberzellen tritt eine Veränderung im *Isoenzymspektrum* der Zellen ein: die Glucokinase und die leberspezifische (allosterische) Pyruvatkinase nehmen ab, während die unspezifische Hexokinase und der Muskeltyp der Pyruvatkinase (nichtallosterisch) im Hepatom zunehmen. Das Ergebnis dieser Isoenzymveränderung ist eine Verminderung der Regulierbarkeit des Zellstoffwechsels durch physiologische Kontrollmechanismen (vgl. mit Ausführungen in DB III).

Bei der Umwandlung eines Mols Glucose zu zwei Mol Lactat werden zwei Mol H^+-Ionen frei. Die hohe aerobe Glykolyse der Tumoren führt also zu einer *pH-Erniedrigung* im Tumor und in dessen Umgebung. Wichtige Folgen der Gewebsansäuerung sind veränderte Enzymaktivitäten, vor allem eine Aktivierung saurer Hydrolasen sowie Schädigungen der Zell-Zell-Kontakte. Die hohe aerobe Glykolyse der Tumorzellen schädigt demzufolge die *Gewebshomöostase* und begünstigt das *invasive Wachstum* der Geschwulst.

Auch andere Stoffwechselwege erfahren bei der Umwandlung einer normalen Zelle in eine Krebszelle Veränderungen in ihrer Durchsatzgeschwindigkeit, die mit Veränderungen im Enzymmuster einhergehen. Ein Vergleich der Enzymausstattung normaler Leberzellen mit langsam und schnell wachsenden Hepatomen (das sind Tumoren der Leber) lehrt, daß eine Korrelation ihrer Wachstumsgeschwindigkeit u. a. besteht mit einer Steigerung von Schlüsselenzymen für die Synthese von Nucleotiden (z. B. der Phosphoribosylpyrophosphat-Synthetase (s. DB III) und für die Synthese der DNS, b) mit einer Erniedrigung von Enzymen des Nucleotidabbaues und c) mit einer Aktivitätserniedrigung der Adenylatcyclase und einer Aktivitätssteigerung der cAMP-Phosphodiesterase.

Die unter a) und b) genannten Veränderungen im Enzymmuster führen zu einer *erhöhten DNS-Synthese* und einer *gesteigerten Zellteilungsrate,* während die unter c) angegebene Veränderung zu einer *Erniedrigung des cAMP-Spiegels* in den Zellen führt, die ein wichtiges physiologisches Signal für die *Stimulierung der Zellteilung* darstellt. Diese Art der Veränderung des Enzymmusters für die

Bildung und den Abbau von cAMP steht auch in Übereinstimmung mit der Tatsache, daß Lebertumoren unempfindlich gegenüber der Beeinflussung ihres Stoffwechsels durch solche Hormone sind, deren Wirkungen durch cAMP vermittelt werden.

Der Vergleich der Enzymmuster normaler Leberzellen mit langsam und schnell wachsenden Hepatomen veranlaßte G. WEBER zur Entwicklung des Konzeptes über die mit der *Malignisierung* einhergehenden *geordneten* (also nicht etwa regellos erfolgenden) *Umprogrammierung* der *Genexpression*.

Die Umprogrammierung führt offenbar zu selektiven Änderungen (Hemmung und Aktivierung) in der Transcriptionsbereitschaft bestimmter Regionen des Chromatins und damit zu veränderten Syntheseraten von Schlüsselenzymen zahlreicher Synthese- und Abbauwege im zellulären Stoffwechsel.

Von großem Interesse ist weiterhin die Tatsache, daß Tumorzellen gewisse, in ihrem *Zytoplasma* lokalisierte *Enzyme*, z. B. Glykolyseenzyme, Kathepsine, Kollagenase und Plasminogenaktivator, *nach außen* an ihre Umgebung abgeben.

Besonders bedeutungsvoll ist die Abgabe von *Plasminogenaktivator* durch Tumorzellen, weil dies offenbar die Ursache der bekannten fibrinolytischen Aktivität von Tumorzellen ist. Dieser Plasminogenaktivator aktiviert das Serumplasminogen und führt auf diese Weise zur *Fibrinolyse* (s. FB 2).

Die von verschiedenen Tumoren freigesetzten Plasminogenaktivatoren gehören zur Gruppe der Serinproteasen.

Eine Vielzahl verschiedener experimenteller Befunde legt die Vermutung nahe, daß die Größe der Freisetzung von Plasminogenaktivator in einem Zusammenhang mit dem Grad der Malignität eines Tumors steht. Dies wird erklärlich, wenn man bedenkt, daß die Freisetzung von Proteasen, Peptidasen und anderer Hydrolasen aus den Zellen eines Tumors tiefgehende Wirkungen auf die Umgebung haben muß.

Diese können sein a) eine Schädigung der Struktur des um den Tumor herum befindlichen normalen Gewebes, die dessen infiltratives Wachstum erleichtern würde, b) die Freisetzung von niedermolekularen Nährstoffen durch enzymatischen Abbau von normalem Gewebe, c) die enzymatische Veränderung der Oberflächenstruktur, also der Glykoproteine der Zellmembranen, was zu einer Änderung der zellulären Erkennungsmerkmale und damit zu einer Änderung der Zell-Zell-Wechselwirkungen führen würde und d) schließlich auch die auf S. 203 erwähnten Veränderungen der Oberflächenantigene, indem solche Peptidfragmente auf proteolytischem Wege abgespalten werden, die für die immunologische Spezifität der Tumorantigene verantwortlich sind.

Eine auf diese Weise auftretende Entfernung der Tumorantigene könnte die Ursache dafür sein, daß die betreffende Krebszelle dann dem *immunologischen Überwachungs-* und *Verteidigungssystem* des Wirtsorganismus entgeht und sich folglich „ungestört" und unkontrolliert vermehren kann.

6.3. Die Entstehung von Krebszellen

Krebszellen können aus normalen Zellen durch verschiedene äußere Einwirkungen, mitunter aber auch spontan, entstehen. Die Umwandlung von Normalzellen in Krebszellen bezeichnet man als *maligne Transformation.* Sie kann hervorgerufen werden durch sog. *krebserzeugende* (*karzinogene* oder *kanzerogene*) *Substanzen, energiereiche Strahlung* und bestimmte *DNS-* oder *RNS-haltige Viren.*

Es ist eine große Zahl natürlich vorkommender oder chemisch synthetisierter Substanzen bekannt, für die eine karzinogene Wirkung bei verschiedenen Tierarten bewiesen ist und die mit an Sicherheit grenzender Wahrscheinlichkeit auch für die Entstehung bestimmter menschlicher Tumoren verantwortlich sind.

Bereits im 18. Jahrhundert wurde in England durch den Chirurgen Sir Percival Pott ein Zusammenhang zwischen dem Auftreten von *Hodenkrebs* und *Ruß* bzw. *Steinkohlenteer* nachgewiesen, indem dieser Arzt feststellte, daß Schornsteinfeger besonders häufig von dieser Erkrankung befallen werden. Später wurden die im Steinkohlenteer und im Ruß vorkommenden Substanzen mit kanzerogener Wirkung als bestimmte *polycyclische Kohlenwasserstoffe* identifiziert, unter denen das auch im Zigarettenrauch vorkommende *Benzpyren* als besonders stark krebserregend erkannt wurde. Andere, mit hoher Wahrscheinlichkeit beim Menschen karzinogen wirkende Substanzen sind das chemisch den Steroiden nahestehende *Methylcholanthren,* das von den auf Erdnüssen und Mandeln wachsenden Schimmelpilzen gebildete *Aflatoxin,* das synthetische Östrogen *Diäthylstilböstrol* (s. Band 2), das früher als Farbstoff zur Butter zugesetzte *Buttergelb* sowie *Asbest, Benzol, Benzidin* und andere *aromatische Amine, aromatische Nitroverbindungen, Nitrosamine* u. a. m.

Es wird angenommen, daß 80—90% der Geschwulsterkrankungen des Menschen durch Chemikalien verursacht werden. Dies unterstreicht die unabdingbare Notwendigkeit einer ständigen

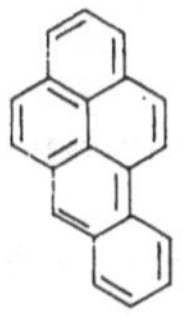
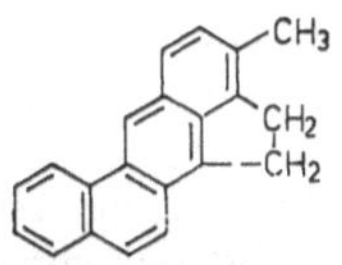

3,4-Benzpyren Methylcholanthren

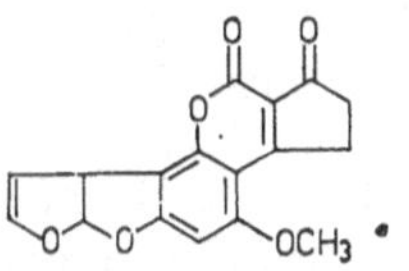
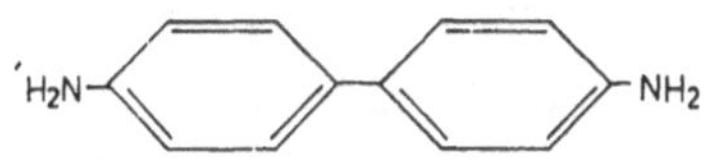
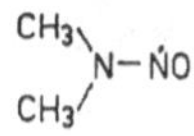

Aflatoxin Benzidin Dimethylnitrosamin

Überprüfung der menschlichen Umwelt und die Eliminierung bereits erkannter oder verdächtiger Karzinogene.

Welche *Wirkungsmechanismen* liegen den *karzinogenen Substanzen* zugrunde? Grundsätzlich muß man feststellen, daß alle kanzerogenen Noxen (Chemikalien, Strahlen, Viren) an den *Nucleinsäuren* und *Proteinen* lebender Zellen angreifen.

Hinsichtlich der *karzinogenen Substanzen* sind folgende Unterschiede zu treffen: 1. solche, die *ohne vorherige Aktivierung* bereits *kanzerogen* wirken (*alkylierende Agenzien*); infolge ihrer elektrophilen Eigenschaften reagieren sie in lebenden Zellen mit den nucleophilen Zentren von Nucleinsäuren und Proteinen (z. B. wird das Guanin der Nucleinsäuren durch Nitrosoäthylharnstoff an seiner N-7-Position alkyliert) und 2. solche, die *chemisch reaktionsträge* sind („*Präkarzinogene*") und vom Organismus erst in die eigentlich wirksame karzinogene Substanz umgewandelt werden. Dies ist für den größten Teil der chemischen Kanzerogene der Fall und erfolgt durch das *Multienzymsystem* der *mischfunktionellen Oxidase* der Mikrosomenfraktion der Leber, Niere und anderer Organe.

Physiologisch hat dieser Enzymkomplex die Aufgabe, bestimmte Substanzen, z. B. Steroidhormone oder Pharmaka, unwirksam zu machen. Im Falle der Karzinogene bewirkt dieses Enzymsystem paradoxerweise die Aktivierung der Präkarzinogene zu hochwirksamen krebserregenden Substanzen. Präkanzerogene können Teile dieses Enzymsystem sogar induzieren (s. Zytochrom P 450, DB II).

Es wurde festgestellt, daß alle beim Menschen *kanzerogen* wirkenden Substanzen eine *mutagene* Wirkung besitzen. Eine große Gruppe von ihnen (u. a. Aflatoxin, Benzpyren) verursacht *Rastermutationen.*

Auf der Mutagenitätswirkung von karzinogenen Substanzen beruht ein einfacher und schnell durchzuführender *mikrobiologischer Test,* der in neuerer Zeit von dem amerikanischen Forscher B. N. Ames entwickelt wurde und als Screeningverfahren zur Entdeckung *mutagen* und *karzinogen* wirkender Verbindungen rasch Verbreitung erlangt hat. Hierzu benutzt man bestimmte Mutanten von *Salmonella typhimurium,* die im Gegensatz zum Wildtyp unfähig sind, die Aminosäure Histidin zu synthetisieren; sie können also nicht in einem histidinfreien Nährmedium wachsen. Es werden verschiedene Mutanten dieses Bakterienstammes für den Test benutzt, die durch die Mutationen (Basensubstitution, Rastermutation), welche die Karzinogene verursachen, wieder in den Wildtyp zurückverwandelt werden können. Nach erfolgter Rückverwandlung kann das Bakterium wieder in einem histidinfreien Medium wachsen. Zur Gewährleistung der Aktivierung von Präkanzerogenen wird dem Mutagenitätssystem eine Mikrosomenpräparation tierischer oder menschlicher Leber zugesetzt.

Der *Mechanismus* der durch chemische Karzinogene oder durch energiereiche Strahlen ausgelösten *malignen Transformation* einer Zelle ist noch mit vielen Geheimnissen umwittert. Eine Theorie besagt, daß die maligne Transformation das Ergebnis einer *somatischen Mutation* im genetischen System einer Zelle sein könnte, als deren Ergebnis dann die Eigenschaften einer Krebszelle resultieren. Für die Theorie spricht a), daß die meisten Karzinogene auch Mutagene sind (jedoch sind nicht alle Mutagene auch Karzinogene) und b), daß Störungen im Reparatursystem der DNS mit einem erhöhten Auftreten von Tumoren verbunden sind (vgl. mit Ausführungen auf S. 152 über das Xeroderma pigmentosum).

Da jedoch die karzinogenen Verbindungen nicht nur die DNS, sondern auch die RNS und Proteine angreifen und chemisch modifizieren, muß man annehmen, daß sie nicht nur am genetischen System angreifen, sondern auch auf *epigenetischer Ebene* wirken, also die *Genexpression,* nämlich die *Transcription,* beeinflussen können.

Kanzerogene Verbindungen könnten auch eine Umprogrammierung der Chromatinaktivität bewirken, also in jene zellulären Mechanismen eingreifen, die für die Zelldifferenzierung verantwortlich sind (vgl. mit S. 86ff. und den Ausführungen in Abschnitt

5.2.). Diese Vorstellung wird als die Theorie der *Fehldifferenzierung* (*aberrante Differenzierung*) bezeichnet, die der malignen Transformation zugrunde liegen könnte.

Die charakteristischen Merkmale von Krebszellen wären dann auf die Umprogrammierung der Ausprägung der genetischen Information zurückzuführen (verändertes Enzymmuster, Veränderungen in der Menge und der Struktur der Glykoproteinbestandteile der Zellmembran u. a.).

Eine *besondere Erörterung* verdient die wichtige Tatsache, daß bestimmte *DNS*- und *RNS-haltige Viren* in der Lage sind, die Bildung von Tumoren auszulösen (*Tumorviren*).

Im Jahre 1908 wurde durch Ellermann und Bang in Kopenhagen gezeigt, daß man die *Hühnerleukose* durch ein Agens übertragen kann, das man aus leukosekranken Tieren extrahieren kann und welches sich als nichtfiltrierbar erwies. Da zu dieser Zeit aber die Leukose vielfach noch nicht als bösartige Erkrankung des blutbildenden Systems angesehen wurde, wurde dieser Entdeckung wenig Aufmerksamkeit gezollt. Peyton Rous berichtete im Jahre 1911, daß man bei *Geflügel ein Sarkom* erzeugen kann, wenn man das zellfreie Filtrat eines Sarkomhomogenates gesunden Tieren injiziert. Dadurch entdeckte P. Rous das nach ihm benannte *Sarkomvirus* (später als RNS-Virus identifiziert) und erbrachte den ersten Hinweis auf die Fähigkeit von Viren, Tumoren zu erzeugen.

Später fand man, daß ein bei Kaninchen vorkommender Tumor, das Papillom, durch ein DNS-haltiges Virus (das sog. Papilloma-Virus) erzeugt wird und daß man bei bestimmten Mäusestämmen das Mammakarzinom durch ein RNS-Virus auslösen kann.

Diese Entdeckungen führten im Zusammenhang mit dem großen Aufschwung der Molekularbiologie zum Nachweis und zur Identifizierung zahlreicher weiterer Tumorviren und zur grundsätzlichen Beantwortung der Frage nach ihrer Wirkungsweise. Diese besteht darin, daß das *Tumorvirusgenom* oder Teile von diesem als Voraussetzung zur malignen Transformation in das *Genom* der befallenen Zelle integriert werden muß. Während das Genom der *DNS-Tumorviren* (z. B. die zur Gruppe der Papova-Viren gehörenden Papilloma-Viren und Polyoma-Viren sowie die zur Gruppe der Herpesviren gehörenden Viren vom Typ Epstein-Barr) *direkt* in das *Zellgenom* integriert werden kann, muß im Falle der *onkogenen RNS-Viren* (*Oncornaviren*) vor der Integration eine doppelsträngige DNS-Kopie (*Provirus*) aus der einzelsträngigen viralen RNS hergestellt werden. Die Umkopierung, d. h. die Bildung der Provirus-DNS, erfolgt dabei durch ein besonderes Enzym, die sog.

Revertase, wie dies auf S. **112** f. beschrieben ist. Deshalb heißt diese Gruppe von Viren auch *Retroviren* ("reverse transcriptase-containing viruses"). Die *Provirus-DNS* wird danach in die zelluläre DNS eingebaut. Die *onkogenen RNS-Viren* können so in der Form des Provirus intrazellulär über viele Zellgenerationen hinweg persistieren.

Es lassen sich zwei Formen von *Oncornaviren* unterscheiden, nämlich *endogene* und *exogene Oncornaviren.*

Endogene Oncornaviren sind in multiplen Kopien in der Form ihres Provirus innerhalb der Zellen anwesend und sind zu stabilen Bestandteilen des jeweiligen Zellgenoms geworden. Sie haben sich im Verlauf der Evolution in das Genom der Zellen „eingeschmuggelt" und persistieren in vielen Tierspezies seit Jahrmillionen. Unter bestimmten Umständen, z. B. bei der Einwirkung von karzinogenen Substanzen oder von energiereicher Strahlung, können derartige endogene Oncornaviren reaktiviert und dazu befähigt werden, einen Tumor auszulösen. Möglicherweise haben die endogenen Oncornaviren unter normalen Bedingungen kaum Bedeutung als Tumorerreger. Es ist aber denkbar, daß sie mit bestimmten DNS-Abschnitten in den Zellen identisch sind (sog. *Onkogene*), die durch kanzerogene Substanzen oder energiereiche Strahlung aktiviert werden und auf diese Weise tumorauslösend wirken. Dies ist der Inhalt der sog. *Onkogentheorie* der *Krebsentstehung* (s. u.).

Die *exogenen Oncornaviren* werden als *infektiöse Viruspartikel* von Tier zu Tier übertragen, persistieren nicht in den Keimzellen und verursachen Krebs (teilweise in hoher Frequenz) bei zahlreichen Tieren, z. B. Leukämie, Mammacarcinom, Osteosarcome und Melanome.

Eine intensiv untersuchte Frage ist, ob *Oncornaviren* auch als *menschliche Tumorviren* in Betracht kommen. Als man zahlreiche neue Oncornaviren bei Affen der Alten und Neuen Welt entdeckte, nahm man an, daß diese mit den postulierten menschlichen RNS-Tumorviren verwandt sein könnten. Obwohl es zahlreiche positiv erscheinende Befunde gibt, lehrt eine kritische Durchsicht der internationalen Literatur auf diesem Gebiet, daß ein schlüssiger Beweis darüber bisher nicht existiert, ob es einen kausalen Zusammenhang zwischen einem Oncornavirus und der Auslösung einer Tumorerkrankung beim Menschen gibt.

Anders steht es mit den *DNS-Viren*. Bei diesen gelingt es, eine Brücke zu malignen menschlichen Tumoren zu schlagen. Von besonderem Interesse sind dabei bestimmte *Herpesviren* sowie das *Hepetitis-B-Virus* und die *Papovaviren.*

Ein Typ der *Herpesviren*, das sog. EPSTEIN-BARR-Virus, wurde eindeutig als Erreger eines *bösartigen lymphatischen Tumors* identifiziert, der vor allem im Kindesalter auftritt und rasch zum Tode führt. Nach dem Entdecker dieser Erkrankung, einem englischen Chirurgen, wird diese Krebserkrankung als BURKITT-Lymphom bezeichnet. Es kommt epidemisch gehäuft in tropisch-feuchten Regionen Zentralafrikas vor (ihr Verbreitungsgebiet stimmt weitgehend mit dem der Malaria tropica überein).

Das EPSTEIN-BARR-Virus ist weltweit verbreitet. Wahrscheinlich machen die meisten Menschen eine Primärinfektion an diesem Virus durch, denn 90% aller gesunden Erwachsenen in Mitteleuropa und Nordamerika besitzen Antikörper gegen das EPSTEIN-BARR-Virus.

Wahrscheinlich verursacht das EPSTEIN-BARR-Virus noch eine weitere menschliche Krebserkrankung, nämlich das *lymphoepitheliale Nasopharynx-Carcinom.* In Mitteleuropa macht diese Erkrankung nur etwa 0,2% aller Krebserkrankungen aus, in anderen Regionen der Erde (China, Tunesien, Zentralafrika) ist sie weit häufiger. In Südchina steht sie mit 33% an erster Stelle der Krebserkrankungen.

Für das DNS-haltige *Hepatitis-B-Virus* wurde wahrscheinlich gemacht, daß es in der Lage ist, *primäre Hepatome* beim Menschen auszulösen.

Zur Gruppe der *Papovaviren* gehören solche Viren vom DNS-Typ, die beim Menschen Warzen und Papillome auslösen. Diese sind meist gutartige Tumoren, können mitunter aber auch zu bösartigen Geschwülsten entarten.

Diese Darlegungen zeigen, daß die *Tumorvirologie* trotz intensivster Bemühungen und zahlreicher vielversprechender Erfolge, noch viele Fragen der *Tumorätiologie* des Krebses, insbesondere solche von klinischer Relevanz, zu lösen hat.

6.4. Molekularbiologie der malignen Transformation

Aus Tumorzellen der Maus extrahierte und hochgereinigte DNS ist in der Lage, kultivierte normale Mäusefibroblasten in Tumorzellen umzuwandeln. Letztere sind nach Injektion in gesunde Tiere in der Lage, zu Tumoren auszuwachsen. Dieses wichtige Experiment zeigt, daß es möglich ist, die *genetische Information* für die *Tumoreigenschaften* durch *DNS-Moleküle* von einer Zelle auf die andere zu übertragen. Auch die DNS von Tumoren des Menschen ist in der Lage, normale Empfängerzellen in Tumorzellen umzuwandeln.

Eine Spaltung der *Tumor-DNS* durch *Restriktionssendonucleasen* und die *Klonierung* der Spaltprodukte in E. coli zeigte (S. 161 ff.), daß das transformierende Prinzip in einem *einzigen DNS-Abschnitt* der Tumorzelle steckt. Dieser DNS-Abschnitt hat die Funktion eines Gens und muß als verantwortlich für die *maligne Transformation* angesehen werden. Damit gelang erstmalig die Identifizierung eines *Krebsgens* (*Onkogen*, s. S. 210).

Das aus dem Blasencarcinom des Menschen isolierte *Onkogen* wurde als *molekulare Sonde* benutzt und mit ihr geprüft, ob es einen DNS-Abschnitt in normalen Zellen des Menschen gibt, der mit diesem Onkogen hybridisiert. Tatsächlich verlief dieses Experiment positiv, d. h. in normalen menschlichen Zellen gibt es einen DNS-Abschnitt, der einem Onkogen strukturell ähnlich ist. Beide unterscheiden sich funktionell, der eine Abschnitt, das Onkogen, vermag eine maligne Transformation auszulösen, der ihm ähnlich gebaute Abschnitt aus Normalzellen, das sog. *Proto-Onkogen*, aber nicht. Das Onkogen und das Proto-Onkogen haben die gleiche Kettenlänge, sie enthalten beide je 5000 Basenpaare. Mit Hilfe der Gentechnik wurde mit diesen Experimenten eine *neue Gruppe* von Onkogenen entdeckt. Die auf S. 210 beschriebenen Onkogene der Retroviren stellen eine andere, schon länger bekannte Gruppe von Onkogenen dar. Hybridisierungsexperimente zeigen, daß beide Gruppen nicht scharf voneinander getrennt werden können, sondern untereinander verwandt sind.

Worin unterscheidet sich das *Onkogen* vom *Proto-Onkogen*? Sequenzanalysen zeigten, daß sich beide nur in einer einzigen Base voneinander unterscheiden: im *Onkogen* ist ein *Guaninrest* des *Proto-Onkogens* durch einen *Thyminrest* ersetzt. Das Proto-Onkogen geht also durch *Punktmutation* in das Onkogen über. Die Aktivierung des Proto-Onkogens, d. h. die eben dargestellte Punktmutation kann durch energiereiche Strahlung, durch chemische Cancerogene, durch chromosomale Translokation, durch Genvervielfachung (Genamplifikation) oder durch Retroviren ausgelöst werden. Für alle diese Möglichkeiten konnten auf experimentellem Wege Hinweise erbracht werden. Insgesamt wurden bisher vier *Proto-Onkogen-Onkogen-Paare* entdeckt. Welche Funktion haben die *Proto-Onkogene*? Ihre weitere Verbreitung in der Natur weist darauf hin, daß sie schon lange existieren, also eine bestimmte, für die Zellen nützliche Funktion haben müssen. Eines von diesen Proto-Onkogenen codiert wahrscheinlich ein Protein mit einem Molekulargewicht von 21000, das an der Oberfläche der Zellmembran sitzt und ein *Regulator* für das *normale Zellwachstum* ist. Nach Umwandlung des Proto-Onkogens zum Onkogen verliert das mutierte Protein seine normale Kontrollfunktion und zwingt offenbar die Zelle zu einem krebsartigen Wachstum.

Wahrscheinlich ist die maligne Transformation nicht nur auf die Mutation eines einzigen Proto-Onkogens zurückzuführen, sondern scheint vielmehr ein mehrstufiger Prozeß zu sein, in dessen Verlauf eine normale Zelle mehrere unabhängige Veränderungen durchmachen muß. Bei dem Hühnerlymphom, beim BURKITT-Lymphom und bei der Leukämie des Menschen hat man wenigstens zwei aktive Onkogene gefunden.

Es ist sehr zu hoffen, daß mit Hilfe der Gentechnik und mit anderen Verfahren bald eine Klärung der molekularen Ursachen der Krebsentstehung erreicht wird. Diese erst ist die entscheidende Voraussetzung für eine wirksame Therapie der Krebserkrankung.

6.5. *Biochemische Grundlagen der Wirkungsweise von Kanzerostatika*

Die *Chemotherapie des Krebses* begann vor etwa 40 Jahren mit der Verwendung von *Stickstofflost*, einer dem Gelbkreuzgas (Schwefellost) ähnlich gebauten Verbindung, die zur Gruppe der *alkylierenden Agenzien* gehört (unter *Alkylierung* versteht man die Einführung von Alkylgruppen, z. B. von Methyl-, Äthyl- oder Propylgruppen, in organische Verbindungen). Seither wurden weitere alkylierende Substanzen als Zytostatika zur Chemotherapie des Krebses eingeführt, z. B. das *Chlorambucil, Cyclophosphamid* sowie das *Äthylenimin* und seine Derivate (s. Formeln).

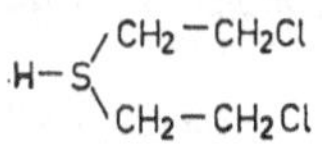

Gelbkreuz (Lost)

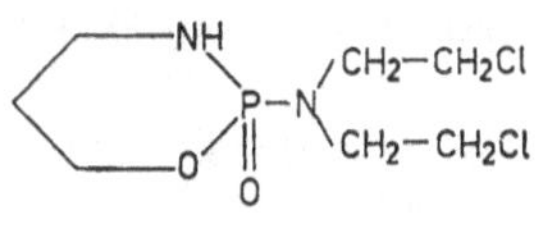

Cyclophosphamid

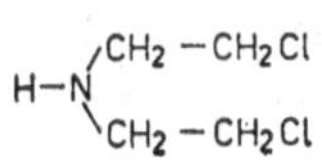

Stickstofflost

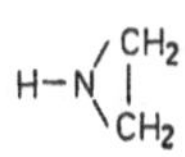

Äthylenimin

Der gemeinsame Nenner ihrer Wirkungen besteht darin, daß sie mit den *Hydroxyl-* und *Aminogruppen* der *Basen* von *Nucleinsäuren* reagieren und so eine Hemmung der Zellteilung herbeiführen. Durch die Alkylantien werden die *zwei Polynucleotidketten* eines DNS-Doppelstranges miteinander *verknüpft* und auf diese Weise inaktiviert (Abb. 61).

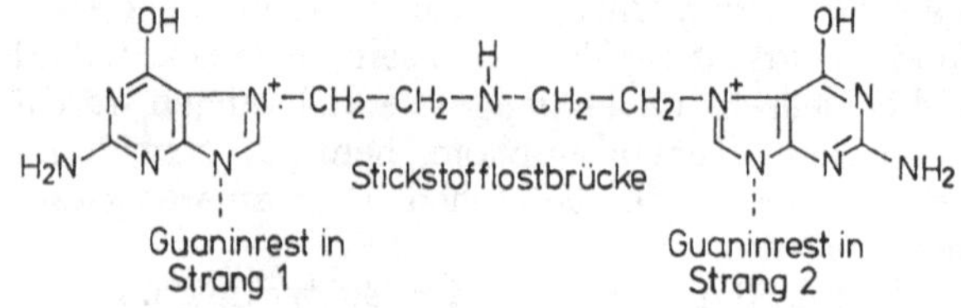

Abb. 61. Verknüpfung der beiden Stränge einer DNS-Doppelhelix durch Stickstofflost als bifunktionelles Alkylierungsmittel

Neben den alkylierend wirkenden Zytostatika spielen *Antimetabolite* eine wichtige Rolle bei der *Chemotherapie* des Krebses. Darunter versteht man solche Substanzen, die auf Grund ihrer strukturellen Ähnlichkeit mit normalen Metaboliten die Fähigkeit haben, Stoffwechselreaktionen selektiv zu beeinflussen. Dieses Prinzip wurde erstmalig bei den Sulfonamiden als Antimetaboliten der Folsäuresynthese entdeckt und zur Bekämpfung von Infektionskrankheiten höchst erfolgreich ausgenutzt.

Obwohl den als *Zytostatika* eingesetzten Antimetaboliten solch große Erfolge leider noch nicht beschieden sind, weil die Stoffwechselunterschiede zwischen Tumor- und Normalzellen bei weitem nicht so groß sind wie zwischen Pro- und Eukaryontenzellen, sind sie aus der Chemotherapie des Krebses nicht mehr wegzudenken. Wichtige Vertreter dieser Gruppe von Zytostatika sind bestimmte *Folsäureabkömmlinge* (s. DB III), z. B. *4-Aminofolsäure*, *4-Amino-N-10-Methylfolsäure* (*Methotrexat*) und weiterhin *6-Mercaptopurin*, *5-Fluoruracil*, *6-Thioguanin* und *Cytosinarabinosid*.

Die Wirkungsweise der Folsäureabkömmlinge besteht darin, daß sie sich irreversibel an die *Dihydrofolsäurereduktase* binden und auf diese Weise die Bildung der Tetrahydrofolsäure verhindern. Da diese für die Synthese der Nucleinsäuren notwendig ist (s. DB III), bewirken die Folsäureantimetabolite eine Unterdrückung des Zellwachstums.

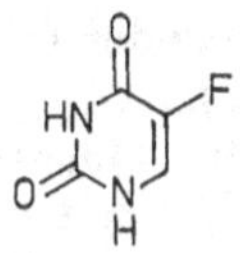

5-Fluoruracil

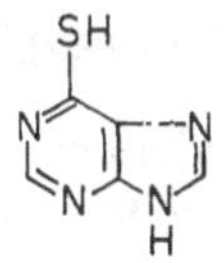

6-Mercaptopurin

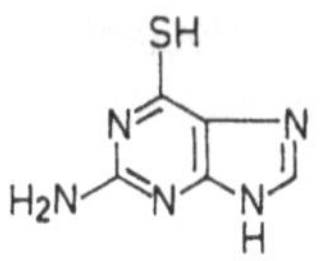

6-Thioguanin

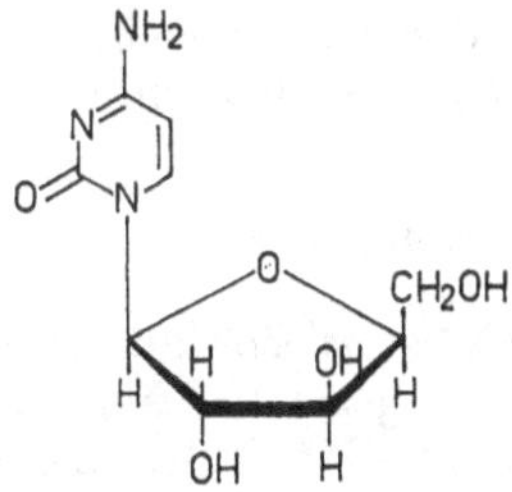

Cytosinarabinosid

6-Mercaptopurin und *6-Thioguanin* hemmen die Neusynthese von Purinbasen und den Einbau von Guanin in die Nucleinsäuren.

Das *5-Fluoruracil* hemmt das Zellwachstum, indem es die Thymidylsäuresynthese (s. DB III) blockiert. Nachdem man erkannte, daß 5-Fluoruracil, bevor es seine Wirkung entfaltet, im Zellstoffwechsel in *Fluordesoxyuridinmonophosphat* umgewandelt wird, entwickelte man folgerichtig das *Fluoruracildesoxyribosid* als wirksameren Antimetaboliten.

Das *Cytosinarabinosid* hemmt die Reduktion von Cytidinphosphat zu Desoxycytidinphosphat (zum besseren Verständnis der Wirkungsmechanismen dieser Antimetabolite wird empfohlen, die Abschnitte in DB III über den Nucleotid- und Nucleinsäurestoffwechsel heranzuziehen).

Es ist einleuchtend, daß die hier besprochenen Antimetabolite ihre Wirksamkeit vorwiegend in der *S-Phase* des *Zellcyclus* entfalten. Da manche von ihnen nicht nur die DNS-Synthese blockieren, sondern auch die RNS- und Proteinsynthese beeinflussen, wird als Folge ihrer Wirkung auch eine *Verlangsamung* des *Überganges* von der G_1- in die *S-Phase* beobachtet (S. 13ff.).

Neben diesen beiden Gruppen von Zytostatika sind außerdem bestimmte *Mitosehemmstoffe* (z. B. einige Alkaloide) und einige *Antibiotika* in der Krebschemotherapie im Gebrauch.

7. Biochemie des Muskels und der Muskelkontraktion

In diesem Kapitel wollen wir uns mit den Besonderheiten des Stoffwechsels der Muskulatur und mit den Grundzügen des Mechanismus der Muskelkontraktion als einer sehr spezifischen Zellleistung vertraut machen. Zunächst wollen wir die *Feinstruktur des Muskels* und die *Funktion seiner Elemente* im Kontraktionsprozeß kennenlernen und uns danach mit einigen Stoffwechseleigentümlichkeiten der Muskelzelle beschäftigen.

7.1. Feinstruktur des Muskels

Der *quergestreifte Muskel* setzt sich aus *Faserbündeln* zusammen, deren einzelne Fasern die gesamte Länge des jeweiligen Muskels durchlaufen und an ihren beiden Enden in Sehnen übergehen. Jede dieser Muskelfasern ist aus einer Vielzahl noch kleinerer Einheiten aufgebaut, die man *Myofibrillen* nennt und die die einzelne Faser ebenfalls in Längsrichtung durchziehen.

Die Myofibrillen weisen senkrecht zu ihrer Längsachse *Querstreifungen* auf. Infolge der strengen parallelen Anordnung der Myofibrillen in der Muskelfaser läßt sich in dieser übergeordneten Struktureinheit die Querstreifung lichtmikroskopisch deutlich naohweisen.

Die *Querstreifung* der Myofibrillen entsteht dadurch, daß in ihnen stark doppelbrechende (dunklere) Abschnitte regelmäßig mit schwach doppelbrechenden (helleren) Anteilen abwechseln. Die dunkleren Streifen bezeichnet man als anisotrope A-Banden und die helleren als isotrope I-Banden. In der Mitte der I-Bande liegt eine dünne dunkle Scheibe, die Zwischenscheibe oder Z-Membran genannt wird (Abb. 62).

Die *funktionelle Einheit* einer Myofibrille ist das *Sarkomer*. Es stellt den Abschnitt einer Myofibrille zwischen zwei Z-Membranen dar und hat einen Durchmesser von 15000 Å sowie eine Länge von 20000 Å. Eine Änderung in seiner Länge führt zu einer Verkürzung oder Verlängerung des ganzen Muskels.

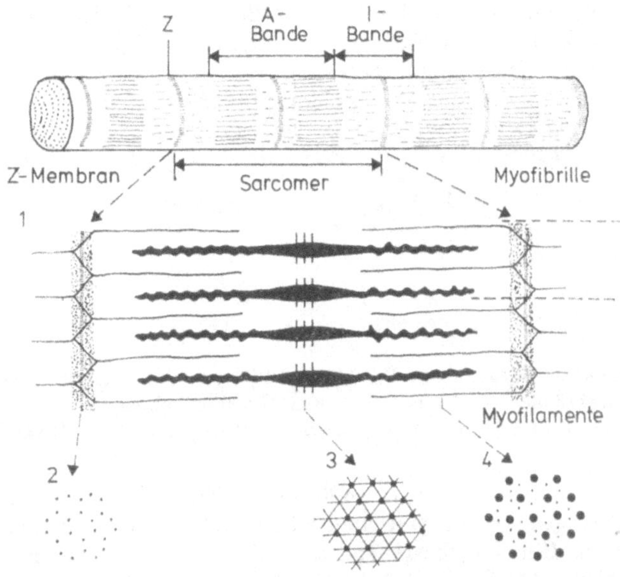

Abb. 62. Aufbau einer Myofibrille (Schema)
1. Struktur eines Sarkomers, 2. Querschnitt durch die dünnen Filamente in der Nähe der Z-Membran, 3. Querschnitt in der Nähe der Mittelmembran durch die dicken Filamente, 4. Querschnitt durch die dicken und dünnen Filamente

Je eine Z-Membran bildet, wie erwähnt, die Grund- und die Deckplatte eines Sarkomerzylinders. Die Z-Membran wird von einem Gerüstprotein, dem *α-Actinin* aufgebaut. In jeder Z-Membran sind etwa 2000, parallel zur Zylinderachse verlaufende, dünne und 5000 Å lange Filamente verankert, die in den Zylinder des Sarkomers hineinragen, dessen Mitte jedoch nicht erreichen. In der Mitte des Sarkomers ist senkrecht zu dessen Längsrichtung ein weiteres Gerüstprotein angeordnet, das man als *M-Protein* bezeichnet, weil es die sog. Mittelmembran bildet. In dieser Mittelmembran sind parallel zur Zylinderachse verlaufende Filamente in der Mitte ihrer Längsrichtung verankert, die 15000 Å lang sind und die auf beiden Seiten der Mittelmembran jeweils 7500 Å weit in das Sarkomer hineinragen. Diese Filamente sind dicker als diejenigen, die in der Z-Membran verankert sind und werden deshalb als dicke Filamente bezeichnet. Die dicken und dünnen Filamente überlappen sich gegenseitig in bestimmten Bereichen des

Sarkomers. Ein Querschnitt durch diesen Bereich ergibt folgendes Bild: jedes dicke Filament wird von sechs dünnen und jedes dünne Filament von drei dicken umgeben.

Die *dicken Filamente* der Myofibrillen werden von dem Protein *Myosin*, die *dünnen* von dem Protein *Actin* gebildet.

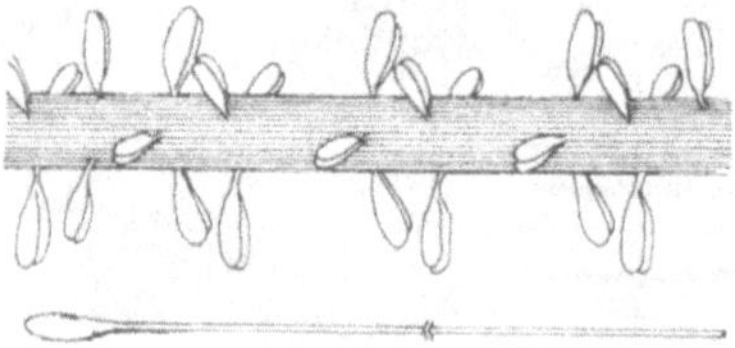

Abb. 63. Struktur eines dicken Filamentes mit den Doppelköpfen des Myosins (Querbrücken) und eines einzelnen Myosinmoleküls (nach J. M. MURRAY und A. WEBER, Scientific American **230**, 59, 1974)

Die Myosinmoleküle sind etwa 1400 Å lang und 20 Å dick, tragen an einem Ende zwei etwa 100 Å lange Köpfe und sind in den dicken Filamenten zu Bündeln, bestehend aus mehr als 100 Molekülen, zusammengefaßt (Abb. 63).

Die *dicken Filamente* tragen als *Ausläufer* kleine *Querbrücken*, die diese mit den dünnen Filamenten verbinden; diese Querbrücken sind offenbar mit den Köpfen der Myosinmoleküle identisch und sind in den überlappenden Bereichen zu finden, wo sich sowohl dicke als auch dünne Filamente befinden. Im Mittelabschnitt des Sarkomers sind die dicken Filamente frei von den Querbrücken.

Wie bereits erwähnt, ist das *Actin* Bestandteil der *dünnen Filamente*, außerdem enthalten die dünnen Filamente zwei andere Muskelproteine, das *Troponin* und das *Tropomyosin*. Die beiden letztgenannten Eiweiße sind Regulatorproteine und dienen der Regulation der Wechselwirkungen zwischen Actin und Myosin.

Das *Actin* ist der *Partner* des *Myosins* bei der *Muskelkontraktion*. Actin besitzt eine globuläre Struktur und heißt deshalb G-Actin. Etwa 200 solcher Actinmoleküle assoziieren durch Vermittlung von hydrophoben Bindungen und bilden eine Kette; es entsteht dabei das fibrilläre oder F-Actin. Je zwei dieser Ketten lagern sich in den Filamenten zusammen und umwinden sich gegenseitig (Abb. 64).

In den beiden *Furchen* zwischen den *zwei Strängen* des *F-Actins* liegen die fibrillär gestalteten *Tropomyosinmoleküle*, die jeweils so lang sind, wie sieben aneinandergereihte G-Actinmoleküle. Jedes

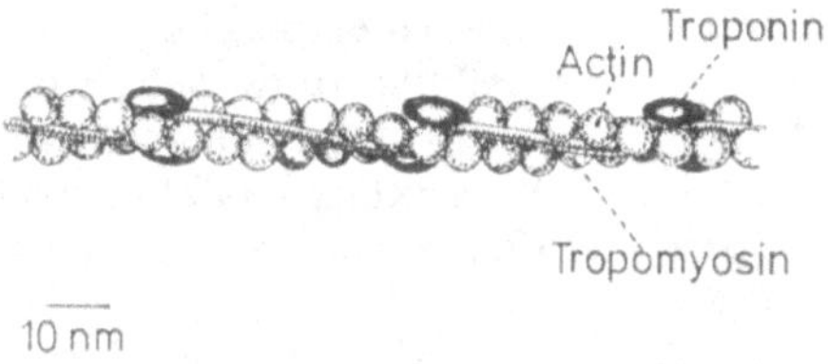

Abb. 64. Struktur eines dünnen Filamentes
Die Kugeln repräsentieren G-Actinmoleküle, die zu einem F-Actindoppelfaden zusammengelagert sind; die längs verlaufenden Gebilde stellen Tropomyosin- und die ellipsenförmigen Gebilde Troponinmoleküle dar (nach MURRAY und WEBER)

Tropomyosinmolekül bindet ein *Troponinmolekül* (Abb. 64). Letzteres vermittelt die *Empfindlichkeit* der *Actomyosin-ATPase* gegen *Ca^{++}-Ionen.*

Das *Troponin* besteht aus drei Untereinheiten, die durch unterschiedliche Funktionen gekennzeichnet sind (S. 222ff.): dem *Troponin T*, dem *Troponin I* und dem *Troponin C*. Das Troponin T bindet sich an das Tropomyosin, das Troponin I (Abkürz. von Inhibitor) hemmt die Wechselwirkung zwischen dem Myosin und dem Actin (d. h. es hemmt die Actomyosin-ATPase) und das Troponin C bindet Ca^{++}. Letzteres hebt die Hemmung der Actomyosin-ATPase durch Troponin I auf (Abb. 68).

Das Verständnis für die *molekularen Grundlagen* der *Muskelkontraktion* wurde durch die zwei wegweisenden Entdeckungen eingeleitet, daß 1. *Myosin* eine *ATPase-Aktivität* besitzt (ENGELHARDT und LJUBIMOWA, 1939) und 2. sich ein *Actomyosinfaden* nach Zugabe von *ATP kontrahiert* (SZENT-GYÖRGYI, 1941).

Daraus wurde die wichtige Schlußfolgerung gezogen, daß das von K. LOHMANN 1929 in der Muskulatur entdeckte *ATP* der *Energiedonator* der *Muskelkontraktion* ist. Durch die ATPase-Aktivität des Myosins (*Myosin-ATPase*) wird ATP zu ADP und anorganischem Phosphat gespalten und dabei die zur Kontraktion notwendige Energie gewonnen.

7.2. *Mechanismus der Muskelkontraktion*

Die *Kontraktion* und die *Erschlaffung* des quergestreiften Muskels kommt dadurch zustande, daß die *dünnen* an den *dicken Filamenten vorbeigleiten* und dabei die Z-Membranen mitnehmen. Dadurch verkürzt sich das Sarkomer, ohne daß sich dabei die Länge eines der beiden Filamente ändert. Diese Vorstellung wurde auf Grund elektronenmikroskopischer Studien an entspannten und kontrahierten Muskeln von J. HANSON und H. E. HUXLEY im Jahre 1953 entwickelt und wird als *Gleitmodell der Muskelkontraktion* bezeichnet (Abb. 65).

An diesem *Gleitmechanismus* sind die *Querbrücken* der dicken Filamente beteiligt. Diese Querbrücken sind mit den dünnen Filamenten in einem bestimmten Winkel verbunden. Wenn sich dieser Winkel verändert, werden die dünnen Filamente gegen die dicken verschoben.

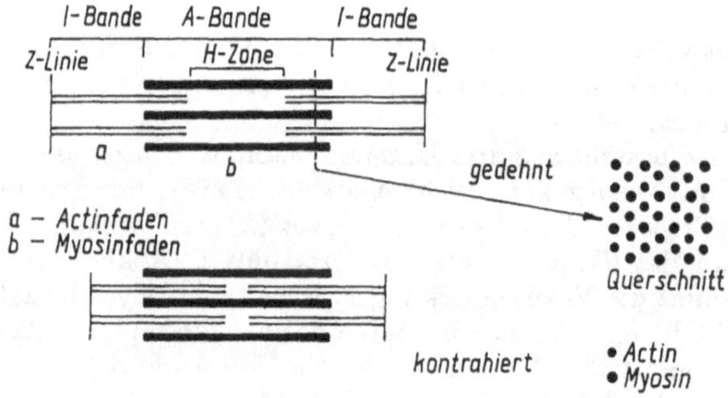

Abb. 65. Gleitmodell der Muskelkontraktion nach HUXLEY und HANSON

Damit eine genügende Verkürzung der Myofibrillen zustande kommt, müssen die Querbrücken einen cyclusartigen Prozeß mehrfach durchlaufen, den man *Querbrückencyclus* nennt. Die Querbrücken werden zuerst an das Actinfilament angekoppelt und dann wird ihr Bindungswinkel geändert (Gleiten), im Anschluß daran werden sie abgekoppelt und erneut an einen anderen Punkt des Actin-Filaments angekoppelt usw. Indem die Myosinköpfe, also die Querbrücken, *gleichsam an einer Stelle treten,* verschieben sie das Actinfilament gegen das Myosinfilament und verändern dadurch den Abstand zwischen zwei Z-Membranen (s. o.) (Abb. 66).

Energiedonator ist bei diesem Prozeß das *ATP*, das durch die ATPase-Aktivität des Myosins (*Myosin-ATPase*) zu ADP und anorganischem Phosphat hydrolytisch gespalten wird (DB II). Die ATPase sitzt an den *Kopfregionen* der *Myosinmoleküle*, also an den Stellen (Querbrücken), die für das Zustandekommen des Gleitmechanismus verantwortlich sind.

In Abwesenheit von ATP haften die Querbrücken in einem *bestimmten Winkel* am Actinfilament. Anwesenheit von *ATP* führt zu einer *Dissoziation* des Actin-Myosin-(*Actomyosin*)-Komplexes, da das ATP an die Myosinköpfe gebunden wird. Das Myosin spaltet nun das gebundene ATP in ADP und Phosphat, worauf

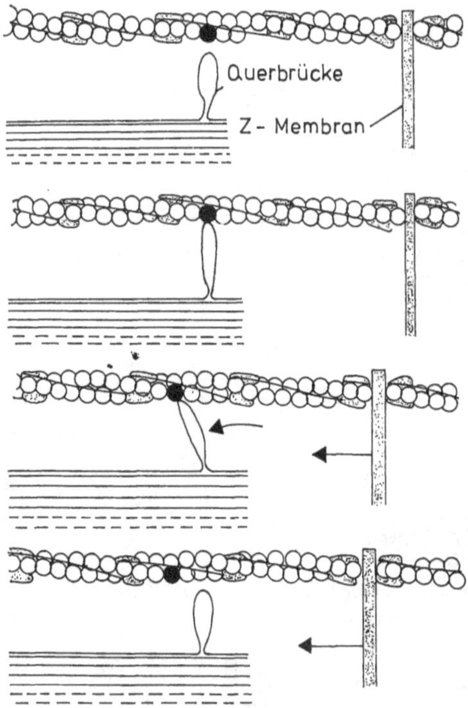

Abb. 66. Schema des Querbrückencyclus der Muskelkontraktion (das schwarz gezeichnete Molekül G-Actin in der F-Actinkette soll die Linksverschiebung deutlicher machen; Näheres s. Text)

sich die *Querbrücken senkrecht* zu den *Filamenten* ausrichten. Nach Abdissoziation der Hydrolyseprodukte des ATP vom Myosin kann sich der Actin-Myosin-Komplex zurückbilden, in welchem dann die Querbrücken wieder in die *Winkelstellung* übergehen. Danach beginnt der Querbrückencyclus von neuem, der dann erneut ein Molekül ATP verbraucht (Abb. 67).

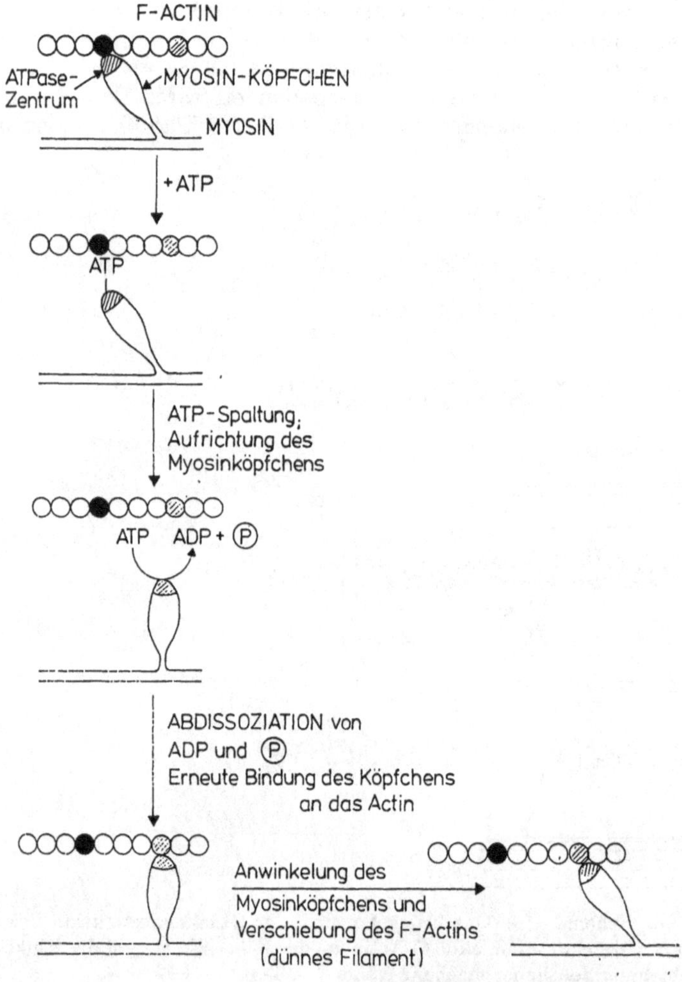

Abb. 67. Querbrückencyclus und ATPase-Wirkung des Myosins

7.3. *Rolle des Calciums bei der Muskelkontraktion*

Für den *Kontraktionsprozeß* sind Ca^{++}-*Ionen* erforderlich. Wenn im Cytosol der Muskelfaser die Ca^{++}-Konzentration auf 10^{-6} oder 10^{-5} mol/l ansteigt (im erschlafften Muskel beträgt sie weniger als 10^{-8} mol/l), so kommt das Sarkomer zur Kontraktion. Die aktivierende Wirkung des Ca^{++} erfolgt dabei nicht durch eine unmittelbare Beeinflussung der Myosin-ATPase, sondern verläuft über das *Troponin-Tropomyosin-System* der dünnen Filamente.

Bei *sehr niedrigen* Ca^{++}*-Konzentrationen hemmt Troponin* die Wechselwirkung zwischen *F-Actin* und *Myosin*. In diesem Zustand wird auch kein ATP durch Myosin gespalten. Die Ursache dieser Hemmung ist die Bindung des *Troponins I* an den *Tropomyosin-F-*

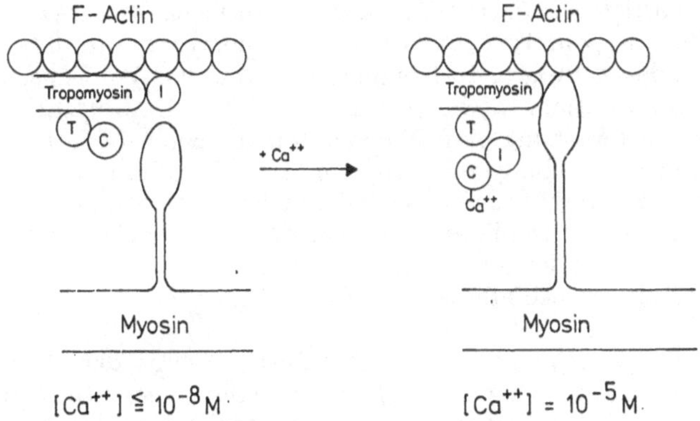

Abb. 68. Entriegelung des Sperrmechanismus der Muskelkontraktion durch Ca^{++}-Ionen: Schematische Darstellung der Wechselwirkungen zwischen Myosin, F-Actin, Tropomyosin und den drei verschiedenen Untereinheiten des Troponins T, I und C

Actin-Komplex, so daß das F-Actin sich nicht mit dem Myosin verbinden kann. Bei *Steigerung* der Ca^{++}*-Konzentration* wird die *Affinität* des calciumbindenden *Troponins C* zum *Troponin I* vergrößert. Dies hat eine *Verminderung* der Affinität des *Troponins I* zum *Tropomyosin-F-Actin-Komplex* zu Folge, der dadurch in den *aktivierten Zustand* übergeht (Abb. 68).

Bei Erhöhung der Ca^{+}-Konzentration wird also ein *Sperrmechanismus* ausgeschaltet, indem das Troponin C die Ca^{++}-Ionen bindet und dadurch indirekt die hemmende Wirkung des Troponins I auf das Myosin und das Actin aufgehoben wird. Calcium wirkt also als Enthemmer der Muskelkontraktion.

Bleibt noch übrig, die Rolle des *Troponins T* zu diskutieren. Dies scheint gemeinsam mit dem Troponin I um das Troponin C zu konkurrieren. Wenn die Ca^{++}-Konzentration sinkt, erleichtert

Troponin T die Abspaltung des Troponins I vom Troponin C, indem es sich selbst an Troponin C bindet. Dies ist im Zustand der Muskelerschlaffung der Fall. Dadurch ist Troponin I in der Lage, sich an den Tropomyosin-F-Actin-Komplex binden und die Wechselwirkung des F-Actins zum Myosin zu unterdrücken.

Die *Regulation* der *Muskelkonzentration* durch das *Ca^{++}-Troponin-System* hängt folglich von den beiden durch Ca^{++} beeinflußten Wechselwirkungen zwischen den Troponinuntereinheiten C und T (begünstigt durch niedrige Ca^{++}-Konzentration) einerseits sowie C und I (begünstigt bei höheren Ca^{++}-Konzentrationen) andererseits ab. Die Bindung von Troponin I an das Tropomyosin verhindert die Bildung des Actin-Myosin-Komplexes (Actomyosin) und sperrt die Muskelkontraktion. Die bei Erhöhung der Ca^{++}-Konzentration eintretende Schwächung der Tropomyosin-Troponin-I-Wechselwirkung infolge Bindung von Troponin I an Troponin C „entriegelt" den Sperrmechanismus, so daß sich der kontraktionsaktive Actin-Myosin-Komplex bilden kann, der die zur Kontraktion benötigte Energie aus der ATP-Spaltung bezieht.

Welche *Faktoren* beeinflussen die *Ca^{++}-Konzentration* im *Zytosol?*

Bei der *Erregung* kommt es zu einer *Depolarisation* der Membran der Muskelfaser (Sarkolemm) infolge einer *Steigerung ihrer Kationenpermeabilität.* Dabei treten Ca^{++}-Ionen aus dem Extrazellulärraum in das Faserinnere ein und setzen die oben besprochenen Mechanismen in Gang.

Dies ist für dünne kontraktile Gebilde wie glatte Muskelzellen unmittelbar verständlich, da bei ihnen nur kurze Diffusionsstrecken überwunden werden müssen.

Die kontraktilen Systeme der wesentlich dickeren Fasern der Herz- und Skelettmuskulatur können jedoch auf diese einfache Art infolge ihrer wesentlich längeren Diffusionsstrecken nicht rasch genug angeregt werden. Deshalb ist die äußere Zellmembran bei diesen Fasern im Bereich der Z-Membranen weit in deren Inneres eingestülpt und bildet dabei die sog. *transversalen Tubuli* aus. Im Myokard gibt es darüber hinaus Längsverbindungen entlang der Myofibrillen zwischen den transversalen Tubuli. Durch dieses Gangsystem kommt das extrazelluläre Calcium sehr nahe an die Myofibrillenbündel heran, wodurch sich die Diffusionswege entscheidend verkürzen.

Von diesem Tubulussystem ist das *sarkoplasmatische Reticulum* morphologisch und funktionell streng zu unterscheiden. Dieses ist ein echter intrazellulärer Calciumspeicher. Das Reticulum wird zur Freisetzung von Ca^{++} dadurch veranlaßt, daß die Depolarisation der Fasermembran über die transversalen Tubuli bis in die Tiefe der Faser geleitet und über synapsenartige Kontaktstellen auf das sarkoplasmatische Reticulum übertragen wird.

7.4. *Mechanismus der Muskelerschlaffung*

Die Muskelerschlaffung wird durch die Entfernung von Ca^{++} aus der nächsten Umgebung des kontraktilen Systems zustande gebracht. Dabei kommt es zum Rücktransport des Calciums in die Vesikel des sarkoplasmatischen Reticulums. Dies ist ebenfalls ein ATP-bedürftiger Vorgang, bei dem es auch zu einer Ca^{++}-abhängigen ATP-Spaltung kommt, allerdings auf Grund eines anderen Mechanismus als bei der Kontraktion. Die Vesikelmembran ist nämlich der Sitz einer Ca^{++}-abhängigen Transport-ATPase, die das Calcium aus dem Zytosol in das sarkoplasmatische Reticulum zurückpumpt (s. auch FB 2).

7.5. *Muskelstoffwechsel*

Der Energiespender für die Muskelkontraktion ist das ATP. Dieses wird entweder durch die *Oxidation* von *Substraten* oder durch die *Glykolyse* bereitgestellt. Bei der Muskelkontraktion wird *Lactat* gebildet und eine äquivalente Menge Glykogen abgebaut.

Man weiß seit langer Zeit, daß *Muskelkontraktion* und *Glykogenabbau* miteinander gekoppelt sind, d. h. *gleichzeitig* mit der *Erregung des Muskels* der *Glykogenabbau* einsetzt. Beide Prozesse werden durch die Erhöhung von Ca^{++} im Zytosol (Myoplasma) ausgelöst. *Ca^{++}* ist demzufolge nicht nur für die *Muskelkontraktion* nötig (durch Bindung an Troponin C), sondern auch für den *Glykogenabbau*. In der *Enzymkaskade* der *Phosphorylaseaktivierung* bindet sich Ca^{++} an die *Phosphorylasekinase* und führt so deren Aktivierung herbei. Dadurch wird der Aktivierungsmechanismus der Phosphorylase in Gang gesetzt (vgl. mit Angaben in DB III).

Wenn man die Glykolyse mit Monojodessigsäure vergiftet oder die Atmung durch Cyanid hemmt, so kann sich der Muskel trotzdem noch über einen bestimmten Zeitraum kontrahieren. Die Ursache hierfür ist, daß die Muskulatur über eine andere energiereiche Verbindung als Speicher verfügt, *Kreatinphosphat*, das mit dem ATP über die *Kreatinkinase* im Gleichgewicht steht, d. h. die

Kreatinkinase sorgt für die Aufphosphorylierung von ADP auf Kosten des Kreatinphosphates:

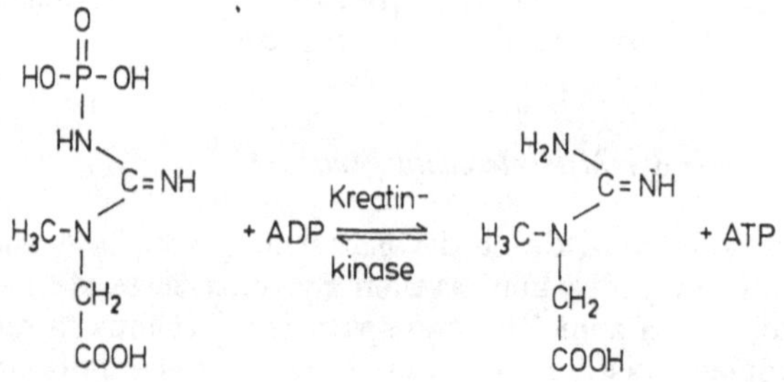

Kreatinphosphat Kreatin

Das Gleichgewicht liegt im schwach sauren Gebiet, z. B. im *tetanisch kontrahierten* oder im *arbeitenden Muskel* auf der Seite der ATP-Bildung. Dadurch ist in der Muskelzelle ein konstanter ATP-Spiegel gewährleistet, der bei O_2-Mangel bzw. bei Arbeitsleistung auf Kosten des Kreatinphosphates über einen bestimmten Zeitraum bis zur Erschöpfung der Kreatinphosphatreserve aufrecht erhalten werden kann.

In der *Erholungsphase* wird Kreatinphosphat aus Kreatin und ATP, das dabei vorwiegend durch oxidative Phosphorylierung entsteht, zurückgebildet (über Synthese und Abbau des Kreatins s. DB III).

Welche Substrate kann die Muskulatur zur Deckung ihres Energiebedarfes verwerten?

Es sind dies vorwiegend Glucose und Fettsäuren; Aminosäuren hingegen spielen nur eine untergeordnete Rolle.

Der *ruhende Muskel* verbraucht Glucose nur mit relativ kleiner Geschwindigkeit. Die Hälfte der aufgenommenen Glucose wird dabei an das Blut in Form von Lactat zurückgegeben, ein kleiner Teil zu Glykogen umgewandelt und der Rest zu CO_2 und Wasser oxidiert.

Die *Aufnahme* und *Verwertung* von *Fettsäuren* durch die Muskulatur (FB 2) hängt von ihrer Konzentration im Blut ab. Jedoch werden nur etwa 20% der in der Ruhe vom Muskel aufgenommenen Fettsäuren oxidiert, der größere Teil wird in Form von Triglyceriden gespeichert, die bei Bedarf hydrolysiert und zur Energiegewinnung eingesetzt werden. Muskelzellen vermögen also Triglyceride zu synthetisieren; das Glycerin-1-phosphat stammt dabei aus der Glykolyse und wird durch Reduktion des Dihydroxyacetonphosphates gebildet. Da der Muskel nicht über eine Glycerinkinase verfügt, hängt demzufolge die Triglyceridsynthese von der Glykolysegeschwindigkeit ab.

Beim Übergang von Ruhe zur Arbeit nimmt die Glucoseaufnahme stark zu und die Glykogenolyse wird stimuliert. Abbauprodukte sind Milchsäure sowie CO_2 und Wasser. Da bei jeder Arbeitsleistung ein Adrenalinanstieg im Blut eintritt, der zu einer gesteigerten Lipolyse im Fettgewebe und zum Anstieg der freien Fettsäuren im Blut führt (FB 2) kommt es im arbeitenden Muskel gleichzeitig mit der Zunahme der Glykolyse zu einer Steigerung der Fettsäureaufnahme sowie zur Triglyceridhydrolyse (durch direkte Adrenalinwirkung auf den Muskel hervorgerufen) und zur Fettsäureoxidation.

Im *Herzmuskel* führt ein hohes Angebot an *Fettsäuren* zu einer *Verminderung* der *Glucoseverwertung.* Ein gegenüber der Norm *erhöhtes Angebot* an *Fettsäuren* tritt im *Hunger* und im Zustand des *Diabetes mellitus* ein (FB 2). Dies hat eine *gesteigerte Oxidation* der Fettsäuren zur Folge, die zu einer *Erhöhung* der intrazellulären Spiegel an *Acetyl-CoA* und *Citrat* führt. *Acetyl-CoA* fördert die Phosphorylierung und damit die *Inaktivierung* des *Pyruvatdehydrogenasekomplexes* (vgl. mit DB III). *Citrat* andererseits *hemmt* die *Phosphofructokinase.* Jeder Anstieg dieser beiden Metabolite hat demzufolge über eine Erniedrigung der Aktivitäten der beiden regulatorisch wirkenden Enzyme eine *Verminderung* der *Glucoseverwertung* in der Herzmuskelzelle zur Folge.

Außer Glucose und Fettsäuren werden auch *Ketonkörper* in Abhängigkeit von ihrer Konzentration im Blut gut von der Muskelzelle verwertet (Band 2).

Der Muskelstoffwechsel steht unter dem Einfluß und der Kontrolle zahlreicher *Hormone*: *Insulin, Wachstumshormon, Adrenalin, Thyroxin* und *glucocorticoide Hormone* (Einzelheiten in FB 2).

8. Biochemie des Nervengewebes

8.1. Struktur und chemische Zusammensetzung der Bauelemente des Nervensystems

Das Nervensystem wird im wesentlichen aus drei verschiedenen Typen von Strukturelementen aufgebaut: den *Neuronen,* den *Gliazellen* und dem *Bindegewebe.* Letzteres breitet sich zwischen den Neuronen und den Gliazellen aus und besteht chemisch aus Proteoglycanen und Glykoproteinen.

Die Neurone sind die eigentlichen Nervenzellen, sie stellen die strukturelle und funktionelle Einheit des Nervensystems dar. Neurone sind die größten Zellen des Körpers und sind durch ihre große Zahl von Fortsätzen und langen Ausläufern, mit denen sie untereinander in einer ungeheuer großen Vielfalt von Wechselwirkungen stehen können, deutlich von anderen Körperzellen unterschieden. Neurone sind stark spezialisierte Zellen, die die Fähigkeit verloren haben, sich zu teilen und als Aufgabe haben, Erregungen zu empfangen und weiter zu leiten. Hierzu besitzt die Nervenzelle zwei Arten von Ausläufern: 1. die *Dendriten*, das sind kleine, meist stark verästelte, Erregungen empfangende Fortsätze

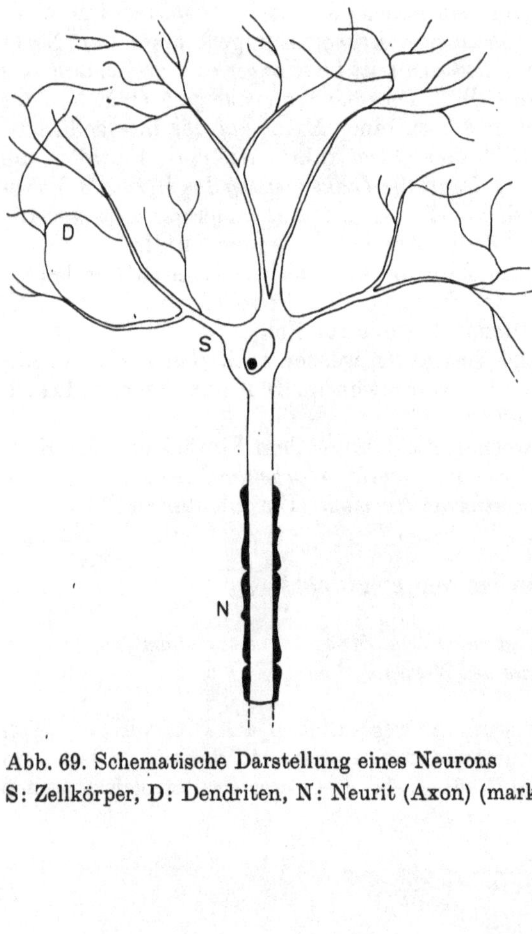

Abb. 69. Schematische Darstellung eines Neurons
S: Zellkörper, D: Dendriten, N: Neurit (Axon) (markhaltig)

und 2. den *Neuriten* (Axon): das ist ein langer Ausläufer, der die Aufgabe hat, Erregungen entweder zu einer anderen Nervenzelle oder zu einem Erfolgsorgan, z. B. zu einem Muskel oder einer Drüse, zu übermitteln (Abb. 69).

Ein *Neuron* (*Ganglienzelle*) ist sehr reich an *endoplasmatischem Reticulum* und an *Ribosomen*. Anhäufungen dieser Strukturelemente im Zellinneren bezeichnet man als „NISSLsche-Körperchen". Darüber hinaus findet man in einer Nervenzelle zahlreiche Mitochondrien, einen GOLGI-Apparat und weitere Strukturen.

Die spezifischen Funktionen eines Neurons spielen sich in seiner *Membran* ab. Diese ist im Prinzip genauso aufgebaut wie die Membran jeder anderen tierischen Zelle. Die Membran der Nervenzelle ist, wie die der Muskelzelle erregbar, d. h. sie weist die Besonderheit auf, daß sie vorübergehend ihre Permeabilität für Na^+ und K^+ ändern kann, und dadurch eine Veränderung ihres Membranpotentials erfährt, die sich über die gesamte Membran der Zelle ausbreitet, d. h. durch den Neuriten fortgeleitet wird.

Der Neurit kann entweder als *marklose* oder *markhaltige Nervenfaser* in die Peripherie ziehen, je nachdem ob er eine zusätzliche Hülle, die *Myelinscheide*, besitzt oder nicht. Auf dieser Myelinscheide liegt die SCHWANNsche *Scheide* oder SCHWANNsche Zelle auf. Die Myelinscheide entsteht aus den SCHWANNschen Zellen, indem diese ihr Zytoplasma verlieren und sich deren Plasmamembranen in einer Serie konzentrischer Doppelmembransysteme zusammenlagern.

Die myelinfreien, marklosen Nervenfasern leiten die Erregung wesentlich langsamer als die markhaltigen. Die Myelinscheide wird an bestimmten Stellen durch die sog. RANVIERschen Schnürringe unterbrochen. Die Myelinscheide hat eine Isolierfunktion. Nur an den Schnürringen liegt die erregbare Membran des Axons frei und ist dem sich ausbreitenden Aktionsstrom (s. u.) zugänglich. Dadurch kann dieser die internodale Strecke überspringen und rasch fortgeleitet werden (saltatorische Erregungsleitung). Dies ist für den Mechanismus der Fortleitung der Erregung von wesentlicher Bedeutung, da dadurch eine wesentlich schnellere Erregungsleitung möglich wird als in marklosen Nervenfasern.

Im peripheren und zentralen Nervengewebe hat das *Axon* die Funktion der *Erregungsleitung*. Der Erregungsübertragung von einer Zelle auf eine andere dienen besonders spezialisierte Teile des Neurons. Diese *interneuronalen Verbindungen* nennt man *Synapsen*. Eine Synapse ist also die Verbindungsstelle zwischen zwei Neuronen, die sich einander stark nähern, nicht aber ineinander übergehen, sondern voneinander durch einen sehr engen Zwischenraum getrennt sind, dem synaptischen Spalt. Der die Erregung heranführende Teil wird als präsynaptisches Element, der die Erregung empfangende Teil als postsynaptisches Element bezeichnet. Die jeweiligen Zellen heißen *prä-* und *postsynaptische Zellen* (Abb. 70). Eine einzelne Ganglienzelle empfängt dadurch Impulse von einigen tausend verschiedener anderer Neuronen. Die *Synapsen* sind diejenigen Stellen im Nervensystem, an denen nicht nur die Erregungsübertragung, sondern auch die Integration der Information im neuronalen Netzwerk vollzogen wird.

In funktioneller Hinsicht gibt es *zwei Arten* von *Synapsen*, nämlich *erregende* und *hemmende* Synapsen.

Hinsichtlich der Zellen, die miteinander verbunden werden, gibt es folgende Typen von Synapsen:

1. Synapsen zwischen Nervenzellen;
2. Synapsen zwischen Nervenendigungen und Muskelzellen (die

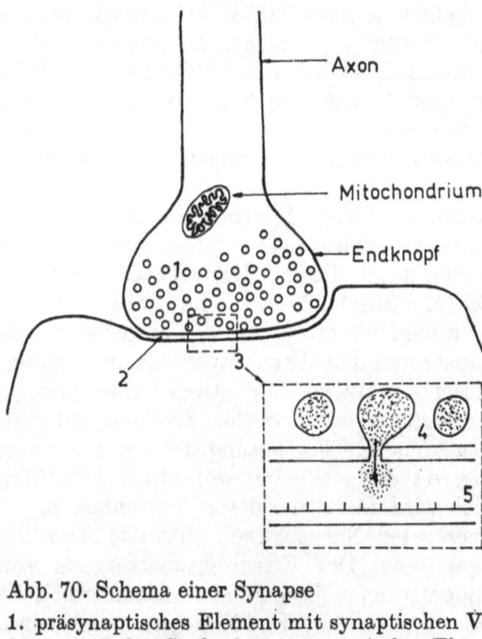

Abb. 70. Schema einer Synapse

1. präsynaptisches Element mit synaptischen Vesikeln,
2. synaptischer Spalt, 3. postsynaptisches Element, 4. ein sich entleerendes Vesikel, 5. Receptoren auf der postsynaptischen Membran

motorische Endplatte und die neuromuskuläre Synapse zwischen vegetativer Nervenendigung und glatter Muskelzelle);
3. Synapsen zwischen Sinneszellen und Nervenendigungen;
4. Synapsen zwischen Nervenendigungen und Drüsenzellen;
5. Neurohumorale Synapsen.

Die weiteren Strukturelemente des Nervensystems, die *Gliazellen,* zu denen die bereits erwähnten SCHWANNschen Zellen gehören, nehmen an der Erregungsleitung und Erregungsübertragung nicht teil. Gliazellen liegen zwischen den Nervenzellen und umgeben diese; ihre Zahl ist um das Zehnfache größer als die der Nervenzellen. Über ihre Funktion ist wenig bekannt. Man nimmt an, daß sie für den Stoffwechsel der Nervenzellen bedeutsam sind, indem sie an deren Substratversorgung durch eine Mittlerfunktion zwischen Blutbahn und Neuronen mitwirken. Gliazellen haben einen hohen Lipoproteingehalt und einen raschen RNS-Umsatz, sie enthalten ein Stützprotein, das *Neurokeratin,* das vermutlich eine Stützfunktion für die Neurone hat. Möglicherweise haben die Gliazellen auch die Fähigkeit, Neurotransmitter zu resorbieren.

Hinsichtlich der chemischen Zusammensetzung des Nervensystems ist hervorzuheben, daß etwa die Hälfte seiner Trockensubstanz aus *Lipiden* besteht. Zwischen verschiedenen Anteilen des Nervensystems, z. B. der grauen und weißen Substanz des Gehirns und des Rückenmarkes, gibt es in der Lipid- und Proteinverteilung charakteristische Unterschiede. Die weiße Substanz ist infolge der in ihr vorhandenen myelinisierten Axone lipidreicher als die graue Substanz.

Der besondere Lipidreichtum des Nervengewebes rührt also vor allem von den Myelinscheiden der markhaltigen Nerven her. Der Hauptbestandteil des Myelins sind *Proteolipide,* die neben ihrem Lipidgehalt besonders reich an hydrophoben und arm an polaren Aminosäuren sind und sich deshalb in organischen Lösungsmitteln ungewöhnlich gut lösen.

Unter den Lipiden des Nervengewebes ragen vor allem die *Phospholipide* (Kephaline, Lecithine, Sphingomyeline) sowie das *Cholesterin* und die *Cerebroside* hervor. Außerdem findet man einen geringen Anteil Diglyceride (wahrscheinlich als Zwischenprodukte der Phospholipidsynthese), während der Triglyceridgehalt im Nervensystem gering ist (über die Chemie dieser Lipide s. DB I und über ihren Stoffwechsel s. DB III).

8.2. *Funktionen des Nervensystems*

Das Zentralnervensystem hat die Aufgabe, die von außen kommenden, von den Sinnesorganen aufgenommenen und gemeldeten Reize aufzunehmen und zu verarbeiten. Das periphere Nervensystem dient der Erregungsleitung von peripher nach zentral und umgekehrt. Eine besondere Rolle spielt das vegetative Nervensystem, das man in ein sympathisches und ein parasympathisches System unterteilt.

Das Nervensystem wird von zwei funktionellen Besonderheiten bestimmt, nämlich 1. der *Erregungsleitung*, die mit hoher Geschwindigkeit (mehrere hundert Meter pro Sekunde) sowohl von den peripheren Sinnesorganen zum Gehirn, als auch vom Gehirn zu den Erfolgsorganen hin erfolgt, und 2. der *Lernfähigkeit* und des *Gedächtnisses*.

8.3. *Stoffwechsel des Nervengewebes*

Das *Gehirn* zeichnet sich durch einen *hohen Sauerstoffverbrauch*, also durch einen ausgeprägten oxidativen Stoffwechsel, aus. Sein respiratorischer Quotient (Quotient aus dem gebildeten CO_2 und dem verbrauchten Sauerstoff) ist etwa eins, woraus hervorgeht, daß das Nervengewebe vor allem Kohlenhydrat, also Glucose, als Energiespender verwendet. Da die Glykogenvorräte des Zentralnervensystems nur gering sind, ist das Gehirn (auch im Schlaf) auf die kontinuierliche Zufuhr von Glucose angewiesen. Der Glucoseumsatz des Gehirns ist sehr hoch, er entspricht dem der gesamten Muskulatur unter Ruhebedingungen. Eine Hypoglykämie führt rasch zu Störungen der Gehirnfunktion und zu Bewußtlosigkeit und Krämpfen sowie möglicherweise auch zu irreversiblen Schäden (hypoglykämischer Schock).

Insulin beeinflußt im Gegensatz zum Muskel die Glucoseaufnahme durch das Gehirn nicht; diese ist allein von der arteriellen Glucosekonzentration abhängig.

Etwa 90% der aufgenommenen Glucose werden zu CO_2 und Wasser oxidiert, der Rest zu Lactat umgewandelt.

Nach einer *längeren Hungerperiode* erlangt das Gehirn zunehmend die Fähigkeit, *Ketonkörper* (β-Hydroxybuttersäure und Acetessigsäure) zu verwerten (DB III und FB 2). Mit steigender

Ketonkörperverwertung nimmt die Glucoseaufnahme des Gehirns ab. Glucose wird dann vor allem zu Laktat umgewandelt und nur in einem geringen Ausmaß zu CO_2 oxidiert. Unter Hungerbedingungen zeigt also der Stoffwechsel des Gehirns Ähnlichkeiten mit dem des Muskels, so daß man auch ähnliche Regulationsmechanismen in beiden Organen annehmen kann.

Bedeutungsvoll ist der *Aminosäurestoffwechsel des Gehirns.* Aminosäuren sind jedoch nicht in der Lage, Glucose als Energiespender zu ersetzen. Besonders wichtig für das Gehirn sind die Glutaminsäure und ihr Amid, das Glutamin. Beide machen zusammen mehr als die Hälfte der freien Aminosäuren im Gehirn aus (vgl. mit FB 2).

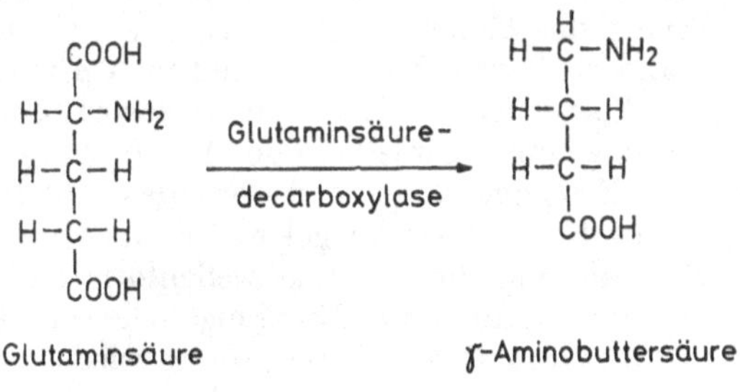

Bildung von γ-Aminobuttersäure

Glutaminsäure hat eine Doppelfunktion im Gehirn, sie dient 1. als Quelle von *γ-Aminobuttersäure,* die aus ihr durch Decarboxylierung hervorgeht und funktionell zur Gruppe der *Neurotransmitter* gehört und 2. zur *Fixierung von Ammoniak,* das zum Teil aus dem Gehirnstoffwechsel selbst stammt oder aber auch aus dem Blut aufgenommen wird; bei dieser Reaktion wird Glutamin gebildet. Die Fixierung von Ammoniak ist deshalb wichtig, da diese Verbindung toxisch für das Gehirn ist und krampfauslösend wirkt (über die Blut-Gehirn- und Blut-Liquor-Schranke s. FB 1).

8.4. *Erregung und Erregungsüberträger*

Auf beiden Seiten der Membran eines Neurons herrscht eine ungleiche Verteilung von Ionen. Extrazellulär befindet sich eine hohe Na^+- und eine niedrige K^+-Konzentration und intrazellulär eine hohe K^+- und eine niedrige Na^+-Konzentration. Diese Konzentrationsunterschiede sind für die Entstehung eines Membranpotentials verantwortlich. Die unterschiedliche Ionenverteilung wird durch eine aktive Zelleistung dynamisch aufrechterhalten. Daran ist die (Na^+, K^+)-aktivierbare ATPase entscheidend beteiligt, die als Natriumpumpe wirkt. Die Membran des ruhenden Nerven ist für Na^+-Ionen infolge dieses Mechanismus praktisch nicht permeabel. Das *Membranpotential*, also die Potentialdifferenz zwischen dem Inneren der Nervenzelle und ihrer Umgebung, beträgt in Ruhe —80 mV (*Ruhepotential*).

Bei Erregung des Nerven nimmt die Permeabilität der Membran für Natriumionen an diesem Punkt plötzlich zu, so daß dieses Kation sehr rasch in die Zelle einströmt. Dabei kommt es zu einer sprunghaften Umkehrung des Membranpotentials, das sich von —80 mV zu +45 mV ändert. Dieses Potential nennt man *Aktionspotential*. Beim erregten Nerven ist das Zelläußere negativer als das Zellinnere, es kommt also zu einer Umladung der Membran.

Von dem Punkt der Erregung ausgehend wird das Aktionspotential über die gesamte Nervenfaser fortgeleitet, d. h. es breitet sich die Permeabilitätsänderung für Natrium wellenförmig über die gesamte Nervenzelle aus. Hinter dieser Erregungswelle wird der ursprüngliche Zustand, d. h. das *Ruhepotential*, sofort wieder hergestellt. Bei der marklosen Faser erfolgt die Erregungsleitung kontinuierlich, d. h. die gesamte Membranoberfläche wird von der sich fortpflanzenden Störung ergriffen, während die Erregungsfortpflanzung in den markhaltigen Nervenfasern, wie bereits erwähnt, saltatorisch vor sich geht.

Den Biochemiker interessiert natürlich die Frage, durch welche Mechanismen bei einer Erregung die Membran eines Neurons veranlaßt wird, ihre Durchlässigkeit für Natriumionen zu ändern.

Eine gut begründete Theorie nimmt an, daß hierbei dem *Acetylcholin* und anderen Überträgerstoffen (*Transmitter*) eine große Bedeutung zukommt (NACHMANSOHN). Im *präsynaptischen Abschnitt* einer *Ganglienzelle* soll *Acetylcholin* in den sog. *synaptischen Vesikeln* gespeichert sein. Bei *Erregung* wird Acetylcholin aus diesen Vesikeln freigesetzt und in den synaptischen Spalt abgegeben. Dies erfolgt offenbar durch „umgekehrte Pinozytose" (Emiozytose). Zur Transmitterfreisetzung sind Ca^{++}-Ionen notwendig. Die Überträgersubstanz, also z. B. das *Acetylcholin*, wird an einen *Receptor*, der sich in der *postsynaptischen Membran* befindet, gebunden, wodurch in dieser Membran eine *Permeabilitäts-*

änderung eintritt, welches die Ursache der *postsynaptischen Potentialänderung* ist. Der *Acetylcholin-Receptor* ist ein *allosterisches Protein,* das isoliert und näher charakterisiert werden konnte (S. 33). Die Bindung des Acetylcholins an den Receptor verursacht in diesem eine Konformationsänderung und führt über allosterische Wechselwirkungen zunächst zu einer Freisetzung von Ca^{++}-Ionen aus ihrer Bindung an Proteine und Phospholipide. Dadurch soll es zu einer Öffnung der Durchtrittstellen für Natriumionen in der Membran kommen.

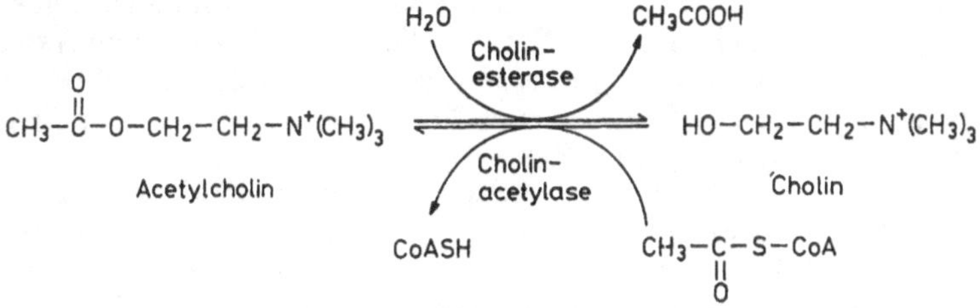

Abbau und Synthese des Acetylcholins

Innerhalb sehr kurzer Zeit (in wenigen Mikrosekunden) wird das Acetylcholin durch ein Enzym, die *Acetylcholinesterase,* gespalten und dadurch inaktiviert. Danach kehrt die Membran sofort in den vorhergehenden Zustand mit niedriger Natriumpermeabilität zurück.

Wie oben ausgeführt, muß man die *Erregungsleitung* innerhalb einer Zelle grundsätzlich von der *Erregungsübertragung* von einer Zelle zur anderen unterscheiden. Die Erregungsübertragung erfolgt an den Berührungsstellen der Zellen, die man als *Synapsen* bezeichnet (s. o.). In der Synapse geht demzufolge eine *gerichtete Impulsübertragung* von dem *präsynaptischen* auf das *postsynaptische Element* vor sich. Die Erregungsübertragung an den Synapsen erfolgt durch Überträgersubstanzen, den *Neurotransmittern,* die vom präsynaptischen Element freigesetzt werden, durch den synaptischen Spalt diffundieren und von der Membran der postsynaptischen Zelle an spezifische Receptoren gebunden werden (Abb. 70).

Nicht nur das Acetylcholin, sondern auch andere Transmittersubstanzen sind im Endknopf der präsynaptischen Zelle in sog. *synaptischen Bläschen* oder *synaptischen Vesikeln* gespeichert.

Für alle *Neurotransmissionssysteme* gelten prinzipiell die folgenden Darlegungen: Beim Eintreffen des Aktionspotentials im präsynaptischen Element werden die synaptischen Bläschen aktiviert. Sie bewegen sich in großer Anzahl zur Membran, öffnen sich dort und geben den Überträgerstoff frei (*Emiozytose*), der dadurch in den synaptischen Spalt gelangt. An diesem Vorgang sind Ca^{++}-Ionen beteiligt. Pro Impuls wird ein Quantum von etwa 10^7 Molekülen des Neurotransmitters freigesetzt, die sich sofort an den Receptor der postsynaptischen Membran binden. Dadurch kommt es zu einer Änderung der Permeabilität dieser Membran, die Ionenverschiebungen auslöst. Diese sind in ihrer Art den Ionenverschiebungen der präsynaptischen Nervenzelle vergleichbar, die im Axon das Aktionspotential hervorgerufen haben, sie sind aber geringer in ihrem Ausmaß. *Postsynaptisch* kommt es also zu einem *Einstrom* von Natriumionen in die Zelle.

Unmittelbar nach dem Übertritt des Impulses werden die Moleküle des Transmitters enzymatisch abgebaut und dadurch sehr schnell inaktiviert. Auch haben die präsynaptischen Vesikel die Fähigkeit zur Wiederaufnahme von Überträgerstoffen bzw. im Falle des Acetylcholins ihres Spaltproduktes Cholin. Die Erregungsübertragung erfolgt also durch schlagartige Freisetzung von Transmittersubstanzen aus ihren Depots, wodurch eine hohe Wirkstoffkonzentration erreicht wird, die aber ebenso rasch wieder abklingt.

Transmitterfunktionen können von verschiedenen Stoffen ausgeübt werden. Als Neurotransmitter gelten:

1. Acetylcholin,
2. die Katecholamine Adrenalin, Noradrenalin und Dopamin,
3. Serotonin, Tyramin und Histamin
4. Glutamat, γ-Aminobutyrat und Glycin.

Der Stoffwechsel und andere Funktionen dieser Stoffe sind in DB III und FB 2 besprochen.

Für ein bestimmtes Neuron gibt es die Regel, daß alle seine präsynaptischen Endigungen die gleiche Transmittersubstanz enthalten; zwei hintereinander geschaltete Neuronen können aber verschiedene Transmittersubstanzen benutzen.

Als *cholinerge Nervenfasern* werden solche bezeichnet, die *Acetylcholin* und als *adrenerge* solche, die *Noradrenalin* bzw. *Adrenalin* als Transmitter benutzen.

Cholinerge Transmission besitzt die weiteste Verbreitung, man findet sie im Gehirn und im Rückenmark, an den motorischen Endplatten, im parasympathischen Nervensystem (sowohl bei den prä- als auch bei den postganglionären parasympathischen Nerven) und bei den präganglionären sympathischen Nerven. *Adrenerg* sind die postganglionären sympathischen Neurone. An ihnen wirkt vor allem Noradrenalin.

Im *Zentralnervensystem* fungieren vor allem Acetylcholin, Noradrenalin, Dopamin, Serotonin, Histamin, γ-Aminobuttersäure, Glutaminsäure und Glycin als Transmitter. Eine Neurotransmitterfunktion von Adrenalin ist im ZNS sehr umstritten. Im *peripheren Nervensystem* werden Acetylcholin, Noradrenalin und Adrenalin als Transmitter benutzt.

Noradrenalin wirkt im Zentralnervensystem an erregenden Synapsen, während *γ-Aminobuttersäure* Transmitter bei hemmenden Synapsen ist. *Glutamat* wirkt wahrscheinlich an erregenden Synapsen in der Hirnrinde und im Rückenmark, *Glycin* hingegen an hemmenden Synapsen des Rückenmarks. *Dopamin* tritt als Transmitter vor allem in den Basalganglien und im limbischen Mittelhirnsystem in Erscheinung.

Bei *Psychosen* sind deutliche Veränderungen im *Stoffwechsel* der *Neurotransmitter*, d. h. im Stoffwechsel der *Amine* im Gehirn nachweisbar, die mit Änderungen im Stoffwechsel der *Methylgruppe* (Methylierungs- und Demethylierungsprozesse) einhergehen. Bei *Schizophrenie* wurde eine erniedrigte Aktivität der *Dopamin-β-hydroxylase* nachgewiesen (verminderte Bildung von Noradrenalin (DB III)), wodurch sich Dopamin und sein Oxidationsprodukt 6-Hydroxydopamin anhäuft. Bei *Schizophrenie* liegt dadurch bedingt offenbar eine *Überaktivierung dopaminerger Neurone* vor. Auch *Serotonin* und sein Methylierungsprodukt, das *halluzinogen* wirkende *N-Dimethylserotonin*, sind erhöht, letzteres wird von Schizophrenen im Harn ausgeschieden. Bei *Schizophrenie* liegt offenbar ein *Überangebot* an bestimmten Transmittersubstanzen vor, das mit der Entstehung von Wahnvorstellungen, Halluzinationen, Illusionen und Verhaltensstörungen eng gekoppelt ist. Bei *Depressionen* hingegen scheint ein *Mangel* an verschiedenen Transmittersubstanzen (Dopamin, Noradrenalin, Serotonin) zu bestehen. Man beobachtet in solchen Fällen eine verminderte Tryptaminausscheidung und eine Verbesserung der depressiven Symptome nach Belastung mit Tryptophan oder 5-Hydroxytryptophan bei gleichzeitiger Gabe von Vitamin B_6 (Pyridoxin) (vgl. mit DB III). Auch der Methylgruppenstoffwechsel ist bei depressiven Zuständen verändert. Arbeiten mit ^{14}C-markiertem Methionin zeigten verkleinerte Pools an Methylderivaten und einen erhöhten Umsatz der Methylgruppe gegenüber Gesunden.

8.5. Endorphine und Enkephaline

In neuerer Zeit hat man im Gehirn Substanzen endogenen Ursprungs nachgewiesen, die *morphinähnliche Wirkungen* entfalten (Dämpfung der Schmerzempfindung, sedativ-hypnotische Wirkung, Erbrechen). Sie werden im Gehirn selbst gebildet. Man bezeichnet diese Stoffe als *Endorphine* (abgeleitet von „endogen“ und „Morphin“). Diese *Endorphine* werden im Zentralnervensystem an dieselben *Receptoren* gebunden, die auch *Morphin* und andere *Opiate* binden (s. Lehrbücher der Pharmakologie). Die entsprechenden Receptoren sind besonders reichlich in der Amygdala, dem Corpus striatum und dem Hypothalamus vorhanden, also in Anteilen des limbischen Systems, das insbesondere für das emotionale Verhalten verantwortlich gemacht wird.

Die *Endorphine* sind in ihrer Wirkungsweise den *Neurotransmittern* vergleichbar. Im Unterschied zu den im vorhergehenden Kapitel besprochenen Neurotransmittern sind die Endorphine jedoch nicht so einfach gebaut. Überraschenderweise haben sie keine strukturellen Ähnlichkeiten mit dem Morphin, sondern stellen *Peptide* dar.

Man unterscheidet zwei Gruppen von Endorphinen: die *Enkephaline* und die *Endorphine* im engeren Sinne.

Es gibt zwei Enkephaline, die beide Pentapeptide sind und sich in der endständigen Aminosäureposition unterscheiden.

H–Tyr–Gly–Gly–Phe–Leu–OH und
H–Tyr–Gly–Gly–Phe–Met–OH

Diese Peptide werden als *Methionin-Enkephalin* und *Leucin-Enkephalin* bezeichnet.

Bei den Endorphinen unterscheidet man α-, β- und γ-*Endorphine*. Diese drei Endorphine sind *Oligopeptide* mit längeren Peptidketten als die Enkephaline. Sie besitzen auch eine wesentlich größere Wirksamkeit als diese. β-Endorphin ist etwa 50mal stärker analgetisch wirksam als Morphin.

Die *Aminosäuresequenzen* der Enkephaline und Endorphine sind interessanterweise mit Teilsequenzen des β-*Lipotropines* identisch, einem fettmobilisierend wirkenden Hormon des Hypophysenvorderlappens, des Hypothalamus und anderer Gehirnregionen.

β-Lipotropin hat 91 Aminosäuren. Die Primärstruktur des α-Endorphins ist mit der Aminosäuresequenz 61 bis 76 des β-Lipo-

H-Glu-Leu-Thr-Gly-Glu-Arg-Leu-Glu-Gln-Ala-Arg-Gly-Pro-Glu-Ala (5, 10, 15)
Leu-Gly-Tyr-Glu-Leu-Glu-Ala-Arg-Ala-Ala-Ala-Ser-Glu-Ala-Gln (30, 25, 20)
Val-Ala-Glu-Ala-Glu-Ala-Ala-Glu-Lys-Lys-Lys-Asp-Ser-Gly-Pro-Tyr (35, 40, 45)
Arg-Lys-Asp-Lys-Pro-Pro-Ser-Gly-Trp-Arg-Phe-His-Glu-Met-Lys (60, 55, 50)
Tyr-Gly-Gly-Phe-Met-Thr-Ser-Glu-Lys-Ser-Gln-Thr-Pro-Leu-Val (65, 70, 75)
HO-Gln-Gly-Lys-Lys-His-Ala-Asn-Lys-Ile-Ile-Ala-Asn-Lys-Phe-Leu-Thr (90, 85, 80)

Abb. 71. Aminosäuresequenz des β-Lipotropins
Durch spezifische Proteolyse gehen aus diesem Hormon die Endorphine hervor (Näheres siehe Text)

tropins, die des β-Endorphins mit der Aminosäuresequenz 60—91 und die des γ-Endorphins mit der Aminosäuresequenz 61—77 identisch (Abb. 71).

Man nimmt an, daß die *Endorphine durch proteolytischen Abbau des β-Lipotropins* entstehen, dessen Sequenz 41—58 übrigens auch identisch mit der Primärstruktur des melanozytenstimulierenden Hormons ist. Offenbar hat β-Lipotropin die Funktion eines *Prohormons* (vgl. mit Proinsulin).

Opiate und Endorphine hemmen die Adenylatcyclase und erniedrigen den Spiegel an cAMP in den Erfolgszellen.

8.6. Biochemische Aspekte der Informationsspeicherung im Zentralnervensystem

Die Tatsache, daß die Impulsübertragung von einer Nervenzelle auf die andere eine stoffliche Basis hat, d. h. durch chemisch eindeutig zu charakterisierende Substanzen erfolgt, führte zu beträchtlichen Umwälzungen in den Auffassungen über die Funktionsweise des Nervensystems, die vorher nahezu ausschließlich durch eine physikalisch-elektrische Denkweise geprägt war.

Diese durch die Entdeckung der *Neurotransmitter* ausgelöste Entwicklung führte zu der grundsätzlichen Frage, ob auch die *informationsspeichernden Funktionen* des Nervensystems, also die Eigenschaften des *Lernens* und des *Gedächtnisses*, eine stoffliche Grundlage haben und in der Struktur bestimmter Moleküle festgelegt sind.

Die Erfahrung lehrt, daß man hinsichtlich der Informationsspeicherung im Gehirn zwischen einem *Kurz-* und einem *Langzeitgedächtnis* unterscheiden muß. Es besteht weitgehende Übereinstimmung darüber, daß die *Kurzzeitspeicherung* im Sekunden- und Minutenbereich (bis zu etwa 120 Minuten) vorwiegend auf *elektrophysiologischem Wege* durch die Ausprägung und Konservierung neuronaler Erregungsmuster erfolgt.

Die Entdeckung der DNS als Vererbungssubstanz und die Entschlüsselung des genetischen Codes stimulierte die Suche nach Substanzen im Zentralnervensystem, die die *stoffliche Basis* für das *Langzeitgedächtnis* und den Erwerb bestimmter geistiger Eigenschaften und Erfahrungen bilden könnten. Es begann sich die Meinung zu festigen, daß die stoffliche Basis für die Informationsspeicherung im Langzeitgedächtnis, d. h. im Zeitraum von Tagen, Jahren und das ganze Leben hindurch entweder in der *Ribonucleinsäure* oder im *Protein* zu suchen sei.

Zur Lösung dieser Fragen studierte man bei Ratten den Einbau von RNS-Vorläufern und Aminosäuren in RNS und Protein unter den Bedingungen von Lernexperimenten sowie den Einfluß von Inhibitoren der RNS- und Proteinsynthese auf den Erwerb und die Festigung bestimmter Verhaltensweisen; schließlich fahndete man auch nach *informationsspezifischen Substanzen*, die sich im Zentralnervensystem unter bestimmten Bedingungen bilden.

Damit wurden der biochemischen Analyse der Funktionsweise des Großhirns neue Wege gewiesen, die von großer erkenntnistheoretischer Bedeutung waren.

Bei „lernenden" Ratten erfährt die RNS-Synthese in bestimmten Neuronen eine deutliche Steigerung (HYDÉN).

Der Lernvorgang bestand darin, daß die Ratten auf einem Draht, der 45° geneigt war, zu ihrem Futter balanzieren mußten. Acht Tage lang konnten sie „trainieren"; dann wurden die Kerne aus einzelnen Nervenzellen mit Hilfe eines Mikromanipulators entnommen und jeweils 25 Zellkerne (entsprechend 700×10^{-12} g RNS) zur RNS-Analyse mittels Mikroelektrophorese eingesetzt. Der Fehler der verwendeten Methoden betrug nur $\pm 5\%$!

Es wurde festgestellt, daß die neugebildete RNS eine Erhöhung des Adenin-Uracil-Quotienten und eine Cytosinerniedrigung gegenüber den Kontrolltieren aufwies.

Die Steigerung der RNS-Synthese war von einer Steigerung der Proteinsynthese begleitet.

Hemmstoffe der Proteinsynthese und der Transcription beeinflußten die Konsolidierung des Erlernten negativ, indem sie verhinderten, daß die neuen Informationen zu einem Bestandteil des Langzeitgedächtnisses wurden.

Bei der Dressur von Fischen wurde beobachtet, daß eine Hemmung der Proteinsynthese die Erlernung der Dressur zwar nicht beeinträchtigte, aber deren Fixierung im Langzeitgedächtnis unterblieb.

Daraus wurde der Schluß gezogen, daß das *Langzeitgedächtnis* auf der Bildung *spezifischer Proteine* beruhen könnte. Offenbar führen bestimmte Reize im Zentralnervensystem zur Synthese spezifischer RNS-Moleküle, die ihrerseits die Synthese spezifischer Proteine fördern.

Diese könnten in bisher unbekannter Weise die Wirkung von Neurotransmittern oder deren Synthese bzw. deren Abbau so beeinflussen, daß Änderungen im Funktionszustand des neuronalen Netzwerkes eintreten.

In den letzten Jahren hat man Fortschritte in der Isolierung und Charakterisierung von *informationsspezifischen Substanzen* erzielt, mit denen man bestimmte Verhaltensweisen und Erfahrungen von einem Tier auf ein anderes übertragen konnte (UNGAR).

Eine Substanz aus dieser Gruppe ist das sog. *Scotophobin*. Damit hat es folgende Bewandtnis: eine angeborene Eigenschaft von Ratten ist ihre Vorliebe für die Dunkelheit. Diese kann man in das Gegenteil verwandeln, wenn die Tiere, sobald sie sich den dunklen Stellen ihres Käfigs nähern, elektrische Reize als Strafreize erhalten. Wenn man nun einen Gehirnextrakt von Tieren, die auf solche Weise trainiert wurden, untrainierten Ratten injizierte, die vorher niemals im Dunkeln elektrisch gereizt wurden, so entwickelten diese ebenfalls eine Abneigung gegen die Dunkelheit. Die wirksame Substanz in diesem Gehirnextrakt erwies sich als ein Oligopeptid von 15 Aminosäuren; es erhielt den Namen Scotophobin („dunkelheitfürchtend").

Damit wurde wahrscheinlich gemacht, daß bestimmte Erfahrungen eine stoffliche Basis haben und von einem Organismus auf einen anderen übertragen werden können. Im Anschluß an diese Arbeiten wurden weitere Stoffe mit ähnlichen Eigenschaften entdeckt und charakterisiert.

Ausgehend davon, daß das Gehirn der meisten Säugetiere zur Zeit der Geburt fertig ausgebildet ist, kann man annehmen, daß die angeborenen Verhaltensweisen im Zentralnervensystem zu diesem Zeitpunkt strukturell schon angelegt und verankert sind.

Lernen geht somit nicht einher mit der Schaffung neuer Strukturen, sondern mit der Ausbildung *neuer Verbindungen* zwischen schon vorhandenen Strukturelementen, die man als *präfunktionelle Synapsen* bezeichnen kann und durch die bestimmte Verhaltensweisen, z. B. die Bahnung eines bestimmten Weges im komplexen System der Neuronen, entwickelt werden können, d. h. es entsteht ein *Engramm*.

Die Verbindung zwischen solchen präfunktionellen Synapsen wird durch *Konnektoren* hergestellt, die Neurotransmissionsfunktionen haben, aber komplizierter gebaut sind als die im vorhergehenden Kapitel besprochenen Neurotransmitter; *Scotophobin* kann man als eine solche Konnektorsubstanz betrachten, deren Struktur in der DNS festgelegt ist und die die Verbindung zwischen zwei Neuronen dauerhaft macht und damit eine bestimmte Verhaltensweise prägt.

9. Schlußbemerkungen

In den vier Bänden „Dynamische Biochemie“ wurde versucht, eine Darstellung der wichtigsten Aspekte des Stoffwechsels zu geben und Einblicke in seine Regelungs- und Kontrollmechanismen zu vermitteln. Darüber hinaus wurden komplexe Zellfunktionen, wie Vererbung, Wachstum, Differenzierung, Kontraktion und Erregung in die Betrachtungen einbezogen, die in den letzten Jahren eine besonders stürmische Entwicklung erlebt haben und von denen in Zukunft zahlreiche neue, richtungsweisende Ergebnisse zu erwarten sind. Der Verfasser hofft, daß es ihm gelungen ist, dem Leser, insbesondere den Studierenden der Medizin, Biochemie und anderer Naturwissenschaften, die Ergebnisse und Probleme der Biochemie und die großen Fortschritte dieser Wissenschaft nahe gebracht zu haben, die in den verschiedensten Laboratorien der ganzen Welt mit beispiellosem Tempo gewonnen worden sind und von grundlegender Bedeutung für die Erkenntnis von Krankheitsentstehung und Krankheitserkennung sowie für Fortschritte bei der Krankheitsheilung sind.

Gegenwärtig konzentriert sich das Interesse der Biochemie und Molekularbiologie auf die Struktur, die Funktionsweise und das Zusammenwirken der biologischen Makromoleküle, den Aufbau und die biologische Dynamik von Membranen, die molekularen Grundlagen der integrativen Tätigkeit des Zentralnervensystems und die Dynamik von Organen und Organsystemen, vor allem im Hinblick auf deren Ontogenese, Differenzierung und Alterung.

Ausgerüstet mit einem großen Erfahrungsschatz und einem umfangreichen methodischen Rüstzeug, die an der Erforschung der Prokaryonten gewonnen und erprobt wurden, konzentrieren sich Biochemie und Molekularbiologie in Verbindung mit anderen Wissenschaftsgebieten auf die Erforschung des Krebsproblems und die zielstrebige Bekämpfung dieser und anderer Erkrankungen.

Auf Grund der hohen Zielstrebigkeit, der wohldurchdachten Forschungsstrategie, dem unerhörten Tempo in der Vertiefung und Verbreiterung unserer Erkenntnisse auf entscheidenden Gebieten, ist in den nächsten Jahren mit wichtigen Beiträgen der Biochemie zur Lösung brennender Fragen der Menschheit zu rechnen. Dazu gehören die Erweiterung der Nahrungsquellen des Menschen, die Verhütung von Krankheiten und die Verbesserung ihrer Diagnostik und Therapie, die Ausnutzung biologischer Prinzipien in der Technik und vieles andere mehr.

Mit fortschreitender Erkenntnis auf dem Gebiet der Genetik und der sich abzeichnenden Möglichkeit der gezielten Veränderung des Genotyps auch eines höheren Organismus wächst gleichzeitig die Verantwortung des Wissenschaftlers gegenüber der menschlichen Gesellschaft und die moralische Verpflichtung, sein Wissen und Können ausschließlich zum Wohle und zum Gedeihen aller Menschen einzusetzen.

Die Biochemie entwickelte sich so zu einer richtungsweisenden und umfassenden Grundlagenwissenschaft der Biologie und Medizin sowie der Landwirtschaftswissenschaft, der Lebensmittelchemie und der Nahrungsgütertechnologie.

Die vier Teile „Dynamische Biochemie“ beinhalten vorwiegend die Allgemeine Biochemie, die für alle Lebewesen zutrifft. Trotzdem ist ihre Orientierung auf die Belange der Medizin unverkennbar.

Auf der „Dynamischen Biochemie“ bauen die zwei Bände „Funktionelle Biochemie des Menschen“ vom gleichen Verfasser auf, die dem Stoffwechsel des Menschen und seiner Regulation gewidmet sind.

10. Hinweise auf weiterführende und vertiefende Literatur bzw. Originalveröffentlichungen

Allgemeine Literatur

BIELKA, H. (Herausgeber): Molekulare Biologie der Zelle; VEB Gustav Fischer Verlag Jena 1985.

DUBININ, N. P.: Molekulargenetik; VEB Fischer Verlag Jena 1965.

FLORKIN, M. and E. H. STOTZ (Editors): Comprehensive Biochemistry (mehrere Bände bisher erschienen); Elsevier Scientific Publishing Company Amsterdam.

GEISSLER, E. (Herausgeber): Molekularbiologie; VEB Bibliographisches Institut Leipzig 1972.

GÜNTHER, E.: Grundriß der Genetik (4. Auflage); VEB Fischer Verlag Jena 1983.

HARPER, H. A., G. LÖFFLER, P. E. PETRIDES und L. WEISS: Physiologische Chemie (Lehrbuch); Springer-Verlag Berlin—Heidelberg—New York 1979.

RAPOPORT, S. M.: Medizinische Biochemie, 8. Auflage; VEB Verlag Volk und Gesundheit Berlin 1983.

TRÄGER, L.: Einführung in die Molekularbiologie; VEB Gustav Fischer Verlag Jena 1975.

1. Biochemische Grundlagen der Struktur und Funktion der Zellen von Prokaryonten und Eukaryonten

ALBERTS, B. and R. STERNGLANZ: Recent excitement in the DNS Replication Problem; Nature **269**, 655 (1977).

BALTIMORE, D.: Viruses, Polymerases, and Cancer; Science **192**, 632 (1976).

BESTERMAN, J. M. and R. B. LOW: Endocytosis: A review of mechanisms and plasma membrane dynamics, Biochem. J. **210**, 1 (1983).

BIELKA, H.: The Eukaryotic Ribosome; Trends in Biochemical Sciences **3**, 156 (1978).

BÜCHER, TH., W. SEBALD and H. WEISS (Editors): Biological Chemistry of Organelle Formation, Springer-Verlag Berlin—Heidelberg—New York 1980.

BRETSCHER, M. S. and M. C. RAFF: Mammalian Plasma Membranes; Nature **258**, 43 (1975).

BULLOUGH, W. S.: Chalone Control Mechanisms; Life Sciences **16**, 323 (1975).

DAVIES, M.: Funktionen biologischer Membranen; VEB Gustav Fischer Verlag Jena 1974.

ELBRINK, J. and J. BIHLER: Membrane Transport; Science **188**, 1177 (1975).

FELSENFELD, G.: Chromatin; Nature **271**, 115 (1978).

FRIEMEL, H., und J. BROCK: Grundlagen der Immunologie; WTB-Reihe, Band 109, 6. Auflage, Akademie-Verlag Berlin 1986.

GOEBEL, W.: Extrachromosomale DNA in Bakterien; Angewandte Chemie **85**, 569 (1973).

GOEDECKE, K., und L. RENSING: Regulation des Zellcyclus; Naturwissenschaftliche Rundschau **27**, 4 (1974).

HADJIOLOV, A. A.: Patterns of Ribosome Biogenesis in Eukaryotes; Trends in Biochemical Sciences **2**, 84 (1977).

HARBERS, E., und W. SANDRITTER: Aufbau und Funktion des Chromatins; Klinische Wochenschrift **51**, 631 (1973).

HEYNE, H.-U.: Struktur biologischer Membranen; Wissenschaft und Fortschritt **24**, 347 (1974).

HOLLEY, R. W.: Control of Growth of Mammalian Cells in Cell Culture; Nature **258**, 487 (1975).

HÖLZL WALLACH, D. F. and H. FISCHER (Editors): The Dynamic Structure of Cell Membranes; Springer-Verlag Berlin—Heidelberg—New York 1971.

KNOWLER, J. T.: The Processing of Eukaryote mRNA, Biochem. Ed. **10**, 130 (1982).

KORNBERG, A.: Mechanisms of replication of the Escherichia coli chromosome, Eur. J. Biochemistry **137**, 377 (1983).

KORNBERG, R. D.: Structure of Chromatin; Annual Rev. Biochemistry **46**, 931 (1977).

LAKE, J. A.: The Ribosome, Scientific American **245**, 84 (1981).

LEE, A. G.: Wechselwirkungen in biologischen Membranen; Endeavour **34**, 67 (1975).

RÜDIGER, H.: Lectine, pflanzliche zuckerbindende Proteine; Naturwissenschaften **65**, 239 (1978).

SCHULZE, H. U., und H. STAUDINGER: Struktur und Funktion des endoplasmatischen Reticulums; Naturwissenschaften **62**, 331 (1975).

SCHWARTZ, R. M., und M. O. DAYHOFF: Origins of Prokaryotes, Eukaryotes, Mitochondria, and Chloroplasts; Science **199**, 395 (1978).

SUTHERLAND, I. W.: The Bacterial Wall and Surface; Process. Biochemistry, April 1975, p. 4.

TOMKINS, G. M.: The Metabolic Code; Science **189**, 760 (1975).

TZAGOLOFF, A., M. S. RUBIN and M. F. SIERRA: Biosynthesis of Mitochondrial Enzymes; Biochim. Biophys. Acta **301**, 71 (1973).
YAMADA, K. M. and K. OLDEN: Fibronectins, adhesive glycoproteins of cell surface and blood; Nature **275**, 179 (1978).
ZIMMERMANN, E.: Structure and Function of Chromosomal Nucleohistones; Angewandte Chemie (Internat. Edition) **11**, 496 (1972).

2. *Biochemie der Viren*

FRAENKEL-CONTRAT, H.: Chemie und Biologie der Viren; VEB Gustav Fischer Verlag Jena 1974.
GEISSLER, E.: Bakteriophagen; Objekte der modernen Genetik; WTB-Reihe Band 5; Akademie-Verlag Berlin 1962.
GILLESPIE, D. and R. C. GALLO: RNA Processing and RNA Tumor Virus Origin and Evolution; Science **188**, 802 (1975).
MARSH, M.: The Entry of Enveloped Viruses into Cells by Endocytosis; Biochemical Journal **218**, 1 (1984).
McCAULEY, J. W. and B. W. J. MAHY: Structure and function of the influenza virus genome, Biochem. J. **211**, 281 (1983).
PESTKA, S.: The Human Interferons — From Protein Purification and Sequence to Cloning and Expression in Bacteria: Before, Between and Beyond, Arch. Biochem. Biophysics 221, 1 (1983).
ROHRER, H., W. ZILLIG and R. MAILHAMMER: ADP- Ribosylation of DNA-Dependent RNA Polymerase of E. coli by an NAD-Protein-ADP-ribosyltransferase from Bacteriophage T4; Europ. J. Biochemistry **60**, 277 (1975).
SCOLNICK, E. M., S. A. AARONSSON, G. J. TODARO and W. P. PARKS: RNA Dependent DNA Polymerase Activity in Mammalian Cells; Nature **235**, 318 (1971).
SEHGAL, P. V.: The Interferon Genes, Biochim. Biophys. Acta **695**, 17 (1982).
WEISSMANN, C.: The Making of a Phage; FEBS-Letters **40**, 10 (1974).
ZHDANOV, V. M.: Integration of Viral Genomes; Nature **256**, 471 (1975).

3. *Biosynthese der Proteine*

CAMPBELL, P. N. and G. BLOBEL: The Role of Organelles in the Chemical Modification of the Primary Translation Products of Secretory Proteins; FEBS-Letters **72**, 215 (1976).
GASSEN, H. G.: Das bakterielle Ribosom: ein programmierbares Enzym; Angew. Chemie **94**, 15 (1982).
GUMMERSON, K. S. and R. WILLIAMSON: Sequence Divergence of Mammalian Globin Messenger RNA; Nature **247**, 265 (1974).
PALADE, G.: Intracellular Aspects of the Process of Protein Synthesis; Science **189**, 347 (1975).

Rich, A. and S. H. Kim: The Three-dimensional Structure of Transfer RNA; Scientific American **238**, 52 (1978).

Richardson, J. P.: Biosynthese der Ribonucleinsäuren; Angewandte Chemie **87**, 497 (1975).

Schreiber, G.: Die Translation der genetischen Information am Ribosom; Angewandte Chemie **83**, 645 (1971).

Söll, D.: Enzymatic Modification of Transfer RNA; Science **173**, 293 (1971).

Spirin, A. S.: Non-ribosomal Ribonucleoprotein Particles (Informosomes) of Animal Cells; in: The Mechanism of Protein Synthesis and its Regulation (L. Bosch, Editor); S. 515; North-Holland Publishing Company Amsterdam—London 1972.

Wittmann, H. G.: Structure, Function and Evolution of Ribosomes; Europ. J. Biochemistry **61**, 1 (1976).

4. *Biochemie der Vererbung*

Arber, W.: Restriktionsendonucleasen; Angewandte Chemie **90**, 79 (1978).

Berg, P. u. a.: Potential Biohazards of Recombinant DNA Molecules; Science **185**, 303 (1974).

Berndt, J.: Reparaturvorgänge an der Desoxyribonucleinsäure; Angewandte Chemie **85**, 289 (1973).

Brady, R. O.: Erbkrankheiten — Ursachen, Behandlung und Probleme; Angewandte Chemie **85**, 28 (1973).

Britton, R. J. and D. E. Kohne: Repeated Sequences in DNA; Science **161**, 529 (1968).

Brown, D. D. and A. W. Blackler: Gene Amplification proceeds by a Chromosome Copy Mechanism; J. Molecular Biology **63**, 75 (1972).

Flavell, R. A.: The Globin Genes of Rabbit and Man; Biochemical Society Transactions **11**, 111 (1983).

Geissler, E.: Molekulargenetik (Beiträge zu ihrer Entwicklung); in: Ostwalds Klassiker der exakten Wissenschaften; Akademische Verlagsgesellschaft Geest und Portig KG., Leipzig 1975.

Geissler, E.: Desoxyribonucleinsäure — Schlüssel des Lebens; 2. Auflage; Akademie-Verlag Berlin 1972.

Hartmann, P. E., und S. R. Suskind: Die Wirkungsweise der Gene; VEB Gustav Fischer Verlag Jena 1972.

Helinski, D. R.: Plasmids as Vehicles for Gene Cloning: Impact on Basic and Applied Research; Trends in Biochemical Sciences **3**, 12 (1978).

Holmes, A. M. and I. R. Johnston: DNA Polymerases of Eukaryotes; FEBS-Letters **60**, 233 (1975).

Kornberg, A.: Active Center of DNA-Polymerase; Science **163**, 1410 (1969).

Lange, C. S.: The Organization and Repair of Mammalian DNA; FEBS-Letters 44, 153 (1974).

MAGDON, E., und H. GUMMEL: Die intrazelluläre Reparatur der DNS — ein neuer Aspekt der Krebsforschung; Das Deutsche Gesundheitswesen **27**, 385 (1972).

MURRAY, K.: Biochemische Manipulation von Genen; Endeavour XXXV, 129 (1976).

PIECHOCKI, R.: Genmanipulation, Urania-Verlag Leipzig—Jena—Berlin (1983).

SOUTHERN, E. M.: New methods for analyzing DNA make genetics simpler, Biochem. Soc. Transactions **10**, 1 (1982).

VELLA, F.: Human Haemoglobins and Molecular Disease; Biochemical Education **8**, 41 (1980).

WOOD, W. G. and D. J. WEATHERALL: Developmental Genetics of the Human Haemoglobins; Biochem. Journal **215**, 1 (1983).

WOODS, R. A.: Biochemische Genetik: VEB Gustav Fischer Verlag Jena 1974.

5. *Regulation der Genaktivität und Differenzierung*

ASHWORTH, J. M.: Zelldifferenzierung; VEB Gustav Fischer Verlag Jena 1974.

BONNER, J. and W. T. CARRARD: Biology of Histones; Life Sciences **14**, 209 (1974).

BRACHET, J.: Introduction to Molecular Embryology; Heidelberg Science Library; Springer Verlag New York—Heidelberg—Berlin 1974.

COMING, D. E. and A. D. RIGGS: Molecular Mechanisms of Chromosome Pairing, Folding and Function; Nature **233**, 48 (1971).

GARROD, D. R.: Zellentwicklung; VEB Gustav Fischer Jena 1974.

GEORGIEV, G. P., A. P. RYSKOV, CH. COUTELLE, M. L. MANTIEVA and E. R. AVAKYAN: On the Structure of the Transcriptional Unit in Mammalian Cells; Biochim. Biophys. Acta **259**, 259 (1972).

GREENGARD, O.: Enzymic Differentiation in Mammalian Tissues; Essays in Biochemistry **7**, 159 (1971).

GREENGARD, O.: Enzymic Differentiation of Human Liver: Comparison with the Rat Model; Pediatric Research **11**, 669 (1977).

GROS, F.: Control of Gene Expression in Proharyotic Systems; FEBS-Letters **40 S**, 19 (1974).

GURDON, J. B.: The Control of Gene Expression in Animal Development; Clarendon Press; Oxford 1974.

GURDON, J. B.: Molecular mechanisms in the control of gene expression during development, Biochem. Soc. Transactions **9**, 13 (1981).

KARLSON, P., D. DOENECKE and E. SEKERIS: Intracellular Mechanisms of Hormone Actions; in: Comprehensive Biochemistry (M. FLORKIN und E. H. STOTZ, Editors) Band 25, S. 1; Elsevier Scientific Publishing Company, Amsterdam 1975.

MARKERT, C. L., und H. URSPRUNG: Entwicklungsbiologische Genetik; VEB Gustav Fischer Verlag Jena 1974.

MATHEWS, M. B.: Mammalian Messenger RNA, in: Essays in Biochemistry **9** (P. N. CAMPBELL and F. DICKENS, Editors) p. 59; Academic Press, London, 1973.

NOVER, L. and K. MOTHES (Editors): Cell Differentiation in Microorganisms, Plants and Animals: VEB Gustav Fischer Verlag Jena 1977.

O'MALLEY, B. W. and A. R. MEANS: Female Steroid Hormones and Target Cell Nuclei; Science **183**, 610 (1974).

RICKENBERG, H. V.: Cyclic AMP in Prokaryotes; Annual Review of Microbiology **28**, 353 (1974).

SAGER, R., und R. KITCHIN: Selective Silencing of Eukaryotic DNA; Science **189**, 426 (1975).

SCHAUER, R.: Zur Wirkungsweise der Hormone; Angewandte Chemie 84, **41** (1972).

SONNEBORN, T M.: Gene Action in Development; Proceedings Roy. Soc. London **176 B**, 347 (1970).

TATA, J. R.: How Specific are Nuclear "Receptors" for Thyroid Hormones?; Nature **257**, 18 (1975).

TRÄGER, L.: Steroidhormone; Springer-Verlag Berlin—Heidelberg—New York 1977.

WEINTRAUB, H., und M. GROUDINE: Chromosomal Subunits in Active Genes have an Altered Conformation; Science **193**, 848 (1976).

6. *Biochemie des Krebses*

BALTIMORE, D.: Viruses, Polymerases, and Cancer; Science **192**, 632—636 (1976).

FLECKENSTEIN, B.: Viren — Ursache menschlicher Tumorformen; Das med. Laboratorium **31**, 172—179 (1978).

HEHLMANN, R., H. SCHETTERS, G. KREEB, V. ERFLE, J. SCHMIDT and A. LUZ: RNA-Tumorviruses, Onkogenes and their possible Role in human Carcinogenesis, Klin. Wochenschrift **61**, 1217 (1983).

HOELZL WALLACH, D. F.: Some Biochemical Anomalities that can Contribute to the Malignant Behavior of Cancer Cells; Journ. Molec. Medicine **1**, 97—107 (1976), Elsevier, Amsterdam.

TSCHIERCH, B.: Verschiedene Prinzipien der Chemotherapie des Krebses aus experimenteller Sicht; Pharmazie **29**, 652—656 (1974).

WEBER, G.: Ordered and Specific Pattern of Gene Expression in Differentiating and in Neoplastic Cells; in Differentiation and Control of Tumor Cells (Editors W. NAKAHARA et al.) Tokyo Univ. Press (1974).

WEINBERG, R. A.: Molekulare Grundlagen von Krebs; Spektrum der Wissenschaft **1**, 58 (1984).

7. *Biochemie des Muskels und der Muskelkontraktion*

BASS, A., D. BRDICZKA, P. EYER and D. PETTE: Metabolic differentiation of distinct muscles types at the level of enzymatic organization; Europ. J. Biochemistry **10**, 198 (1969).

EBASHI, S.: Regulatory Mechanism of Muscle Contraction with Special Reference to the Ca-Troponin-Tropomyosin System; Essays in Biochemistry **10**, 1 (1974).

MANNHERZ, H. G., und R. H. SCHIRMER: Die Molekularbiologie der Bewegung; Chemie in unserer Zeit **1**, 165 (1970).

MURRAY, J. M. and A. WEBER: The Cooperative Action of Muscle Proteins; Scientific American **230**, 59 (1974).

8. *Biochemie des Nervensystems*

DOMAGK, G. F., und H. P. ZIPPEL: Biochemie der Gedächtnisspeicherung; Naturwissenschaften **57**, 152 (1970).

IVERSEN, L. L.: Dopamine Receptors in the Brain; Science **188**, 1084 (1975).

KANIG, K.: Einführung in die allgemeine und klinische Neurochemie, VEB Gustav Fischer Jena 1973.

MATTHIES, H.-J., und D. BIESOLD: Neurobiologie; VEB Gustav Fischer Verlag Jena 1981.

SCHADÉ, J. B.: Die Funktion des Nervensystems; VEB Gustav Fischer Verlag Jena 1970.

UNGAR, G.: Molecular Coding of Information in the Nervous System; Naturwissenschaften **59**, 85 (1972).

WHITTAKER, V. P.: The Biochemistry of Synaptic Transmission; Naturwissenschaften **60**, 281 (1973).

WOLF, G.: Neurobiologie; WTB-Reihe Biologie Bd. 120; Akademie-Verlag, Berlin 1974.

11. Sachregister für die Bände der „Dynamischen Biochemie I–IV"